GÉNÉRALITÉS HIPPIQUES

Texte et Dessins

PAR

A. CONFEX-LACHAMBRE

LIBRAIRIE PLON

GÉNÉRALITÉS HIPPIQUES

GÉNÉRALITÉS
HIPPIQUES

Texte et Dessins

PAR

A. CONFEX-LACHAMBRE

PARIS
LIBRAIRIE PLON
PLON-NOURRIT ET Cie, IMPRIMEURS-ÉDITEURS
8, RUE GARANCIÈRE — 6^e^
1907

PRÉFACE

Si quelqu'un me demande pourquoi j'ai écrit ce livre et quelles raisons m'ont autorisé à me croire capable d'entreprendre cette tâche, je répondrai ceci : pendant quinze ans, j'ai pratiqué le cheval en amateur, chassé un peu partout, et acheté à tort et à travers des animaux de toutes sortes. J'ai fréquenté des écuries réputées et je me croyais doué d'une certaine compétence. Des circonstances qui ne sauraient intéresser le lecteur me mirent à même de voir de près ce qui se passait dans les maisons de commerce parisiennes, où le cheval est un travailleur chargé de gagner sa vie ainsi que celle de son propriétaire. Je demeurai confondu de mon ignorance et de ma naïveté ; cependant, sans me décourager, j'ai mis à profit les leçons que j'avais quotidiennement sous les yeux. J'ai peu à peu constaté mes propres progrès par la facilité avec laquelle j'ai pu, par la suite, acheter un bon nombre de chevaux, les mener à bien et... les revendre.

Il est fort difficile, comme dit le poète, de contenter tout le monde et son père ; aussi, ne me suis-je pas dissimulé que certains trouveront mon livre bien terre à terre, tandis que d'autres l'estimeront au contraire légèment pédantesque; enfin, quelques-uns m'accuseront d'avoir puisé trop abondamment chez mes devanciers.

Tous auront peut-être raison, car je n'ai, naturellement, pas inventé l'art hippique à moi tout seul, — pas plus qu'un historien n'imagine l'histoire — et je n'ai fait que réunir ici ce que j'ai appris, par la lecture et la fréquentation des maîtres, en y ajoutant un peu de ce que m'enseigna l'expérience. J'ai seulement le mérite d'avoir écrit en toute sincérité ce que je croyais le meilleur aux intérêts de ceux qui voudront bien feuilleter ce volume.

Puisse le lecteur profiter des mésaventures d'autrui et ne récolter que des roses là où, débutant, je me suis écorché à de nombreuses épines !

GÉNÉRALITÉS HIPPIQUES

AVANT-PROPOS

Acheter un cheval utile et s'en servir, tel est le problème que nous tenterons de résoudre; problème insoluble pour les amateurs sans expérience et dépourvus de connaissances spéciales; problème au contraire pouvant, à de rares exceptions près, être mené à bien, quand l'acquéreur s'entoure de certaines précautions, et qu'il apporte à l'achat et à l'emploi d'un cheval une méthode rationnelle.

Nous n'avons pas ici la prétention d'écrire pour les professionnels qui, dans les écoles militaires, vétérinaires, de dressage, aussi bien que dans les manèges et chez les marchands de chevaux, ont appris et acquis des connaissances techniques et pratiques très étendues, mais pour les amateurs qui n'ont jamais approfondi les questions hippiques.

Disons-le de suite. Avant de se mettre en quête de l'animal rêvé, l'acheteur doit faire un examen de conscience. Il lui faut se demander s'il possède les connaissances suffisantes pour juger non seulement du plus ou moins de chic d'un cheval, mais encore pour reconnaître une bonne conformation d'une mauvaise, pour découvrir les tares nombreuses qui échappent à l'œil inexpérimenté, pour distinguer enfin parmi ces tares et ces défauts quels sont les plus ou moins nuisibles.

Le résultat de cet examen sera rarement à l'avantage de celui qui le fera en toute sincérité.

Beaucoup de sportsmen ont appris à monter à cheval au collège, en allant une fois par semaine au manège. Des écuyers expérimentés leur ont donné d'excellents principes, sans toutefois, faute de temps, leur apprendre la pratique du cheval.

Sorti du collège, le jeune homme, pris par ses études, ses occupations, ou simplement ses obligations mondaines, a toute autre chose à faire qu'à compulser des traités savants; ce qui ne l'empêchera pas de parler en connaisseur quand il se trouvera en compagnie sportive. Des mots récoltés au hasard serviront à émailler sa conversation et à le poser en homme de cheval, quand il parlera à plus ignorant que lui.

Parler cheval est à la mode; chacun veut briller, ou tout au moins, ne pas paraître nul; c'est pourquoi la plupart des jeunes gens, par crainte du ridicule, n'osent pas interroger quand, devant eux, il est question de choses qu'ils ignorent. Ils se promettent bien de consulter un traité d'hippologie ou d'équitation; mais le volume coûte cher, il ne se rencontre pas dans la bibliothèque, le libraire ne l'a pas chez lui et en fin de compte l'oubli se fait et les apprentis-sportsmen restent dans l'ignorance.

D'autre part, les connaisseurs sont peu prodigues de bons conseils; et, comme autrefois les druides, ils ne veulent pas vulgariser leur science mystérieuse.

Nous conseillons aux personnes qui doivent faire un usage fréquent du cheval de lire des ouvrages sérieux écrits avec soin par des vétérinaires avertis.

L'Extérieur du cheval, de MM. Jacoulet et Chomel, devrait être le bréviaire de tout amateur. Mais les gens d'affaires et les gens du monde ne veulent pas prendre le temps de parcourir de nombreux livres, aussi tâcherons-nous de les renseigner du mieux que nous pourrons en peu de pages.

Nous dévoilerons les trucs réputés si nombreux des maquignons et nous les réduirons à de justes proportions.. Nous n'avons nullement l'intention de plaider pour les marchands, dont beaucoup sont des commerçants d'une haute probité n'ayant pas besoin d'être défendus; nous nous efforcerons de démontrer que tous les trucs peuvent être découverts, et que si, souvent, l'acquéreur a une désillusion, quelques jours après l'achat, il ne doit pas attribuer son mécompte aux procédés du vendeur, mais bien à sa naïveté à lui acheteur.

Pouvons-nous reprocher à un commerçant de parer sa marchandise? Alors, supprimons les étalages; et ce jour-là nous exigerons du marchand de chevaux la suppression du gingembre et de la toilette. Beaucoup de gens voudraient acheter des chevaux parfaits prêts à travailler et sans être obligés de prendre la moindre précaution; sans non plus, bien entendu, payer cher. Nous verrons qu'il est généralement impossible au vendeur de fournir des animaux prêts; nous montrerons en même temps que la mise en service peut être assez rapide, si le travail est bien réglé.

Le cheval bien acheté et bien débuté doit être bon.

Les commissions de remonte sont rarement trompées; la plupart des chevaux de troupe sont capables de travailler.

Les loueurs de voitures de remise, les grandes compagnies de fiacres, les propriétaires de manèges, s'ils veulent faire leurs affaires, ne doivent pas se tromper souvent; et, en effet, il est fort rare qu'ils n'achètent pas à des prix raisonnables des animaux utiles.

Ne croyez pas que la connaissance du cheval soit un présent des dieux, déposé dans le berceau des nouveau-nés. C'est au contraire une science qui ne s'acquiert qu'avec du travail; science moins compliquée que bien d'autres, mais encore fort délicate.

Vous rencontrerez journellement des vétérinaires de haut mérite désarmés devant une boiterie et incapables d'en désigner le siège ou la cause.

Laissant de côté les cas compliqués, nous nous proposons simplement de mettre le lecteur à même d'acheter en réunissant le plus grand nombre de chances de son côté.

Pour déchiffrer un morceau de musique, le pianiste doit avant tout connaître ses notes et son clavier; pour apprécier un animal à sa juste valeur, l'amateur doit connaître les tares d'une façon très précise, ainsi que la place exacte où elles se rencontrent; il ne doit pas tâtonner.

Nous pensons bien faire en indiquant de suite au lecteur comment il doit procéder pour acheter un cheval ; nous lui désignerons les tares et les défauts nuisibles ainsi que la façon dont il doit opérer pour les découvrir.

Dans un autre chapitre (1) nous traiterons de chaque tare en particulier, en nous étendant sur le plus ou moins d'importance qu'il faut y attacher.

(1) Voir les *Notions d'hippologie*.

CHAPITRE PREMIER

DE L'ACHAT DU CHEVAL

Cherchez-vous un cheval?

Sachez d'abord le prix que vous voulez mettre et le genre de service auquel vous destinez l'animal recherché.

Les personnes jouissant d'un très gros revenu ont souvent un marchand attitré, comme elles ont leur tailleur ou leur bijoutier, et qui a tout avantage à les bien servir.

Ces privilégiés de la fortune n'ont pour ainsi dire qu'à acheter les yeux fermés et... à délier les cordons de leur bourse.

Aux gens riches qui n'ont pas l'habitude du cheval et ne connaissent pas particulièrement un marchand, nous conseillons de s'adresser à un bon loueur de voitures de remise ou à un directeur de manège. Ils expliqueront ce qu'ils désirent; ils prendront le cheval en location et si après quelques semaines l'animal fait bien le service, ils n'auront qu'à l'acheter. De cette façon ils paieront cher; ils n'auront pas trouvé l'occasion, mais ils obtiendront du travail.

A notre avis, il vaut mieux payer cher un cheval utile, que bon marché trois ou quatre mauvais avant de tomber sur le bon.

Ces deux catégories d'acheteurs éliminées, occupons-nous de ceux qui, aimant le cheval, veulent le choisir eux-mêmes; en un mot, le dénicher.

La légende nous dit qu'à Paris les chevaux sont hors de prix. C'est là une erreur grave, car presque tous les marchands de province viennent y faire leurs achats.

Les grands marchands parisiens ont pour le recrutement de leur cavalerie une puissante organisation.

De nombreux courtiers parcourent les pays d'élevage et achètent, poulains, les produits d'élite, livrables à trois ans et demi ou quatre ans.

Des marchands de moindre renommée passent après les premiers et achètent tous les jeunes chevaux à peu près propres. Ces derniers marchands ou leurs courtiers sont très connus sur les champs de foire où ils enlèvent de gros lots, et ils auront toujours l'avantage sur leur confrère de province qui ne pourra réaliser qu'un chiffre d'affaires modeste.

Vous pourrez donc, amateurs, parfaitement acheter à Paris et pas plus cher qu'ailleurs. Il faut toutefois ne pas habiter trop loin, car les voyages sont coûteux et vous aurez avantage à vous adresser à un bon marchand ou à une bonne école de dressage de votre voisinage, plutôt que de risquer de trop longs déplacements.

Admettons donc que vous habitiez Paris ou ses environs dans un rayon de deux cents kilomètres.

Si vous avez une somme importante à consacrer à votre acquisition, n'hésitez pas à vous adresser à une grande maison.

Le marchand sera très gentleman, le piqueur prévenant et correct, les hommes silencieux et rapides.

Vous êtes assuré de trouver de très beaux chevaux. Trop beaux même! tellement beaux que vous ne les reverrez jamais dans le même état si vous les achetez. Ils sont saturés de graisse au détriment de leurs muscles et incapables de tout service avant d'avoir été progressivement entraînés (1). Les marchands ne peuvent les livrer prêts. Ils ont déjà sans cela de la peine à vous les laisser à des prix que vous trouverez énormes. Que serait-ce s'ils devaient les faire travailler, risquer de les tarer et en outre doubler leur personnel.

Le cheval, au début de son travail, acquiert souvent de petites

(1) L'entraînement d'un carrossier ou d'un hunter n'a rien de commun avec celui d'un cheval de course.

tares passagères et le marchand serait continuellement empêché de vendre un animal bon et beau à cause d'un petit suros, d'une coupure, d'un semblant de molette ou d'un peu de chaleur à un membre.

Dans certaines maisons et pour les clients de marque, quelques chevaux prêts sont tenus en réserve.

Si vous êtes inconnu, armez-vous d'impassibilité et de sang-froid, car la bataille commence ; bataille d'autant plus rude qu'elle restera parfaitement courtoise.

Examen du cheval. — En abordant le marchand, dites-lui à peu près ceci : « Monsieur, pouvez-vous me procurer, pour tel prix, un cheval de telle taille, de tel âge, apte à tel service. »

Gardez-vous bien de faire étalage de vos connaissances hippiques et de vos relations mondaines, ou de parler de telle ou telle écurie connue; tout cela ne regarde pas le vendeur et servirait tout au plus à vous faire payer plus cher.

Votre première phrase suffit ; le marchand réfléchira un instant et d'un ordre bref indiquera au piqueur l'animal à sortir.

Si l'écurie est proche, vous pouvez demander, sans être indiscret, à y pénétrer. Si cette faveur vous est accordée, et que, dès l'abord, vous reconnaissiez que le sujet ne correspond pas à ce que vous cherchez, n'hésitez pas à dire : « Inutile de le sortir, il ne me convient pas. »

Le marchand verra ainsi que vous savez ce que vous voulez et que vous ne venez pas en curieux, pour le plaisir de lui faire perdre son temps.

Cependant, un cheval est prêt à sortir pour vous être présenté ; dès lors, prenez l'autorité; c'est vous qui dirigerez la montre à votre gré. Adressez-vous toujours au marchand ou au piqueur; ils transmettront vos ordres au palefrenier. Faites arrêter le cheval sous la porte, regardez aussitôt les yeux ; l'obscurité relative de l'écurie vous permettra de voir facilement s'ils sont troublés ou tachés. Assurez-vous que l'animal y voit, en ouvrant les doigts brusquement, successivement devant chaque œil qui devra se fermer chaque fois que vous recommencerez le mouvement. La pupille doit se rétrécir aussitôt que la demi-obscurité de l'écurie est remplacée par le grand jour; et plus le rétrécissement sera rapide et marqué, plus vous devrez supposer la vue bonne.

Si vous découvrez quelque chose qui vous déplaise, faites rentrer le cheval, en vous gardant bien de dire pourquoi. Le marchand vous sera reconnaissant de votre discrétion : une parole imprudente de votre part aurait pu être récoltée par une oreille étrangère et porter préjudice au vendeur.

Voilà un cheval dehors : son ensemble vous plaît, vous n'avez rien vu aux yeux; regardez son âge. Nous indiquerons plus loin le moyen de le faire sans trop de peine; sous aucun prétexte n'entamez une lutte; vous risqueriez un accident pour les hommes, pour l'animal ou pour vous-même. Le cheval qui ne veut pas se laisser « boucher » a généralement eu les dents travaillées et par conséquent est plutôt âgé. Ceci n'est pas une règle absolue.

Si celui qu'on vous présente salive d'une façon exagérée, c'est qu'un palefrenier lui aura introduit dans la bouche une poignée de sel, dans le but de provoquer cette salivation. Il vous est, dans ces conditions, impossible d'examiner les tables dentaires. Continuez votre examen, et quand l'animal aura retrouvé sa bouche normale, vous reviendrez aux dents que vous trouverez indicatrices d'un manque ou d'un excès d'âge.

Avant de continuer l'examen, faites marcher le cheval au pas; exigez cette allure jusqu'à ce que vous l'obteniez; exigez aussi que l'homme tienne la longe à une certaine longueur. Si vous n'obtenez pas satisfaction, c'est que le pas est mauvais; et si l'homme maintient la tête de travers, c'est qu'il y a une boiterie à dissimuler.

Le cheval marche le pas : vous vous mettez bien dans son axe et vous observez si les membres ne se croisent pas, s'ils ne se choquent pas, s'ils ne se jettent pas en dedans ou en dehors, s'ils se posent bien d'aplomb et s'ils sont souples. Les postérieurs doivent couvrir les antérieurs à votre regard, et inversement les antérieurs les postérieurs, au retour quand vous verrez l'animal de face.

Veillez surtout au tournant (1), c'est à ce moment que vous verrez le mieux si le cheval accuse une sensibilité. Regardez-le revenir comme vous l'avez regardé s'éloigner. Demandez quelques pas au trot et si l'action vous paraît suffisante, faites arrêter et commencez l'examen détaillé.

Tâchez d'être rapide, perspicace et muet. N'écoutez pas un mot de ce que vous dira le marchand, vous obtiendrez ainsi presque sûrement son silence.

Placez-vous en face du cheval; regardez ses oreilles; elles doivent être bien écartées, bien portées et pointées plutôt en avant, sans exagération toutefois, ce qui indiquerait un animal peureux. S'il les porte au contraire couchées, c'est qu'il a envie de ruer ou de mordre. S'il les tient droites et très serrées par leur extrémité, il sera, neuf fois sur dix, rétif. S'il les agite continuellement l'une après l'autre dans des directions différentes, c'est qu'il y voit mal et qu'il cherche à surprendre avec l'ouïe ce qu'il s'explique incomplètement à cause de sa vue basse. Les chevaux à oreilles fortes et tombantes sont réputés bons par certains connaisseurs.

La tête, vue de face, doit être distinguée, le front bien carré; les yeux seront beaux, francs, bien saillants. Il est préférable que l'animal ne soit pas marqué de blanc à la tête. Quand la marque blanche s'étend au chanfrein jusqu'aux naseaux et au nez, on dit que le cheval boit dans son blanc. Les chevaux ainsi tachés sont, à tort ou à raison, réputés rétifs.

Les naseaux doivent être ouverts, propres et bien lisses.

Vous êtes devant le sujet; profitez-en pour regarder l'ampleur de la poitrine ou son exiguïté. Toujours sans bouger, regardez la

(1) Il est nécessaire de s'assurer si le cheval tourne avec facilité à droite et à gauche.

longueur des avant-bras et leur puissance. Examinez les genoux; ils doivent être larges, osseux, secs et dépourvus de boursouflures sur le devant, ce qui indiquerait que le cheval est tombé ou qu'il se cogne à l'écurie. Passez la main dessus, si vous avez vu quelque chose d'anormal dans le lustré du poil. L'animal peut être légèrement couronné; et une pommade judicieusement appliquée trompe parfois l'œil. Si vous trouvez une trace sur votre main, ne vous fâchez pas. Renvoyez le cheval si vous n'en voulez pas; ou au contraire, si vous n'êtes pas trop effrayé, faites lever le genou en question par un palefrenier et regardez de très près.

Du genou, passez aux canons; vérifiez s'ils sont nets de suros apparents et si ces suros n'atteignent pas les genoux. En ce cas seulement, vérifiez en les touchant. Les canons doivent être courts et étroits. Regardez les boulets, ils doivent être bien égaux de volume et assez forts. Un cheval qui a des boulets enflés peut se guérir; mais celui qui n'en a pas est rarement bon.

Vérifiez l'état des molettes visibles à l'intérieur et à l'extérieur des membres; mais ne touchez pas, ce serait une perte de temps; vous le ferez plus tard.

Voyez les pâturons : ils doivent être forts et courts; regardez avec soin la couronne; il s'y dissimule souvent de petites formes très nuisibles. L'œil exercé les découvrira généralement aux reflets que donnent aux poils les bosses osseuses ou cartilagineuses poussées sous la peau.

Chez les grands marchands, les pieds sont splendides d'aspect, grâce à de grands soins et à des ferrures savamment avantageuses.

Le sabot doit être assez grand; ni trop étroit, ce qui pourrait provenir d'encastelure; ni trop large, ce qui est disgracieux, rend le cheval maladroit et indique un pied plat, quelquefois comble et fourbu. Il ne doit pas être projeté en avant ni cerclé, ce qui ferait encore redouter la fourbure, surtout si le cheval s'appuyait sur le talon, la pince étant relevée. La corne doit être lisse; voyez s'il n'y a pas trace de fissures verticales, indicatrices de seimes, surtout si elles partent de la couronne.

Assurez-vous que l'opération de la névrotomie n'a pas été pratiquée.

L'avant-main ainsi examiné, reculez-vous d'un bon pas, voyez si l'aplomb du membre est bien régulier et si les proportions générales sont bonnes.

Baissez-vous légèrement et examinez les jarrets ; c'est de là, en vous portant successivement à gauche et à droite, que vous découvrirez les éparvins. Si le système osseux du cheval est très développé, chaque membre vu séparément peut paraître affligé d'un éparvin ; mais souvent, en regardant de face, vous constaterez que les deux membres sont parfaitement symétriques et passerez outre pour un instant.

Examen du cheval de profil. — Vous avez examiné le cheval de face pour n'y plus revenir.

Portez-vous sur votre droite, à peu près à la hauteur de l'épaule, et lui faisant face.

Passez la main sous l'auge pour vérifier si elle est large, nette d'engorgement, de glandes, d'abcès ou de cicatrices anciennes. Ne faites pas tousser le cheval ; c'est inutile, et désagréable au vendeur. Vous pourrez le faire plus tard, si vous le jugez à propos, après avoir constaté quelque chose d'inquiétant au flanc.

Passez la main sur la nuque pour vous assurer que l'animal, en tirant au renard, ne s'est pas blessé et qu'il n'a pas le mal de taupe.

De la place où vous êtes, vous verrez bien le dos, sa longueur, ainsi que le rein, son attache et sa largeur.

La tête doit avoir la forme d'une pyramide quadrangulaire, large en haut, étroite à l'extrémité inférieure.

Les ganaches ne seront pas chargées ; les joues seront sèches, plates ou creuses.

La peau fine et souple doit laisser apercevoir, se dessinant nettement, les vaisseaux et les nerfs.

Le chanfrein droit est le meilleur. S'il est busqué ou de mouton, il indique une prédisposition au cornage. Camus, il fera augurer d'un caractère difficile. Quand il est déprimé fortement à la muserolle, le cheval sera généralement corneur.

Une bouche petite, des lèvres très épaisses et des barres larges appartiennent, dit-on, à un animal ayant de la bouche. Avec cette conformation, les barres ne reçoivent pas l'action directe du mors; et si elles la reçoivent, étant larges et épaisses, elles y sont moins sensibles. Cet indice, d'ailleurs, trompe souvent.

Les lèvres pendantes se rencontrent chez les sujets âgés ou malades et sont fort disgracieuses. L'ensemble de la tête sera fin, distingué et expressif; les lignes en seront nettes et bien limitées.

Une tête telle que nous venons de la décrire devra être recherchée surtout chez le cheval de selle, auquel elle donnera de la valeur.

En France, les marchands et beaucoup de soi-disant connaisseurs aiment à dire : « Ce n'est pas avec la tête qu'un quadrupède marche. » D'accord, mais n'empêche qu'à qualités égales, de deux chevaux, celui qui aura une tête petite et fine, un beau front et un bel œil, sera le plus séduisant et certainement le plus agréable à monter.

Nous avons vu, chez un des plus grands marchands d'Europe, des hunters de conformation identique et égaux en actions différer de moitié prix uniquement à cause de leur tête.

Nous insistons sur ce sujet parce qu'il est souvent présenté aux acheteurs de vrais mastodontes affligés de têtes énormes et vulgaires, qualifiés de « hunters irlandais sortant d'une écurie ducale d'Angleterre et ayant chassé sous le master ».

Vous pouvez être certain que cela n'est pas vrai; les Anglais riches et aimant le sport ont le plus grand mépris pour ce genre de défaut.

Revenons à notre examen et considérons l'encolure.

Elle doit sortir d'une épaule longue et bien oblique, et d'un garrot élevé, avec lequel elle ne se confondra pas.

Son attache avec la tête doit être bien dégagée. Si un cou lourd se confond avec des ganaches très fortes, le cheval aura la tête plaquée; il ne pourra pas être léger en main et ne donnera jamais la flexion de la nuque.

Beaucoup de chevaux sont vendus cher, uniquement parce qu'ils ont une grande encolure, et à notre avis, c'est un non-sens, une longue encolure n'ayant jamais servi à rien; c'est un élégant ornement et voilà tout. Feu M. le comte de Chézelles l'affirme dans son livre, et sa compétence comme homme de cheval est indiscutable. Regardez encore les nouvelles générations de pur sang ; vous remarquerez que les éleveurs de grande marque n'attachent pas d'importance au plus ou moins de longueur de cou de leurs produits.

Nous avouons qu'une longue encolure, quand elle est bien portée, a de l'élégance. Souvent pourtant, chez un cheval manquant de sang, elle devient un encombrement et un mauvais soutien pour la tête, qui se trouvera flottante dès que l'animal sera fatigué. La direction vous deviendra difficile, l'équilibre sera détruit et la chute imminente.

Rejetez aussi les encolures rouées, elles sont antisportives. Elles donnent bien au cheval un air d'équilibre ; mais cette impression est trompeuse; un animal qui roue son cou ne peut pas être léger en main et ne peut avoir la tête bien placée, de façon à ce que son centre de gravité puisse être reporté en arrière et l'avant-main dégagé, à la volonté du cavalier ou du conducteur. Dans notre traité de dressage, nous reviendrons sur ce sujet.

L'encolure droite et bien musclée doit être préférée à toute autre.

Celle qui sort, à angle très prononcé, du garrot, pour prendre une forme concave du garrot à la nuque, est dite en coup de hache. Les chevaux pourvus de cette conformation sont bons et énergiques, mais tirent mal en général. On peut leur reprocher une mise en main difficile ou même impossible.

Le garrot doit être élevé, dégagé, sec et surtout très reporté en arrière. En l'examinant, assurez-vous qu'il n'est pas sensible;

cette partie du cheval est quelquefois le siège d'une maladie très grave et peu apparente au début, appelée le mal de garrot.

La ligne qui va du sommet du garrot à la pointe de l'épaule doit être longue et se rapprocher de l'horizontale. L'épaule ainsi conformée donne de la longueur et favorise la bonne action.

Pour certains spécialistes, cette théorie doit être renversée; mais pour le cheval de service, selle ou voiture, elle est indiscutable.

L'épaule doit être fortement musclée, ni maigre ni vide; plutôt saillante, elle ne devra pourtant pas sembler prête à se décoller.

Le coude en dedans est très mauvais et correspond rarement à une bonne action.

Voyez s'il n'y a pas de traces de feu ou de vésicatoire; en cas de traces, vous ferez mieux de ne pas acheter, les boiteries d'épaule étant les plus difficiles à guérir radicalement.

La pointe du coude est souvent atteinte d'une blessure appelée éponge, que le cheval se fait lui-même en se couchant sur son fer. Cette plaie n'entraîne pas de graves conséquences; mais elle est difficile à guérir.

De l'épaule, passez au bras qui doit se rapprocher de l'horizontale dans une certaine mesure (1).

L'avant-bras doit être puissant, assez long et absolument vertical. Si le cheval est campé, demandez à ce qu'il soit laissé libre pour un instant, ou faites-le reculer d'un pas; il reprendra alors sa position naturelle. S'il est sous lui du devant, il sera rarement solide. S'il paraît acculé sur l'arrière-main, c'est que probablement il y aura souffrance devant.

S'il est campé naturellement et non par dressage, il fera un mauvais porteur et se fatiguera de partout, aussi bien du dos que des quatre membres, les tendons subissant ainsi une tension continuelle.

(1) L'inclinaison du bras doit varier suivant l'usage auquel le cheval est destiné; chez le pur-sang la direction devient presque verticale, tandis que chez le gros percheron elle se rapproche de l'horizontale.

Nous passons maintenant à l'examen plus délicat des tendons et des pieds.

Nous ne pouvons nous étendre ici sur la nomenclature et la description des tendons et des os du membre. Les lecteurs qui ne comprendront pas bien ce qui suit devront se reporter au chapitre : *les Muscles*, page 338, où ils pourront se renseigner sur les termes qui les auraient arrêtés.

Du premier coup d'œil, voyez si le membre paraît large, ce qui indique des tendons forts.

Remarquez si, au-dessous du genou, le membre ne vous paraît pas plus étroit que plus bas, le tendon serait alors failli (1) et le genou semblerait étranglé.

Le tendon présentant un épaississement en son milieu et affectant la forme convexe est claqué (2).

Regardez la ligne de l'extenseur; elle aussi sera droite et sans convexité.

Quand, d'un regard rapide, vous avez examiné ces parties du membre, mettez franchement votre main nue sur l'épaule et glissez-la, sans hésiter, jusqu'au-dessous du genou. Vous devez rencontrer une peau fine et souple, un membre sec et frais.

Passez les doigts sur la surface interne des canons pour y découvrir de petits suros invisibles à l'œil, quelquefois isolés, et souvent disposés en chapelet. Nous ne conseillerons jamais de refuser un cheval affligé de suros; mais, acheteurs, vous pourrez profiter de leur découverte au moment de la discussion du prix. Seuls les suros de genoux doivent être considérés comme très dangereux et le cheval qui en est atteint devra toujours être écarté.

Passez votre main sur le devant de la jambe en appuyant assez fortement sur l'extenseur; si l'animal lève brusquement le pied, c'est qu'il y a souffrance. Le marchand vous dira que c'est l'effet d'un savant dressage. N'entamez pas de discussion et passez à l'examen du suspenseur et des fléchisseurs.

(1) Planche IV, figure 3.
(2) Planche IV, figure 2.

Prenez-les, les uns après les autres, entre le pouce et les autres doigts et descendez la main en serrant assez fortement jusqu'au bas du boulet. Vous ne devez rencontrer ni nodosité, ni sensibilité, ni engorgement, ni chaleur.

Le cheval a-t-il levé le membre? Recommencez l'examen, le pied étant tenu comme à la forge. Palpez les tendons ainsi distendus; et vous vous rendrez bien mieux compte s'il y a sensibilité réelle. L'animal sain supporte un pincement fort, sans broncher.

Le système veineux est parfois assez développé chez certains sujets pour faire croire à un engorgement. La grosse veine qui descend en contournant l'avant-bras, de dehors en dedans, se confond avec les tendons qu'elle longe.

Ce système veineux trop développé provient généralement de la mauvaise circulation du sang et de l'état congestif du membre ou du pied. Cet état peut n'être qu'accidentel et consécutif à un travail tout récent. Dans ce cas vous demanderez, quand l'examen sera terminé, à revoir le cheval le lendemain. Si alors vous ne trouvez pas le membre bien sec et frais, c'est que cet état est chronique; car vous pensez bien que le marchand aura tout fait, pendant la nuit, pour rendre au membre sa bonne apparence.

Nous n'aimons pas les chevaux qui ont des molettes devant, surtout si elles sont dures, articulaires et chevillées. Le cheval que vous achèterez, chez un marchand, avec de toutes petites molettes, en aura probablement d'énormes après huit jours de séjour dans votre écurie.

Examinez bien le boulet et surtout les attaches du suspenseur en les palpant.

C'est de profil que vous vous rendrez compte du plus ou moins de longueur des paturons. Ils doivent être assez courts surtout chez les chevaux de selle. Les animaux long-jointés sont maladroits et rapidement usés dans leurs membres.

Le paturon est formé d'un seul os. Quand cet os est projeté en avant et qu'il est vertical, le membre est dit bouleté.

Recherchez maintenant les formes, si votre regard a surpris un renflement indicateur; votre doigt ne doit rencontrer aucune irrégularité ou exostose.

Assurez-vous qu'il n'existe pas de crevasses au pli du paturon; rarement dangereuses les crevasses sont, parfois, difficiles à guérir.

C'est avec la plus grande rapidité et sans la moindre hésitation que tout cet examen du toucher demande à être fait; ne restez pas accroupi; gardez-vous bien de dire, en tâtonnant : je crois ceci, je crois cela; ce serait le moyen de prêter à rire et de donner une médiocre idée de votre savoir.

Examinez le pied de profil, vous l'avez déjà vu de face. Ne revenez pas en arrière, ce serait une perte de temps et le désordre apporté dans votre méthode d'examen.

Le cheval doit avoir de la corne, des talons assez hauts, bien écartés et se rapprochant de la verticale.

Si vous voyez des sortes de plissements sur le sabot, méfiez-vous du décollement ou du faux quartier.

Assurez-vous, en regardant bien, s'il n'y a pas quelque fissure ou difformité cachée avec de la gutta-percha. Ce procédé malhonnête de dissimulation est rarement employé chez le grand marchand.

La ligne d'inclinaison du pied ou la pente de la muraille doit être l'hypoténuse du triangle rectangle isocèle, dont un côté serait la verticale abaissée, de l'avant de la couronne au sol, et l'autre une ligne horizontale.

Faites lever le pied; ne le levez pas vous-même, ce n'est pas votre rôle.

L'intérieur doit être creux; la fourchette bien dessinée, épaisse et large. La sole sera abondante, creuse et non écaillée. Si le pied n'a pas été paré depuis longtemps, la sole pourra, sans inconvénient, se détacher par morceaux.

Le fer doit bien porter sur la muraille, sans ajusture exagérée.

Assurez-vous si le fer est normal, si le nombre et la place des étampures sont réguliers.

Un fer très large est de nature à inspirer de la méfiance : il est destiné à cacher quelque chose de mauvais.

Ne vous effrayez pas trop d'une fourchette échauffée, elle se guérit en général assez facilement. Cependant, au cas où elle sentirait mauvais et offrirait des traces de suintement, appuyez fortement sur ses côtés pour vous rendre compte s'il y a sensibilité ou même abcès.

D'ailleurs, les nombreuses maladies du pied : bleimes, seimes, crapauds, fourmilières, décollement, fourbure, luxation, etc., seront exposées plus tard, en détail, dans un chapitre spécial.

Le cheval près du sang a rarement les membres recouverts d'une abondante toison; la finesse du système pileux est l'indice d'une bonne trempe et de tissus serrés.

La coupe du cheval, du sommet du garrot au passage de sangles, doit être large pour laisser de la place aux poumons.

Le passage de sangles doit se trouver plus bas que les coudes, sans quoi le cheval serait enlevé, aurait de l'air sous le ventre.

Le garrot, nous l'avons dit, doit être très prolongé en arrière; cette disposition permet au cheval de couvrir du terrain et d'être près de terre, sans cependant être faible du dessus.

Le cheval doit être long, contrairement à ce qu'en pensent certains amateurs; mais sa longueur doit provenir d'une épaule inclinée, d'une poitrine profonde, d'un garrot bien placé et d'une croupe présentant une grande étendue de la pointe de la hanche à la pointe de la fesse.

D'un œil rapide assurez-vous encore que le cheval n'a pas le rein plongeant, qu'il n'est pas ensellé, qu'il n'a pas le dessus maigre et mou.

Le dos présentant une sorte de gouttière dans toute sa longueur est bon.

Le dos de carpe n'est pas à dédaigner; il ne faut pourtant pas le confondre avec une colonne vertébrale déviée, qualifiée, par les marchands, de dos à porter une maison, ou de dos de sauteur.

Le cheval qui vousse le rein souffre.

Regardez si l'animal a du ventre ou s'il est levretté; ce dernier, malgré sa conformation défectueuse qui le déprécie dans une certaine mesure, sera souvent bon et courageux.

Baissez-vous pour voir s'il n'y a pas trace de hernie; et si les organes génitaux sont sains.

Constatez la régularité de la respiration et assurez-vous des bonnes proportions du flanc qui ne doit être ni creux, ni retroussé, ni cordé.

Le flanc se mesure de la pointe de la hanche à la première côte, comme le rein.

Si vous releviez des traces de vésicatoire près du passage de sangles, cela indiquerait que le cheval a eu une maladie de poitrine grave, dont résulte souvent une affection du cœur, ou le cornage.

Maintenant, placez-vous de façon à voir le jarret gauche bien de profil.

Examinez la hanche, la cuisse, la fesse.

La hanche doit être plutôt saillante. De sa pointe à celle de la fesse la distance doit être longue, ainsi que nous l'avons déjà dit.

La fesse doit être étoffée, la cuisse bien musclée et longue.

La croupe sera puissante. Chez certains chevaux communs elle est double.

Autrefois, la croupe horizontale était fort recherchée. Elle l'est encore par les amateurs moins soucieux de la qualité que d'une certaine harmonie des formes.

Nous exposerons, plus loin, les raisons qui nous font opter pour la direction oblique. Là encore les éleveurs du pur-sang nous donnent l'exemple de persévérer dans cette préférence.

Le jarret demande à être examiné avec soin.

Il doit être fort, comme les genoux; sans, bien entendu, être enflé. Si vous constatez un engorgement à son pli ou ailleurs, le marchand vous dira que le cheval s'est échappé, qu'il s'est pris dans une longe, ou toute autre chose que vous n'écouterez même pas.

Souvent, sur le devant du jarret, à l'articulation, vous verrez le poil rugueux et anormal. Le piqueur, d'un air désolé, vous dira que le cheval n'a pas eu de pansage; et il invectivera un palefrenier en le menaçant de renvoi pour sa négligence. Naturellement patron, piqueur, palefrenier sont d'accord et la comédie est jouée pour transformer une bonne trace de vésicatoire en une prétendue plaque de crasse ou de fumier.

Recherchez les vessigons, les jardes, les capelets et les courbes; toutes tares de gravité variable suivant leur développement.

Un jarret sans trace de vessigon est aussi rare qu'un membre postérieur sans molettes.

La courbe se rencontre rarement.

Procédez, pour le boulet et le paturon, comme pour l'avant-main.

Les tendons faiblissent rarement aux membres postérieurs.

Il est également rare qu'un cheval boite des pieds de derrière; cependant assurez-vous de leur bon état.

Le pied de derrière peut être moins incliné que celui du devant.

Les chevaux qui forgent ont la pince usée et sont ferrés très court; souvent même, le maréchal est obligé d'ôter du pied jusqu'à déformation.

Les parties faibles de l'arrière-main sont les boulets et les jarrets.

Si les boulets vous paraissent ronds, durs et engorgés ou bouletés, touchez pour reconnaître s'il y a sensibilité.

Si le cheval souffre d'un membre postérieur, vous le verrez continuellement tenter de le mettre au repos.

Les jarrets coudés sont disgracieux et mauvais.

Les jarrets « loin derrière » ne sont pas meilleurs.

Examen de derrière. — Vous passez derrière le cheval, et vous vous placez dans son axe, assez loin pour ne pas être à portée d'un coup de pied.

Vous devez voir le garrot par-dessus la croupe.

Regardez les hanches; vérifiez si elles sont bien symétriques, sans quoi, vous risqueriez d'acheter un animal à hanche coulée. Elles doivent être rigoureusement semblables, quelles que soient les raisons que le vendeur puisse donner pour vous persuader le contraire.

Elles doivent être larges; même si elles sont arrondies et harmonieuses.

Les hanches saillantes, dites en porte-manteau, sont à rechercher au point de vue de la qualité et de la puissance.

La queue doit être placée haut et bien portée. Quelques connaisseurs la préfèrent placée bas, cette disposition donnant au cheval de la facilité pour engager plus puissamment ses postérieurs.

Quand vous examinez un cheval chez un marchand, il est rare que vous puissiez constater s'il porte ou non la queue; vous aurez beau dire, l'animal de montre sera toujours sous l'influence du gingembre.

La queue ne doit pas être trop touffue; mais cela non plus vous ne pourrez guère le constater, le toiletteur ayant passé par là.

Le cheval à queue de rat jouit d'une bonne réputation; et les marchands en profitent pour tâcher de vous vendre, au plus cher, un animal, en réalité, atteint d'une sorte d'infirmité.

Nous ne parlerons pas des fausses queues; beaucoup d'auteurs ont écrit sur ce sujet, plus, croyons-nous, pour distraire le lecteur que pour l'instruire.

L'anus doit être saillant, parfaitement lisse et bien refermé.

Les fesses doivent être bien garnies; rien n'est laid comme une fesse étroite et plate!

Quand les pointes des hanches et les pointes des fesses sont sur deux lignes parallèles, et qu'en même temps, la croupe est longue et large, on dit que le cheval a un beau carré de derrière, qualité à rechercher parce qu'elle donne force et vitesse.

Assurez-vous de l'aplomb des membres. Nous préférons des jarrets légèrement fermés à ceux qui sont trop ouverts; dans le premier cas, le rapprochement des pointes dispose les boulets à l'éloignement et l'animal aura peu de tendance à se couper. Cependant, préférez toujours des aplombs bien réguliers.

Regardez si le cheval est panard ou cagneux, et si la mauvaise conformation que vous constaterez vient bien du membre entier et non pas seulement d'une déviation du pied, qui, elle, serait rectifiable avec une ferrure appropriée.

Si les fers sont munis de crampons très élevés, c'est que l'animal forge.

Tournant autour du sujet, vous vous placerez de façon à voir le jarret droit de profil et vous procéderez, à rebours, à l'examen du côté droit, comme vous avez fait pour le côté montoir.

La façon d'opérer que nous venons d'indiquer a peut-être paru longue au lecteur; mais il n'y a pas, croyons-nous, de moyen plus rapide pour procéder à un examen. Nous avons tâché d'éviter toute perte de temps et tout geste inutile. Ce qui semble long et compliqué au novice est simple et facile pour l'homme expert; et le tour d'un cheval peut être fait en quelques minutes.

Les débutants feront bien de ne pas trop se presser; mais surtout qu'ils suivent une méthode invariable. S'ils se portent indifféremment d'un point à un autre, regardant un boulet devant, une hanche, un genou, le port de la queue; puis, si, cédant à l'impulsion d'une idée subite, ils font faire quelques pas au trot ou toute autre chose, ils risquent de perdre beaucoup de temps autour d'un animal borgne ou hors d'âge; et de plus ils ne manqueront pas d'oublier quelque détail important; source d'innombrables déboires pour l'avenir.

Si le cheval a un mauvais éparvin et un suros insignifiant, le marchand fera le grand seigneur en vous indiquant de suite le suros; et si vous circulez en tous sens, il s'arrangera de façon à ce que vous ne soyez jamais à la place précise d'où l'éparvin est visible.

Dans l'obligation de donner quelques détails sur les membres, les qualités ou défauts de conformation et les tares, peut-être avons-nous été diffus; mais c'est volontairement que nous avons parlé à plusieurs reprises des mêmes parties du cheval. Nous avons, par exemple, examiné les éparvins, étant de face. Si nous avions voulu les examiner complètement et de suite, il nous aurait été nécessaire d'aller les voir de côté et de derrière; nous aurions fait trotter le cheval, afin de savoir si ces éparvins n'entraînaient pas la raideur des membres, pour revenir ensuite à la ganache.

Si nous avions procédé ainsi pour l'ensemble, nous aurions dépensé beaucoup de temps. Avec la marche que nous indiquons, il suffit d'avoir un peu de mémoire et à la fin de la visite nous avons vu l'animal et ses tares de tous les points de vue et dans tous les sens.

Examen du cheval monté ou attelé. — L'examen est terminé; vous n'avez rien laissé voir de vos impressions.

Si le cheval ne vous plaît qu'à moitié, priez le marchand de vous en montrer un autre, tout en faisant des réserves pour celui que vous venez de voir.

S'il ne vous convient pas, renvoyez-le sans commentaires.

Au contraire, vous le trouvez bon. Dites-le franchement et demandez son prix; il sera généralement plus élevé que celui que vous aviez fixé. Ne vous effarouchez pas et surtout ne discutez pas sa valeur; dites à peu près ceci : « Monsieur, le cheval me plaît et je le crois bon, mais son prix est supérieur à celui que je désire mettre, et comme mon intention n'est pas de vous déranger inutilement, ne poussons pas l'essai plus loin et montrez-m'en un autre plus près du prix indiqué. »

En répondant ainsi, vous ne pouvez pas froisser le vendeur en débinant sa marchandise, et s'il a éprouvé un dérangement et une perte de temps, c'est de sa faute, puisqu'il vous a sorti un sujet hors du prix annoncé. Si vraiment la différence entre l'offre et la demande est trop considérable et qu'il ne puisse pas vous laisser son cheval, le marchand le fera rentrer à l'écurie; mais s'il peut faire une forte concession, il vous proposera de continuer l'essai, en vous disant : « Nous nous arrangerons bien. » Dans ce cas marchez de l'avant et à cinq, dix louis près vous ferez affaire.

Encore faut-il que l'essai au travail soit bon. Procédez toujours méthodiquement.

Demandez à revoir les allures au pas et au trot en main, sur un terrain dur et sur un terrain mou. Ceci a une grande importance; certains chevaux, marchant bien et fort sur le sable, sont gênés ou même boiteux sur le pavé.

Dans ce nouvel essai, surveillez spécialement les membres auxquels vous auriez reconnu quelque tare.

Si vous avez vu un éparvin, assurez-vous qu'il n'empêche pas le membre de se ployer et que la marche ne se produit pas seulement de la hanche et du boulet.

Remarquez si, en tournant, il n'y a pas croisement exagéré des postérieurs, avec gêne du rein; dans ce cas, surtout si le cheval marche comme un ours ou comme un homme ivre, redoutez le tour de rein, généralement incurable et cousin germain de la paralysie.

Pendant qu'on garnit le sujet, le marchand vous propose-t-il de visiter son écurie, récusez-vous; avouez que vous vous intéressez énormément à cette opération. Si cela vous fait plaisir, causez de la pluie et du beau temps, mais surtout pas de l'objet convoité.

Pendant votre absence, si l'animal n'est pas franc, un palefrenier lui eût fait une bonne friction sur les épaules; friction qui, dans certains cas, facilite le départ.

Le passage de la croupière est parfois laborieux.

D'autres chevaux ne veulent pas se laisser passer le collier ou refusent la bride. Étant présent, vous vous apercevrez de tout cela; en résumé, vous voyez si l'animal est maniable à l'écurie.

Vous ai-je recommandé d'être démuni de canne? Si par hasard vous en avez conservé une en main, ne vous en servez jamais pour indiquer une direction, un membre ou une tare; les chevaux sont jeunes souvent, et toujours en crainte de la chambrière dispensatrice d'énergie; vous risqueriez par vos gestes de les effrayer et de provoquer un accident. Il est préférable, quand vous procédez à un essai, de déposer canne ou parapluie au bureau, ou de les confier à un homme.

Renoncez aussi pour un moment à l'usage des gants; vous passeriez votre temps à les ôter et à les remettre; ganté vous ne pouvez rien palper utilement.

Pendant qu'on attelle le cheval, regardez s'il se met volontiers dans le collier, ou s'il en tient ses épaules soigneusement écartées. Si le palefrenier laisse longtemps le collier à l'envers dans le cou, méfiez-vous de la franchise.

Faites recommander par le marchand à son piqueur de ne pas s'en aller, pendant l'essai, hors de votre vue, ce qui se produirait infailliblement si vous ne l'aviez prévu. Votre recommandation restera peut-être même sans effet, et voici pourquoi. Si l'animal de montre est trop chaud, le piqueur le tournera à un coin de rue et pendant cinq minutes le laissera en prendre tant qu'il en voudra. Comme le cheval de marchand a une nourriture peu stimulante, il se calmera d'ordinaire après quelques instants d'effort soutenu et il reviendra passer devant vous dans une allure avantageuse et non inquiétante.

Si au contraire il est mou, aussitôt hors de vue, il recevra une rossée telle qu'il steppera pendant quelques centaines de mètres, assez pour vous impressionner agréablement.

Pour éviter cette fuite, nous montons souvent avec le piqueur et si le départ est bon, nous prenons les guides.

N'essayez pas un cheval longtemps, ce serait indiscret, et vous verriez seulement qu'il n'est ni en avoine ni en travail. Quand vous l'avez conduit un instant, descendez, faites-le repasser devant vous, si cela vous plaît, et renvoyez à l'écurie.

Le marchand prévenu deux fois de votre prix ne peut que vous faire une forte concession; et vous-même, si vous croyez avoir trouvé votre affaire, ne regardez pas à quelques centaines de francs.

Il ne faut pas oublier que nous sommes chez un grand marchand où les chevaux bon marché sont de 2,500 francs.

Nous ne conseillerons pas d'acheter des chevaux dits d'échange; ils sont quelquefois séduisants, généralement inutilisables et toujours d'un certain prix.

Si vos ressources sont moyennes ou petites, allez chez des marchands de second ordre et vous serez plus satisfait.

Nous avons indiqué comme prix 2,500 francs, et c'est là un minimum, surtout si vous êtes connu pour avoir de la fortune, ou si simplement vous ne savez pas vous y prendre.

Nous avons vu des gens payer 8,000 ou 9,000 francs des paires que des acheteurs plus simples et plus malins eussent achetées avec 30 pour 100 de réduction.

Ne vous présentez pas chez le grand marchand avec l'intention de ne pas dépasser 2,000 francs pour un grand cheval. S'agit-il d'un petit cheval, vous en trouverez chez lui de 1,500 francs à 2,000 francs.

A Paris et dans les grands centres, l'action se paye cher. Se hasarder à offrir 3,000 francs d'un beau cob bien établi, en bon âge et steppant haut, au marchand des Champs-Élysées, serait maladroit : il vous mépriserait.

Cependant, partout, pour 6,000 francs vous pouvez vous procurer une paire de carrossiers utiles, et pour 2,500 à 3,000 francs un bon et beau cheval de selle, à condition que vous n'exigiez rien d'étonnant dans les allures. A ces prix-là vous pourrez avoir des poneys brillants avec du style dans l'action.

Essai monté. — Nous sommes toujours chez le grand marchand et c'est un cheval de selle que vous cherchez.

Pour vous prouver que celui que vous avez choisi est sage, le piqueur se fera prendre le pied, se mettra en selle dans la stalle et sortira tenu en main.

Opposez-vous à cette monte prématurée; elle n'a de raison d'être que pour dissimuler ou atténuer les difficultés que l'animal pourrait opposer étant dehors.

Cependant, si le cheval est jeune, n'obligez pas l'homme à monter par l'étrier et laissez-lui la liberté de se faire prendre le pied; beaucoup de poulains non conformés se défendent quand ils sentent le poids de l'homme sur un même côté; mais si vous êtes un peu cavalier, vous les habituerez facilement à être sages.

Ici encore évitez que le piqueur n'emmène l'animal hors de votre vue, et faites-le passer aux trois allures.

Si le cheval est vendu sauteur, demandez à le voir à l'ouvrage. Plusieurs marchands ont des manèges et l'essai sera facile.

Si vous êtes satisfait, montez vous-même dedans, dehors, et aux trois allures.

Tâchez de rencontrer des automobiles et des tramways, et achetez.

Nous parlerons plus loin des qualités nécessaires aux chevaux de voiture ou de selle; nous étudierons leurs allures et nous dirons à quoi on les reconnaît bonnes ou mauvaises. Cette étude eût tenu trop de place dans ce chapitre, consacré uniquement à l'achat.

Les vices rédhibitoires sont garantis de droit; il n'est donc pas indispensable d'en faire mention sur le reçu. Exigez la garantie de « monté » ou « attelé » ou les deux, suivant le cas. Les vendeurs n'aiment pas à les donner, mais vraiment vous pouvez les prendre quand vous payez de gros prix. Le marchand prétendra qu'il vous livre un cheval parfaitement dressé, mais qu'un cocher maladroit peut le rendre rétif en deux jours et que lui, commerçant, n'en peut être responsable. Ne vous laissez pas attendrir.

Si vous ne payez pas de suite, vous signerez un engagement

sur un carnet à souches, et c'est sur cet engagement que vous ferez ajouter les garanties.

Le vendeur, pour faciliter la conclusion de l'affaire, vous dira que, si le cheval ne vous convient pas, il vous le changera, en le reprenant au même prix. Cela ne l'engage à rien, il vous le reprendra peut-être, et encore est-ce assez problématique; mais il majorera tellement le prix des siens que vous aurez tout à perdre.

Achetez donc franchement, et l'affaire conclue, considérez la marchandise comme définitivement à vous, sauf le cas de vice rédhibitoire.

Ne signez jamais un reçu mentionnant que vous avez essayé l'animal ou que vous l'avez fait examiner par un vétérinaire. Cela n'a pas de raison d'être et ne vous sera pas proposé chez le marchand sérieux.

Vous pouvez demander des garanties spéciales.

Vous croyez, je suppose, qu'un cheval feint et le marchand vous assure du contraire; dans ce cas vous pouvez lui demander une garantie écrite spéciale, par laquelle il s'engage à le reprendre pour le prix de vente, s'il y a boiterie, dans le délai d'un mois. Ce genre de garantie est parfaitement valable.

Avant de traiter définitivement, vous pouvez, si vous doutez de vous-même, vous réserver la visite d'un vétérinaire. Si vous n'en connaissez pas un spécialement, son intervention ne sera peut-être pas d'une grande utilité et souvent sera fort coûteuse. Certains vétérinaires demandent 5 pour 100 ou même plus, et sur un gros prix d'acquisition vous aurez une surprise désagréable; mais vous pouvez très bien vous informer d'avance du prix de cette visite spéciale, pour laquelle il vous sera demandé 30 ou 40 francs, à condition que le vétérinaire n'ait pas à débattre le prix du cheval ni à l'estimer. Ces exigences sont jusqu'à un certain point justifiées; l'homme de l'art, s'il empêche la vente, se fait un ennemi du vendeur et court le risque d'en éprouver, dans l'avenir, un certain préjudice.

Vous rencontrerez le vétérinaire qui, systématiquement, trouve tous les chevaux mauvais; il ne veut pas engager sa responsabilité. D'autres, au contraire, trouvent tout bon et vous conseillent de passer sur les tares les plus apparentes.

Un écrivain très sportsman s'exprimait dernièrement à peu près en ces termes : « Quand vous achetez un cheval, n'emmenez pas avec vous un ou deux amis et un vétérinaire, vous auriez l'air d'aller à un rendez-vous d'honneur. » Habituez-vous à faire vos acquisitions seul.

Tableau synoptique de l'examen du cheval.

1° Sous la porte de l'écurie.	Les yeux.
2° Dehors.	1. Aspect général. 2. Age. 3. Au pas en s'éloignant. 4. Pendant le demi-tour. 5. Au pas en revenant. 6. Quelques pas au trot.
3° De face.	1. Les aplombs. 2. Ensemble de la tête. 3. Les oreilles. 4. Le front. 5. Les yeux. 6. Le chanfrein. 7. Les naseaux. 8. La poitrine. 9. Les avant-bras. 10. Les genoux. 11. Les canons. 12. Les boulets. 13. Les paturons. 14. Les couronnes. 15. Les pieds de face. 16. Les éparvins.

4° De profil à la hauteur de l'épaule.......

1. Les aplombs.
2. L'auge.
3. La nuque.
4. Le dos et le rein.
5. Le profil de la tête.
6. Les ganaches.
7. Le chanfrein.
8. La bouche.
9. L'encolure.
10. Le garrot.
11. L'épaule.
12. Le coude.
13. Le bras.
14. L'avant-bras.
15. La largeur du membre.
16. Les tendons extenseur, fléchisseur.
17. Leurs attaches.
18. Le suspenseur du boulet.
19. Palper les tendons le membre étant levé.
20. Palper les canons.
21. Palper les paturons.
22. Palper les couronnes.
23. Le pied à terre et ensuite levé.
24. Le fer.
25. La finesse de la peau.
26. La coupe du sommet du garrot au passage de sangles.
27. Le ventre de côté et en dessous.
28. Les côtes.
29. Les organes génitaux.
30. Le flanc.

5° De profil face au jarret gauche..........

1. Les aplombs du membre postérieur.
2. La hanche.
3. La cuisse.
4. La fesse.
5. La croupe.
6. Le jarret.
7. Le canon.
8. Les tendons.

5° De profil face au jarret gauche *(suite)*...	9. Le boulet. 10. Le paturon. 11. Le pied.
6° De derrière face à la croupe..........	1. Le garrot. 2. Les hanches. 3. La queue. 4. L'anus. 5. Les fesses. 6. Les aplombs. 7. Les jarrets.

Procéder à rebours pour l'examen du côté droit.

7°	Faire repasser au pas.
8°	Au trot sur un terrain dur.
9°	Au galop.

Vices rédhibitoires. — Loi sur le Code rural (2 août 1884).

ARTICLE PREMIER. — L'action en garantie, dans les ventes ou échanges d'animaux domestiques, sera régie, à défaut de conventions contraires, par les dispositions suivantes, sans préjudice des dommages et intérêts qui peuvent être dus s'il y a dol.

ART. 2. — Sont réputés vices rédhibitoires et donneront seuls ouverture aux actions résultant des articles 1641 et suivants du Code civil, sans distinction des localités où les ventes et échanges auront eu lieu, les maladies ou défauts ci-après, savoir :

Pour le cheval, l'âne et le mulet : la morve, le farcin, l'immobilité, l'emphysème pulmonaire, le cornage chronique, le tic proprement dit avec ou sans usure des dents, les boiteries anciennes intermittentes, la fluxion périodique des yeux.

Pour l'espèce ovine : la clavelée. Cette maladie reconnue chez un seul animal entraînera la rédhibition de tout le troupeau, s'il porte la marque du vendeur.

Pour l'espèce porcine : la ladrerie.

ART. 3. — L'action en réduction de prix, autorisée par l'article 1644 du Code civil, ne pourra être exercée dans les ventes et échanges d'animaux énoncés à l'article précédent, lorsque le vendeur offrira de reprendre l'animal vendu, en restituant le prix et en remboursant à l'acquéreur les frais occcasionnés par la vente.

Art. 4. — Aucune action en garantie, même en réduction de prix, ne sera admise pour les ventes ou pour les échanges d'animaux domestiques, si le prix, en cas de vente, ou la valeur, en cas d'échange, ne dépasse pas 100 francs.

Art. 5. — Le délai pour intenter l'action rédhibitoire sera de neuf jours francs, non compris le jour fixé pour la livraison, excepté pour la fluxion périodique, pour laquelle ce délai sera de trente jours francs, non compris le jour fixé pour la livraison.

Art. 6. — Si la livraison de l'animal a été effectuée en dehors du domicile du vendeur ou si, après la livraison et dans le délai ci-dessus, l'animal a été conduit hors du lieu du domicile du vendeur, le délai pour intenter l'action sera augmenté à raison de la distance, suivant les règles de la procédure civile.

Art. 7. — Quel que soit le délai pour intenter l'action, l'acheteur, à peine d'être non recevable, devra provoquer, dans les délais de l'article 5, la nomination d'experts, chargés de dresser procès-verbal; la requête sera présentée, verbalement ou par écrit, au juge de paix du lieu où se trouve l'animal; ce juge constatera dans son ordonnance la date de la requête et nommera immédiatement un ou trois experts, qui devront opérer dans le plus bref délai.

Ces experts vérifieront l'état de l'animal, recueilleront tous les renseignements utiles, donneront leur avis, et, à la fin de leur procès-verbal, affirmeront, par serment, la sincérité de leurs opérations.

Art. 8. — Le vendeur sera appelé à l'expertise, à moins qu'il n'en soit autrement ordonné par le juge de paix, à raison de l'urgence et de l'éloignement.

La citation à l'expertise devra être donnée au vendeur dans les délais déterminés par les articles 5 et 6; elle énoncera qu'il y sera procédé même en son absence.

Si le vendeur n'a pas été appelé à l'expertise, la demande pourra être signifiée dans les trois jours à compter de la clôture du procès-verbal, dont copie sera signifiée en tête de l'exploit.

Si le vendeur n'a pas été appelé à l'expertise, la demande devra être faite dans les délais fixés par les articles 5 et 6.

ART. 9. — La demande est portée devant les tribunaux compétents, suivant les règles ordinaires du droit.

Elle est dispensée de tout préliminaire de conciliation et, devant les tribunaux civils, elle est instruite et jugée comme matière sommaire.

ART. 10. — Si l'animal vient à périr, le vendeur ne sera pas tenu à la garantie, à moins que l'acheteur n'ait intenté une action régulière dans le délai légal, et ne prouve que la perte de l'animal provient de l'une des maladies spécifiées dans l'article 2.

ART. 11. — Le vendeur sera dispensé de la garantie résultant de la morve ou du farcin pour le cheval, l'âne et le mulet, s'il prouve que l'animal, depuis sa livraison, a été mis en contact avec des animaux atteints de ces maladies.

ART. 12. — Sont abrogés tous règlements imposant une garantie exceptionnelle aux vendeurs d'animaux destinés à la boucherie.

Sont également abrogées la loi du 20 mai 1838 et toutes les dispositions contraires à la présente loi.

Marchands et maquignons. — Avant de courir ensemble les marchands de deuxième ordre et les maquignons, nous désirons expliquer pourquoi les marchands à la mode sont obligés de vendre cher, sans pour cela réaliser des bénéfices exagérés. Les grands marchands, il faut le comprendre, vendent des objets de luxe à des clients riches, mais peu nombreux.

Les gens décidés à mettre de 6 à 10,000 francs à une paire sont rares relativement aux marchands vendant le beau cheval.

En vous promenant dans Paris ou au Bois, cherchez des yeux

les paires sortant de l'ordinaire, les beaux hacks et les bons hunters; vous les compterez sans peine.

Chassez autour de Paris; sur quarante ou cinquante cavaliers groupés aux rendez-vous, combien, dont le cheval vaille plus de cent louis? En général, dans le lot, la grosse majorité vaut à peine un billet de mille francs.

La province donne, direz-vous. Oui, et c'est bien heureux; mais dans quelle proportion? Regardez combien d'équipages misérables, au point de vue cheval, sortent par les larges grilles de somptueuses demeures. Quand, dans une région, un monsieur a payé une paire 8,000 francs, c'est un événement dont on parle pendant dix ans, à trente lieues à la ronde.

Le temps est déjà bien loin où la jeunesse, sans compter, jetait aux quatre vents les écus de papa. Le jeune homme modern-style, s'il n'est spécialiste du sport, achètera un beau reste, déniché pour cinquante louis dans un coin, et sera enchanté d'aller, ainsi monté, faire son tour de « Poteaux ».

Les veneurs chassant à Pau, ou suivant quelques rares équipages en pays dur et vite, sont obligés de mettre de l'argent dans leur écurie; mais combien sont-ils?

La vente du cheval cher est donc difficile. Certains marchands n'en écoulent pas cent par an et ils en ont toujours trente de premier choix dans leur écurie.

Évaluons approximativement leurs frais :

Loyer	20.000 fr.
Piqueur	2.500 —
Comptable	1.800 —
Six hommes d'écurie à 6 francs	13.140 —
Nourriture de trente chevaux à 3 francs par jour	32.850 —
Intérêt du capital engagé pour l'achat de trente chevaux à 2,000 francs chaque	3.000 —
Intérêt du capital de roulement, 60,000 francs environ	3.000 —
TOTAL	76.290 fr.

Nous n'avons pas compté les voyages, les honoraires du vétérinaire, la note du maréchal, l'usure d'un matériel toujours irréprochable, les accidents, la patente, et enfin les pertes en marchandise et en argent.

Estimons en bloc le tout à 10,000 francs, et nous arrivons au total effrayant de 86,290 francs (1).

Il faut que le commerçant et sa famille vivent et pour cela laissons-leur maigrement 12,000 francs.

Avant de pouvoir mettre quelque chose de côté, le marchand devra gagner tout près de 100,000 francs sur la vente de cent animaux.

Il ne pourra donc vous vendre moins de 3,000 à 3,500 francs un sujet lui revenant à 2,000 francs, c'est-à-dire ayant été payé en France 1,800 francs à l'éleveur.

Si le cheval est anglais, il paye 150 francs d'entrée à cinq ans, et, avec les frais de voyage, il n'aura pu être payé en Angleterre beaucoup plus de 1,500 francs.

Vous vous rendez compte du prix que vous devrez donner du beau hunter irlandais, coûtant cher en Irlande et fort rare, même en son pays d'origine.

Nous avons parlé du marchand vendant un petit nombre de chevaux d'élite; il y a deux ou trois maisons faisant le même commerce sur une grande échelle, mais leurs frais généraux sont en proportion plus élevés encore par suite des sacrifices qu'elles font pour accaparer tous les poulains de mérite au pays d'élevage, dans le but de s'assurer les premiers prix dans les concours.

Ne vous exagérez donc pas les bénéfices des commerçants en chevaux et surtout ne croyez pas que vous payez la marque; vous ne trouverez jamais, chez un marchand moyen, ce que vous pouvez vous procurer dans les maisons de premier ordre petites ou grandes.

Vous aurez des imitations ou de très beaux animaux dépréciés par une tare souvent peu nuisible mais réelle; jamais vous

(1) Ajoutez à cela le pourboire du cocher, qui atteint parfois 5 pour 100, et les honoraires du courtier, plus importants encore.

ne rencontrerez pour 1,800 francs le cheval de 4,000 francs.

Si vous êtes cavalier, je ne doute pas que vous soyez capable de réaliser une bonne affaire en achetant un gros trimbaleur, un cheval peureux, en arrière de la main ou rétif. Peut-être en tirerez-vous parti et refuserez-vous de le revendre, au bout d'un certain temps, le double de ce que vous en avez donné ; mais n'empêche qu'au moment précis où vous l'avez acheté il avait peu de valeur. Vous avez été hardi, vous avez réussi. Cela n'est pas à la portée de tout le monde, et il n'en faut pas conclure que l'animal était bon marché ; dans beaucoup d'autres mains, il eût été de valeur nulle.

Bons marchands et gros marchands. — Votre budget vous permet de mettre 1,800 ou 2,000 francs dans un cheval.

Les bons marchands capables de vous servir sont légion et vous rencontrerez les types d'hommes les plus curieux : l'un sera verbeux et réjoui, l'autre lugubre et silencieux comme un croque-mort ; un troisième fera semblant de ne pas attacher d'importance à votre visite ; l'épateur vous éblouira de sa noble clientèle.

Le type le plus désagréable est celui qui prend le client par la terreur et qui, contre toute vraisemblance, réussit à colloquer un cheval bon ou mauvais à un monsieur timide et résigné.

Procédez, chez tous les marchands, de la façon une fois pour toutes indiquée ; en parlant peu, en ne discutant jamais et en sachant ce que vous voulez, vous obtiendrez généralement un repos relatif.

Vous ne rencontrerez plus le gentleman, mais souvent le bon et honnête commerçant ; en revanche, si vous descendez aux marchands de basse catégorie, vous vous exposerez à tous les ennuis et vous ferez certainement une mauvaise affaire.

Certains petits maquignons, gens déclassés, n'achètent que les animaux de très bas prix, inaptes à tout service ; ils ont recours aux trucs les plus déshonnêtes pour vous tromper.

Ils vous vendent, avec toutes les garanties, un cheval atteint d'un ou de plusieurs vices rédhibitoires et si vous voulez le leur rendre, ils le refusent. Voulez-vous procéder? Vous apprenez l'insolvabilité absolue du quidam.

Allez de préférence chez l'homme qui a beaucoup de chevaux dans ses écuries; cela vous donne toujours une certaine garantie, et dans le grand nombre, en cherchant bien, vous tomberez peut-être sur celui qui vous convient.

Quelques maisons en vendent dix par jour; ce sont plutôt des entrepôts, et la marchandise ne reste pas longtemps en magasin. Vous y trouverez de tout : un normand de 1,800 francs à côté d'une rosse de 15 louis.

Là, ne demandez pas à ce qu'on vous sorte un cheval; passez plutôt entre les longues rangées de croupes et faites sortir celui qui paraîtra répondre à vos besoins.

L'essai se fait à la diable; le piqueur est généralement un gars vigoureux et solide, mais piètre cavalier. Ne vous effrayez pas trop si les chevaux vous paraissent à demi sauvages. Achetés chez ces gros marchands, ils gagneront toujours chez vous, si vous vous en occupez avec intelligence; tandis qu'il vous est impossible de les maintenir dans l'état où les amènent les grands marchands.

L'emploi des courtiers ne nous paraît pas à conseiller; il en est certainement de fort honnêtes, mais quelques-uns sont sans scrupules, et vous payerez toujours plus cher si vous avez recours à leur ministère. Cependant, par manque de connaissances personnelles et en l'absence d'amis capables de vous aider, peut-être serez-vous obligé de vous adresser à un courtier; tâchez alors de le bien connaître et sachez qu'il sera toujours favorable au marchand, avec lequel il a tout avantage à demeurer en bons termes.

Il ne faut pas oublier les marchands paysans en blouse; nous en connaissons de fort riches et très sérieux.

Ils parcourent eux-mêmes les foires, ramènent de bons sujets, font le moins de frais possible et vendent en somme de la bonne marchandise. Là, plus qu'ailleurs, dites d'avance ce que vous voulez, sans quoi, il vous sera fait un prix en rapport avec votre costume.

D'autres vendent aux fiacres, pour des prix modérés et un bénéfice de 40 francs, de bons petits chevaux genre cavalerie légère.

Avec un peu d'habitude vous pourrez acheter dans ces maisons et y faire de bonnes affaires; pour cela il faut du temps, pas mal d'expérience et une bonne dose de sang-froid, surtout dans les débuts.

Ces dernières catégories de commerçants vendent beaucoup à leurs confrères de province, aux loueurs de grande remise, aux manèges et souvent aussi aux grands marchands parisiens qui ne s'en vantent pas.

En circulant dans des écuries où le service de cent chevaux est assuré par trois ou quatre hommes, gardez-vous avec soin des coups de pied ou autres accidents.

Quand vous vous faites présenter un cheval au trot et en main, mettez-vous toujours, pour le regarder passer, du même côté que l'homme qui le tient; vous ne courrez ainsi aucun danger.

Ne vous formalisez pas si le vendeur vous abandonne tout à coup pour parler à un autre client; ne le croyez ni impoli, ni fâché, il va simplement à ses affaires et vous laisse à vos recherches.

Certaines maisons se font une spécialité du poney russe et de l'espagnol; dans d'autres vous trouvez de bons poneys du Midi tout attelés à de beaux tonneaux neufs; libre à vous de vous en aller avec un attelage complet composé en dix minutes, et vous ferez bonne figure partout.

Des spécialistes vendent, les uns des trotteurs, d'autres de très beaux petits chevaux italiens, étoffés, pleins de sang et d'action.

Enfin, notre énumération le montre, pour ne pas trouver à se remonter à Paris, il faut être vraiment difficile ou bien, plutôt, inexpérimenté.

Les ventes publiques et les journaux. — Vous pouvez acheter des chevaux aux enchères au Tattersall, au Sporting ou dans les établissements de MM. Chéry et Halbronn.

Les marchands y achètent bien; pourquoi n'en feriez-vous pas autant?

Il s'y vend de très bons chevaux et à des prix notoirement inférieurs à ceux du commerce; mais l'essai est insignifiant, presque nul, et vous courez de gros risques. Les marchands ont sur vous l'avantage de suivre régulièrement toutes les ventes, et ils reconnaissent d'un coup d'œil le beau *voleur* habitué à passer sous le marteau du commissaire-priseur.

Un cabochard invétéré, revenant deux fois de suite au Tattersall, est connu de tous les professionnels et pas un ne l'achètera; il fera pour un instant le bonheur de l'amateur à la recherche de l'occasion; bonheur éphémère et ne survivant pas au premier essai.

En vous renseignant près des cochers, peut-être pourrez-vous réussir; pour notre compte, nous n'attachons pas grande valeur à ces indications, même bien rétribuées.

Si vous êtes audacieux en même temps qu'habile et bien outillé, achetez en vente publique, mais toujours à des prix avantageux.

Ces mêmes établissements font annuellement des ventes particulières, où vous trouverez des chevaux de premier ordre ayant chassé sous des poids connus, avec des équipages en vedette. Tâchez d'avoir, par relations, quelques renseignements et vous achèterez un bon hunter; mais aussi cher, sinon plus, que chez un marchand à la mode.

Quelques écuries renommées mettent de temps à autre tous leurs chevaux en vente; elles rachètent à n'importe quel prix et sans frais appréciables les meilleurs et ne laissent partir que les « toquards ».

Dans les ventes publiques ordinaires les chevaux sont vendus avec ou sans garanties d'aptitudes. Ces garanties n'ont qu'une valeur très relative et pourvu que l'animal se laisse atteler avec plus ou moins de difficulté et qu'il démarre pendant cent mètres, il peut ensuite tuer ou blesser plusieurs personnes; il n'en aura pas moins rempli les conditions de garantie.

La garantie des vices rédhibitoires, par contre, est formelle et vous ne courez aucun risque à son sujet.

Le cheval faisant le plus d'argent est celui qui arrive de la province; les marchands le poussent toujours à un certain prix, s'il est propre et en âge.

Si vous en avez acheté un mauvais aux enchères et que vous vouliez vous en défaire par la même voie, n'hésitez pas à transformer sa toilette; c'est votre droit et vous aurez la chance que, n'étant pas reconnu, il fasse un bon prix.

Pour cette raison, évitez d'acheter un cob à crinière coupée, à queue de rat ou marqué de cicatrices; il resterait toujours reconnaissable.

Les cicatrices indiquent généralement les animaux dangereux.

Un carrossier inutilisable, marqué d'une longue couture à l'épaule, fut acheté devant nous par le propriétaire d'une importante écurie pour la somme de 1,200 francs. L'acquéreur, persuadé que son cheval serait reconnu, n'osait le remettre en vente publique et ne pouvait parvenir à le vendre à l'amiable. Un cocher roublard lui coupa la crinière et la queue, le tondit en chasse et à l'aide d'un fer chaud modifia la forme de la blessure. Quinze jours après l'animal repassait et, non reconnu, atteignait le même prix que la première fois.

Nous racontons le procédé sans le commenter.

Il arrive aux marchands de racheter plusieurs fois un cheval difficile mais, dans une certaine mesure, utilisable.

L'un d'eux, et des plus connus, nous a affirmé avoir racheté sept ou huit fois un splendide steppeur emballeur. Il le revendait chaque fois à gros bénéfice et n'avait rien à se reprocher, ayant toujours prévenu le client.

Au Sporting, au Tattersall, et chez MM. Chéry et Halbronn,

vous trouverez des chevaux à vendre à l'amiable; en ce cas, exigez l'essai qui vous plaira.

Il existe aussi plusieurs agences spéciales. Par leur entremise, vous serez mis en rapport avec des particuliers désireux de vendre. Demandez que les chevaux vous soient présentés chez vous; sans quoi vous vous exposeriez à courir inutilement les quatre coins de Paris. Vous aurez une commission à donner, l'acheteur aussi en versera une ou plusieurs; mais, malgré tout, vous mettrez peut-être la main sur un cheval de prix raisonnable, étant donnée la difficulté qu'un particulier sans relations éprouve à trouver acquéreur.

Vous risquez tout au plus de payer dix ou quinze louis de plus que chez le marchand auquel appartient en réalité le sujet.

Nous ne faisons pas de généralités; certains directeurs d'agence sont des gens consciencieux, actifs, connaisseurs, et parfaitement capables de vous fournir des renseignements utiles.

Recourez si vous le désirez aux journaux spéciaux, insérez une annonce de demande; vous obtiendrez beaucoup de réponses, parmi lesquelles vous distinguerez avec l'habitude les offres sérieuses. Demandez une photographie avant de vous déplacer; ce sera toujours pour vous une garantie que vous n'allez pas voir un monstre. Avec du savoir, sur une photographie bonne ou mauvaise, vous pouvez reconnaître approximativement les proportions de l'animal.

Si vous êtes assez hardi, vous pouvez très bien rencontrer un cheval au-dessus des moyens de son propriétaire, cavalier et conducteur timide, et cependant pouvant vous convenir.

Nous ne vous conseillons pas de vous déplacer au loin sur la foi des annonces, même signées de noms ronflants; vous vous exposeriez à rencontrer un malheureux animal claqué par tous les bouts et incapable de se traîner pendant cent mètres au trot, au lieu du bel irlandais en plein service, offert en occasion pour 2,500 francs.

Demandez, par lettre, des détails précis et concis, en numérotant vos demandes; les numéros auxquels il ne sera pas répondu doivent être considérés comme comportant une solution mauvaise.

Quand vous achetez à des inconnus, déposez les fonds au bureau du journal; votre vendeur peut être insolvable et si le cheval avait des vices rédhibitoires vous seriez « refait ».

Méfiez-vous des chevaux dont vous ne pouvez découvrir le propriétaire; s'il se cache et que vous ne puissiez apprendre son nom ni son adresse, envoyez promener le courtier qui vous propose l'affaire; vous pourriez involontairement être mêlé à des malpropretés. Il n'y a pas de raison pour qu'un monsieur honorable se dissimule; et s'il ne veut pas traiter directement avec vous, il peut au moins se faire connaître.

Un certain nombre de petits jeunes gens, interdits ou non, abusant de la situation de parents honorablement connus, achètent des chevaux pour les revendre aussitôt à vil prix; évitez les compromissions ou relations d'aucune sorte avec de pareils individus, vous vous exposeriez sinon à payer deux fois, au moins à éprouver un grand nombre de désagréments.

Les foires. Les chevaux de réforme. — L'achat en foire est plus difficile que partout ailleurs; les paysans, dans les pays d'élevage, sont aussi retors que les plus fins maquignons de la capitale. Le mensonge est à l'ordre du jour et certain vendeur, propriétaire d'un animal féroce, vous donnera sa parole d'honneur que la bête est un vrai mouton, que ses petits enfants lui passent sous le ventre, et que sa femme l'attelle à la carriole pour aller au marché. Nous ne parlerons que pour mémoire de la couverture repliée sur le dos et pendant d'un seul côté, dans le but de cacher une hernie ; de la blessure récente faite avec intention pour masquer une tare ancienne et grave.

Comme vous payez en prenant livraison de votre acquisition, tâchez, là encore, de savoir avec qui vous avez affaire.

Quand un marchand a ramené à Paris un cheval inutilisable, il le renvoie, s'il n'est pas encore toiletté, au pays d'élevage où il est revendu à la foire comme neuf. Les courtiers, habitués du lieu, peuvent le reconnaître et deviner qu'il a été manqué; mais vous, amateur, vous avez des chances nombreuses pour tomber dessus du premier coup.

L'amateur est assez mal vu, aussi bien des courtiers que des paysans. Si vous n'êtes pas connu, il vous sera fait des prix dérisoires; et si vous offrez la valeur marchande, il se peut que vous soyez apostrophé de façon peu avenante.

En Normandie, les affaires sérieuses se traitent la veille de la foire, dans les écuries des auberges. Nous vous engagerons à vous mettre en rapport avec un vétérinaire du pays ou avec un bon courtier, si vous en trouvez un; vous aurez alors quelques chances pour ne pas être trompé.

Dans le centre de la France, dans la Normandie et en Bretagne, vous aurez beaucoup de peine à découvrir un bon sujet, les meilleurs étant achetés très jeunes par les grands marchands; et les passables étant pris à partir de trois ans et demi pour l'armée.

Vous pouvez encore suivre les commissions de remonte et choisir parmi les chevaux qui ne sont pas pris. Ce système nous a réussi souvent, surtout dans le midi de la France; nous en reparlerons dans le chapitre « du cheval de selle ».

Sur les champs de foire, ou dans vos transactions avec les particuliers, n'attachez pas d'importance aux prix que l'on vous demande. Jugez le cheval, estimez-le et offrez-en carrément ce qu'il vous paraît valoir, même s'il y a un gros écart avec la demande. Si votre offre est mal accueillie, vous en êtes quitte pour tourner le dos et pour porter vos recherches d'un autre côté.

Que de gens, ayant payé un beau normand 3,000 francs, ne peuvent comprendre qu'au bout de trois ou quatre mois il n'en vaille plus que 7 ou 800! Et cependant l'aventure est fréquente.

Nous avons envisagé la plupart des façons d'acheter. Si nous n'avons pas parlé du marché aux chevaux, c'est que nous ne l'avons jamais fréquenté.

Nous avons vu, attelé au phaéton d'un richissime sportsman, un beau carrossier qui, en des jours malheureux, avait, dit-on, passé par là.

Nous n'avons guère confiance dans les chevaux réformés de l'armée. Ceux qui sont encore capables d'un bon service, et ils sont rares, sont poussés à des prix relativement élevés par des officiers ou leurs amis. Cependant, pour un petit service et pour une petite somme, vous pourrez tenter l'aventure. Les chevaux ayant beaucoup travaillé dans la poussière des manèges des écoles sont quelquefois réformés pour une affection des voies respiratoires; ceux-ci peuvent devenir bons et faire de l'ouvrage, s'ils travaillent au grand air et à des allures raisonnables.

Le cheval réformé dangereux ne doit pas être acheté; vous vous exposeriez à faire estropier un homme à l'écurie. Il y a, dans les régiments, parmi les jeunes officiers et les sous-officiers, de bons cavaliers vigoureux, entreprenants et instruits; vous risqueriez fort d'échouer là où ils n'ont pas réussi.

Les loueurs de bas étage, les bouchers ou les « romanichels » peuvent avoir dompté quelques animaux par l'épuisement et la famine, mais nous préférons nous promener à pied que d'avoir recours à des procédés qui n'ont rien de commun avec le dressage.

Les chevaux sont rarement réformés pour leur âge; un colonel ou un vétérinaire en chef préféreront toujours renvoyer un mauvais cheval de dix ans et en conserver un bon de quatorze.

Du type. — Ce que nous avons déjà dit à propos de l'examen des chevaux en général s'applique aussi bien au cob qu'au pur-sang, au poney qu'au carrossier. Suivant l'usage auquel ils sont destinés, ils doivent avoir des qualités, d'allure et de conformation, spéciales. La recherche de ces qualités fera le sujet de ce chapitre et des suivants.

Qu'est-ce que le type?

Le type, dirons-nous, est la réunion des qualités de conformation reconnues comme donnant à un cheval un maximum d'utilité et de puissance dans le travail et, si nous osons l'avancer, leur exagération.

Le cheval typé n'est pas forcément joli et un œil inexpérimenté lui en préférera souvent un mauvais plus séduisant.

Un cheval à grande encolure fine et rouée, à jambes fines, à petits pieds, à dos élégamment creux, à croupe très horizontale, à hanches bien rondes, flattera toujours les novices, surtout s'il a une crinière avantageusement éclaircie, qu'il porte la queue et qu'il soit naturellement campé. Cet animal sera toujours mauvais.

Le cheval au dos court et droit, aux hanches saillantes, à l'épaule longue, à la croupe inclinée, aux pieds forts, aux membres osseux et larges, à l'encolure droite et rigide et au garrot très élevé et reporté en arrière, est typé. S'il est maigre il sera plutôt laid, et l'homme ignorant trouvera qu'il ressemble à un chameau. Pourtant, c'est un bon serviteur, et le connaisseur le trouvera beau.

Cependant, un animal parfait doit être typé et joli à la fois; mais n'hésitez jamais à préférer un vilain cheval de type au plus gracieux qui en serait dépourvu.

Nous avons lu que les architectes arrivaient, plus facilement que d'autres, à reconnaître le bon modèle. C'est fort vraisemblable, car un cheval doit être établi comme un pont; ses rayons et ses angles pourraient se calculer mathématiquement, proportionnellement et relativement les uns aux autres. Les piliers d'un pont sont verticaux, les membres du cheval doivent l'être; les culées sont obliques pour s'opposer à la poussée du centre de gravité de l'édifice; les épaules et la croupe, nous l'avons déjà dit, doivent être inclinées.

La faculté de reconnaître les bonnes lignes est difficile à acquérir pour certains organismes.

Nous avons vu des propriétaires d'écuries luxueuses meubler de longues rangées de stalles avec des chevaux chers, gras et jolis, mais dépourvus de type et généralement incapables de travailler.

Les personnes arrivées à un certain âge, et n'ayant pu apprendre à reconnaître les proportions utiles au fonctionnement du mécanisme chevalin, feront bien de renoncer à se faire porter ou rouler par des chevaux à elles. La déveine, croiront-elles, les poursuivra; la guigne la plus noire s'acharnera contre elles; plus elles achèteront et plus elles paieront cher, plus elles seront mal servies; et le plus drôle, c'est qu'elles ne se rendront jamais à l'évidence et qu'elles préféreront toujours un beau saucisson à un animal établi suivant les proportions reconnues les meilleures depuis de longs siècles.

Le hunter, en 1816, était ainsi décrit. Je copie textuellement dans le *Livre du cheval*, de S. Sidney, traduit par M. le comte René de Beaumont :

« Le hunter devait avoir à peu près seize mains de hauteur, la tête d'une grosseur moyenne, ses jambes fines et larges, ses oreilles pas trop petites, et s'il les a tant soit peu écartées, c'est un signe de vigueur, il faut qu'elles soient aussi pointues, son front large, ayant une bosse au milieu comme à un lièvre; ses yeux pleins et grands, ses naseaux ouverts, avec une bouche profonde, toute sa tête fine, un cou long et droit, une encolure ferme, mince, bien relevée, la gorge large, la poitrine ouverte et profonde, son corps large, ses côtes rondes, bien attachées aux hanches, une croupe bien pleine, longue, pas très large, tombant bien dans la culotte, ses membres nets, plats, droits, mais pas très gros, les jambes courtes, surtout entre le paturon et le sabot, ayant peu de poils au fanon, le pied droit, le sabot noir et creux, pas trop gros. Ce qui prouve que les points d'un bon cheval de selle étaient parfaitement compris sous le règne de Charles Ier. »

Achetez un pareil cheval, et, à moins d'accident, vous serez satisfait.

A titre de curiosité, nous donnons la description que Virgile fit du cheval. (*Géorgiques*, III, 75.)

Continuo pecoris generosi pullus in arvis altius ingreditur, et mollia crura reponit. Primus et ire viam et fluvios tentare minaces audet et ignoto sese committere ponti ;

Le poulain de bonne race a tout d'abord une allure majestueuse, marchant légèrement sur ses paturons élastiques. Il est le premier qui ose ouvrir la marche, traverser un torrent menaçant, et s'engager sur un pont inconnu.

Nec vanos horret strepitus. Illi ardua cervix, argutumque caput, brevis alvus, obesaque terga ;

Aucun bruit ne l'effraie. Il porte son encolure élevée, sa tête est petite, son ventre court, son dos large.

Luxuriatque toris animosum pectus. Honesti spadices glaucique; color deterrimus albis, et gilvo. Tum, si qua sonum procul arma dedere, stare loco nescit, micat auribus et tremit artus, collectumque fremens volvit sub naribus ignem. Densa juba et dextro jactata recumbit in armo ; at duplex agitur per lumbos spina ; cavatque tellurem et solido graviter sonat ungula cornu. Talis Amyclæi domitus Pollucis habenis Cyllarus et, quorum Graii meminere poetæ, Martis equi bijuges, et magni currus Achilli.

Les muscles surgissent sur sa noble poitrine. Un bai brillant ou un bon gris sont les meilleures couleurs ; les plus mauvaises sont le blanc ou le brun. S'il entend au loin le bruit des armes, il ne peut tenir en place, il pointe les oreilles, ses membres tremblent et, s'ébrouant, il roule le feu rassemblé dans ses naseaux. Sa crinière est épaisse et danse sur son épaule droite ; sur ses reins court un double épi. Son sabot retourne la terre et la creuse profondément avec sa corne solide. Tel était Cyllarus, dressé sous la rêne de Pollux Amycléen ; tels étaient les deux coursiers de Mars, fameux chez les poètes grecs. Tels étaient les coursiers qui traînaient le char d'Achille.

Virgile dépeint en poète et indique à l'épaule une mauvaise direction.

L'Arabe, plus concis, exige chez sa monture quatre choses larges : le front, la poitrine, la croupe, les membres.

Quatre choses longues : le cou, les bras et les cuisses, le ventre et les hanches.

Quatre choses courtes : les reins, les paturons, les oreilles, la queue.

Énumérant les qualités à rechercher chez le cheval, M. A. Rivet, dans son *Guide de l'acheteur de chevaux*, se résume ainsi : « Il ressort de cet examen détaillé qu'il faut rechercher le cheval :

« Long d'encolure, d'épaule, de bras, d'avant-bras, de croupe et de cuisse ;

« Court de dos, de rein et de canon ;

« Large de front, de poitrine, de rein, de croupe, de genou, de canon, de boulet et de jarret. »

Les qualités aujourd'hui recherchées l'ont été de tout temps, les bas-reliefs égyptiens et grecs ne nous montrent que des chevaux épais et près de terre.

Les Assyriens connaissaient le cheval de sang noble et le reproduisirent sur leurs bas-reliefs tel que nous l'admirons encore aujourd'hui (1).

Au dix-neuvième et au vingtième siècle les spécialistes sont tous d'accord sur les grandes lignes ; et si leurs théories paraissent quelquefois se combattre, il n'en est pas moins vrai qu'avec le système des compensations nous arrivons facilement à les faire concorder.

Tel connaisseur passera sur un dos un peu long, à condition qu'il soit fortifié par une croupe bien oblique ; tel autre passera sur une croupe trop horizontale, si elle se trouve dans le prolongement d'un beau dos court et large ; n'empêche que le premier n'admirera jamais un dos faible prolongé d'une croupe horizontale, et que le second ne passera sur une croupe droite que si elle s'attache à un bon rein.

(1) Le Musée du Louvre nous offre des spécimens de bas-reliefs grecs et assyriens dans lesquels il est facile de distinguer trois types de chevaux très différents : l'arabe pur, le cheval commun et un cheval de selle résultant probablement du croisement des deux premières races.

CYMBALIER, par *Réséda et Quintille*

Par KIFFIS ou TIGRIS

Record : 1' 33" 1/5

Acheté 19,000 francs par les haras

Un entraîneur préfère les dernières côtes asternales courtes et roulées chez le cheval de course; cette disposition permet aux postérieurs de s'engager très fortement sous la masse, et augmente ainsi la vitesse. Mais si cet entraîneur voulait acheter un hunter destiné à fournir un travail de longue durée, il le choisirait au contraire à côtes plus profondes et plus étendues; il aurait alors un serviteur capable de rester longtemps sans manger et ayant du « boyau ».

Nous ne voulons pas écrire ici l'histoire du cheval à travers les âges, nous réservant de le faire ailleurs.

Nous exposerons seulement au lecteur les qualités que nous préférons par expérience chez le cheval, en prenant comme point de départ le travail que nous exigerons de lui.

Chevaux de voiture. — Le cheval de coupé. — Le métier d'un cheval de voiture est de transporter son maître d'un point à un autre, et de façon rapide si cela est nécessaire. Qui peut le plus peut le moins; un trotteur bien mené, et tenu en bon travail, se résignera à marcher sur place. Un cheval lymphatique et dépourvu de moyens vous fera manquer le train pour une minute que vous n'aurez pu rattraper, même en le poussant au galop à grand renfort de coups de fouet.

Le carrossier sera donc vite; il est inutile qu'il trotte haut et qu'il soit un enfonceur de pavés. Aucun pied ne résiste à de fortes actions, si le travail est régulier et prolongé, surtout à Paris.

Si au contraire vous voulez faire une heure de Bois tous les deux jours, préférez le cheval vite et brillant; votre amour-propre et votre goût seront plus satisfaits.

Prenez-le de préférence de grande taille, 1m,65 au moins; il traînera votre voiture autant avec son poids qu'avec son énergie et s'usera moins, à même degré de sang, qu'un autre plus léger.

Un petit cheval sur un coupé produit une mauvaise impression et fait pitié. Si le coupé est petit et le carrossier très grand, l'effet est encore déplorable, le cocher occupe une position ridicule, la voiture ressemble à une brouette et l'avant-train se soulève de terre quand l'animal part un peu brusquement.

Si vous ne regardez pas au prix, achetez un normand de sang illustre. Vous en trouverez dans le commerce d'admirables de modèle et d'actions. Si vous avez l'habileté de pouvoir le mener à bien jusqu'à 6 ou 7 ans, vous aurez un serviteur généreux, courageux, robuste et résistant.

Quand vous examinez le cheval de voiture en main et au trot, remarquez si au moment du départ il paraît s'asseoir sur les jarrets qu'il détendra puissamment, en marchant écarté; si en même temps l'avant-main se grandit et que chaque membre en se levant marque un arrêt, l'essai sera parfait, et, s'il se renouvelle attelé ou monté, n'hésitez pas à acheter.

L'essai en main ne sert pour ainsi dire que d'indication, beaucoup de chevaux perdant toute allure dès qu'ils ont à porter ou à tirer quelque poids. Ceux à jarrets coudés et loin donnent un bel essai lorsqu'ils sont nus, pour se traîner au contraire péniblement quand ils sont chargés.

Les loueurs et les gens de toute sorte qui achètent souvent attachent peu d'importance à l'essai à bout de longe; il ne leur sert qu'à s'assurer s'il y a boiterie ou non; et encore beaucoup de chevaux nous paraissent-ils droits, pour feinter ensuite, dès qu'ils sont dans les brancards et qu'on les pousse en montant une côte. Le contraire se produit aussi et un coup de guide à propos dissimule la boiterie.

Le hollandais et le danois sont méprisés par beaucoup de prétendus connaisseurs. Il y a de la partialité dans leur jugement ou de l'ignorance.

Vous pouvez trouver chez des marchands spéciaux de très beaux hollandais qui vous seront vendus de 1,500 à 3,000 francs. Si vous voulez vous remonter en bons normands, il faut facilement doubler ces chiffres. Comme pour ces derniers, si vous ne

CORNEILLAT (1′ 34″), par *James Watt* et *Nostra*

Par FUSCHIA

vous pressez pas trop, le hollandais deviendra bon et énergique.

Sa réputation comme carrossier est ancienne. Lafosse écrivait en 1775 : « Les chevaux de Hollande, surtout ceux de Frise, sont très bons pour le carrosse, ce sont ceux dont on se sert communément en France. Les chevaux flamands leur sont bien inférieurs, ils ont le pied d'une grandeur démesurée. »

Nous avons vu de tels chevaux faisant partie d'écuries importantes ne pas se laisser traîner à la remorque par leurs camarades français ou anglais.

Choisissez votre hollandais avec des lignes se rapprochant le plus possible de celles que nous avons indiquées. Les beaux membres ne sont pas rares, mais bien peu souvent la ligne du dessus présente les qualités que nous préférons en général.

L'encolure sera trop rouée, trop longue ou en cou de paon ; ce défaut sera compensé par une bonne sortie des épaules et une bonne épaisseur dans l'ensemble.

L'exagération de l'encolure et une tête un peu forte ne sont pas très nuisibles à la voiture. Lafosse nous dit que « pour le cheval de harnois, l'avant-main ainsi chargé rétablit l'équilibre ».

Ne croyez pas connaître le hollandais parce qu'on vous en aura montré quelque mauvais; allez, disons-nous, chez un bon marchand spécialiste du genre et vous passerez entre deux rangées de belles croupes, pas trop rondes, et de hanches bien dessinées. Seulement méfiez-vous de l'âge ; si vous achetez un animal marquant quatre ans, il peut en avoir tout juste plus de trois; et si vous le mettez en service, il est irrémédiablement perdu.

Les chevaux allemands eux aussi ont triste réputation en France, et injustement, croyons-nous. Frédéric le Grand avait la plus belle cavalerie de son époque et gagna avec elle ses plus grandes victoires, Kesseldorf, Rossbach, Zorndorf. Il tirait ses chevaux légers de Pologne et sa grosse cavalerie de l'Allemagne du Nord.

En résumé, nous dirons que les danois, les hollandais et les allemands sont capables de faire un très dur service à la voiture et que vous pouvez vous les procurer à des prix raisonnables.

Il est évident que si, tout à coup, il vous vient à l'idée de transformer, pour un jour, votre carrossier en hunter et que, cent kilos sur le dos, dans un terrain mou, vous l'engagiez derrière les chiens, vous pouvez être certain que le lendemain il sera malade, si même il a pu finir la chasse. Eût-il été normand, anglais, russe ou américain, vous auriez obtenu un résultat analogue.

Nous avons pourtant vu de beaux hollandais, conformés à s'y méprendre comme des irlandais, chasser honorablement; mais ce n'est point leur métier et laissez-les au carrosse.

La Nièvre, l'Anjou et généralement tout le centre de la France fournissent de fort bons et beaux élèves; seule la taille est difficile à rencontrer.

N'achetez pas pour votre coupé un cheval commun qu'on qualifiera du titre de postier et qui généralement ne sera qu'un limonier de gros trait déguisé. Il ne pourrait soutenir un service au trot, malgré des actions en apparence faciles.

Écartez encore le carrossier à croupe double.

Le dos un peu creux n'est qu'un léger défaut chez le cheval de voiture.

Vous pouvez aussi faire traîner votre coupé par deux chevaux de petite taille; la paire ne vous coûtera pas plus cher qu'un seul grand et ne dépensera pas sensiblement plus de nourriture (1). Cette combinaison vous permettra d'atteler un tonneau ou toute autre voiture légère, et de n'être pas complètement démonté si l'un des deux poneys est malade.

Pour les personnes obligées de toujours sortir en coupé, ce

(1) Je cite de M. Baron les lignes suivantes où l'auteur, prenant pour base un débit de 106 kilogrammètres, s'exprime ainsi : « Avec un tirage de 26 kilogrammes, deux poneys bien nourris trotteront fort bien, tandis que le gros cheval trottera lourdement. Si l'on regarde le temps du service journalier, dans l'un et l'autre cas, ce sera bien pis. Et si on regarde la carrière complète des deux attelages, c'est le comble ! ! ! »

système ne présente pas grand avantage; au contraire, car les risques sont doubles, puisqu'elles ne peuvent sortir qu'avec deux chevaux ensemble.

Le cheval destiné à traîner une voiture autre que le coupé — nous espérons que vous n'attellerez pas autre chose qu'une paire sur un omnibus ou un landau — est facile à rencontrer. Un animal épais de 1^{m},56 à 1^{m},58 fait bonne figure sur une victoria ordinaire.

Le petit cheval étant plus répandu, vous pouvez vous montrer plus difficile dans son choix. Le grand carrossier, grâce à sa taille, à un harnachement luxueux et à une bonne tenue naturelle ou forcée, fait passer sur bien des défauts de conformation ; mais le petit cheval doit s'éloigner de la médiocrité d'autant que sa taille diminue et que par suite il est moins rare.

S'il a les membres légers, les pieds petits, l'épaule droite, l'encolure longue, mince et rouée, s'il a une belle ligne à courbe harmonieuse mais sans garrot, que sa croupe soit plate et ses jarrets coudés, vous n'aurez pas de service et votre attelage sera ridicule. Pourtant, à la montre, vous aurez pu voir une assez jolie silhouette. Le marchand aura fait valoir la longueur et la grâce de l'encolure, l'horizontalité de la croupe, la distinction des membres et vous aurez peut-être pris ce monstre de préférence à un brave homme de cheval typé et musclé, qui eût enlevé votre voiture comme une plume en donnant généreusement dans le collier et dans la main.

Pour vous fixer sur les proportions d'un cheval solide, voyez si la longueur du sommet du garrot au sol est la même que celle de la pointe de l'épaule à la pointe de la fesse. L'ensemble doit vous donner un carré. Cette conformation se rapproche de la normale, indique un corps assez près de terre; et comme le carrossier n'est pas fait pour galoper, il n'a pas besoin d'avoir une longueur exagérée, ses postérieurs ne s'engageant jamais comme s'il devait fournir un galop rapide.

Lafosse nous dit que chez le cheval de selle, la longueur doit dépasser la hauteur d'un dixième. Dans la description d'*Éclipse,* nous trouvons ces proportions même un peu plus exagérées.

Dans toutes les races et dans tous les pays, il y a de bons chevaux de taille moyenne ayant un bon degré de sang et une bonne conformation.

Attachez une grande importance à l'origine illustre; mais si vous n'êtes pas au courant des qualités que doit présenter un pedigree pour offrir certaines garanties de vitesse ou d'endurance, ne vous laissez pas impressionner par un morceau de papier plus ou moins authentique que vous offrira le marchand ou l'éleveur. Toutes les juments doivent avoir une carte de saillie, par conséquent les poulains de la plus médiocre origine peuvent avoir leurs papiers.

L'acheteur peu au courant se laisse assez facilement convaincre que, dès qu'un produit a son nom inscrit sur un carton, il sera forcément bon, et que, malgré un essai déplorable, il deviendra un trotteur. Le marchand dira qu'il a été entraîné, qu'il faisait le kilomètre en une minute quarante, qu'on a abusé de lui, mais qu'avec quelques jours de repos et une bonne nourriture il reprendra santé et actions; et que, du reste, il est presque vendu à un officier qui en fera un cheval d'obstacles. Bien entendu tout cela est faux; l'animal a toujours été mauvais et, comme le nègre, il continuera de l'être.

Si, au contraire, vous avez une notion de ce qu'est une bonne origine, attachez-y une grosse importance. Un fils de bonne race, pur-sang, trotteur ou demi-sang, aura des qualités introuvables ailleurs.

S'il a couru, tâchez de connaître son record officiel; et s'il est bon, achetez, même s'il y a un peu de fatigue sans trop de casse. Nous reviendrons sur ce sujet; nous voulons seulement ajouter qu'un hongre muni du meilleur pedigree, s'il n'a pas le train exigé pour les courses et s'il n'est pas brillant, n'a pas beaucoup plus de valeur qu'un autre d'origine inconnue, mais doué de bons moyens.

Quand vous cherchez un cheval, vous pouvez prétexter, s'il n'a pas de papiers, que vous ne voulez pas d'un animal sans origine; peut-être obtiendrez-vous une baisse de prix si le vendeur n'est pas un homme du métier.

Il a été écrit récemment un certain nombre de livres qui permettent de se documenter avantageusement au sujet des origines.

Quelques vétérinaires spécialistes se tiennent à la disposition du public et le renseignent consciencieusement et exactement sur tout ce qui a rapport à cette question. L'infusion de tel ou tel sang dans une lignée se calcule d'une façon mathématique et se dose comme une composition chimique.

Quelques races de chevaux. — Nous vous prions, lecteur, de ne pas croire qu'un seul genre de cheval est beau, parce qu'il vous plaît. Si vous êtes vraiment connaisseur, vous devez trouver également beaux un bon pur-sang, un bel anglo-arabe ou un cob bien fait. Ne dites pas : il n'y a que le cob au monde; ou: seul le pur-sang est bon; ou encore : les carrossiers sont des rosses. Votre absolutisme serait vite réduit à néant si vous vouliez faire galoper votre cob à côté d'un pur-sang, ou faire tirer le pur-sang à côté du carrossier.

Ne vous laissez pas impressionner par la qualification d'irlandais et par une épaisseur exagérée du corps et des membres. Les belles lignes doivent se retrouver partout, chez le cheval léger comme chez le plus gros. Rien, à notre avis, n'est plus laid que d'énormes animaux sans garrot, à épaules droites, à encolure mal sortie, à membres aussi épais que larges. Ils peuvent venir d'Irlande, mais en tout cas, on n'en eût pas voulu pour un handsome à Londres et ils seront toujours mauvais partout, leur conformation leur interdisant tout travail autre que celui des champs.

La tendance à admirer le mastodonte mal bâti diminue à la suite d'une campagne entreprise en faveur du cheval plus dégagé et pourvu d'un gros degré de sang par des écrivains de sport distingués. Si vous pouvez tomber sur un sujet très large, bien proportionné et en même temps près du sang, c'est parfait; mais n'achetez jamais un animal fait comme un taureau.

Il y a quelques années vous pouviez vous procurer à des prix avantageux des chevaux américains, faits à s'y méprendre comme des normands; un œil exercé pouvait cependant les reconnaître à la tête et aux pieds. Ils étaient vendus aux enchères, quelques jours après avoir été débarqués; mais depuis qu'ils payent 150 francs de droits, les importateurs ont diminué leurs envois dans de notables proportions.

Ces américains canadiens sont les produits de races françaises croisées de sang anglais introduit par les troupes anglaises, les colons, les sociétés hippiques et par des étalons approuvés.

Le voyage les fatigue et il leur faut un certain temps pour s'acclimater; mais comme ils arrivent en bon âge — cinq ou six ans — vous n'avez pas de perte de temps plus considérable qu'en achetant un cheval français de quatre ans et demi. Nous en avons eu quelques-uns ayant travaillé après quinze jours de repos et de soins. Ils s'attellent assez bien et n'ont pas de grosses défenses; ils hésitent quelquefois au départ et restent immobiles sous les coups, sans ruer, ni se coucher; ils se font assez rapidement, surtout si vous voulez bien vous donner la peine de les atteler à deux pendant un certain temps.

Il en est encore importé à Bordeaux, à Boulogne et à Dunkerque. Les importations par Anvers, autrefois si importantes, ont à peu près cessé.

De gros éleveurs américains expédient leurs produits directement à Paris où ils les vendent à l'amiable dans de spacieux établissements. Nous les trouvons moins bons et moins forts que ceux que nous avons vu vendre à Bordeaux. Ils arrivent dans un état déplorable, et n'ayant que la peau et les os; peut-être, pour compenser les droits de douane, les fait-on voyager dans de moins bonnes conditions. Vous pouvez les acheter pour des prix variant de 1,000 francs à 1,200 francs.

Quand vous les voyez à leur arrivée ils paraissent, à cause de leur extrême maigreur, extraordinairement typés et en se remplissant ils perdent un peu de ce premier aspect, pour ressembler au normand de taille et de force moyennes. Leurs actions sont suffisantes ou même bonnes. Ceux qui marchent vraiment fort ont une bonne valeur dans leur pays d'origine et ne pourraient être vendus en France aux prix que nous avons indiqués.

Ils n'ont rien de commun avec le cheval de la Plata, le mustang ou leurs croisements avec les andalous importés jadis par les Espagnols et les Portugais.

Ces dernières races ne doivent pas nous occuper ici où nous recherchons seulement le moyen de nous faire traîner ou porter.

Nous n'avons pas parlé des chevaux anglais de Cleveland, du Yorkshire, de Durham, de Lincoln, de Northumberland et de Norfolk. Napoléon III recrutait parmi eux les chevaux destinés à son service et il sortait dans des équipages dignes de l'admiration des connaisseurs les plus autorisés; vous pouvez en faire autant si vous voulez y mettre le prix; mais, à notre modeste avis, vous n'aurez pas un service plus assuré, ni un équipage plus luxueux qu'avec des normands bien choisis et de même valeur.

Le Français est débineur de son naturel; il s'éreinte lui-même plutôt que de ne malmener personne; et à force de répéter une chose, il finit par la croire. Un Marseillais, en se promenant sur la Canebière, avait raconté à tous les gens de connaissance qu'une sardine énorme barrait le port; il finit par en douter lui-même; comme les autres, il se porta vers le quai et fut tout surpris de ne pas trouver la sardine annoncée. Notre race normande, autrefois comme aujourd'hui admirable, fut assurément altérée au dix-huitième siècle et de braves gens, pour avoir entendu parler de cette déchéance passagère, s'en vont, orgueilleux de leur savoir, propager que le normand est une rosse, que l'irlandais seul est bon... et ils finissent par le croire.

Heureusement que les éleveurs étrangers, américains ou

autres, savent estimer à leur juste valeur nos produits nationaux et ne reculent pas devant les plus gros sacrifices pour s'en assurer la propriété.

Le normand, dit-on encore, est prêt très tard. Quels sont les chevaux prêts de bonne heure? Sont-ce les pur-sang : ils courent à deux ans et demi? D'accord, mais le demi-sang trotte à trois ans et cela ne prouve pas que les uns et les autres puissent être mis en travail. Essayez de chasser avec un pur-sang de trois ans et vous m'en direz des nouvelles.

Nous reconnaissons cependant volontiers que le cheval léger et près du sang est plus rapidement prêt qu'un autre; mais les carrossiers, qu'ils soient anglais, français, hollandais ou de toute autre race, ne peuvent pas travailler avant cinq ou six ans pour n'entrer dans leur véritable période de force qu'à sept ou huit ans. Nous ne voulons pas dire que tous les chevaux soient incapables de vous traîner avant cet âge, mais nous affirmons que d'un très grand et très gros cheval quel qu'il soit vous n'aurez aucun travail au trot avant cinq ans, et seulement un service modéré de cinq à six. Si à cet âge il n'est pas usé et s'il a mangé quinze litres d'avoine par jour pendant ses trois dernières années, quelle que soit sa race, il sera capable, sinon de courir des raids, au moins de gagner sa vie par un travail dur et soutenu.

Le cheval de taille moyenne ou petite et près du sang sera toujours meilleur et plus précoce que le carrossier; mais il ne pourra vous rendre les mêmes services. Vous ne pouvez atteler à une grosse voiture un anglo-arabe de $1^m,53$ à $1^m,55$, ni un autrichien de même taille, pas plus qu'un cheval de Corlay et encore moins un pur-sang ordinaire. Nous disons ordinaire parce que quelques-uns atteignent des proportions invraisemblables. Il est par exemple impossible de reconnaître des spécimens de la race pure dans les sauteurs de piliers de l'école de Saumur. La gymnastique à laquelle ils sont soumis les développe à un tel point, que l'œil le plus expert les prendra pour des normands culottés.

Ne dites donc pas que le normand est une rosse prête très tard, vous vous écarteriez de la vérité; mais vous pouvez dire : le carrossier est en retard sur les chevaux près du sang et petits.

La précocité se rencontre chez toutes les races du midi.

Le poney russe ou poméranien, espèce de petit cob doublé, n'est guère prêt avant un normand, tandis que les petits chevaux de la Camargue ou les poneys espagnols font de l'ouvrage à trois ou quatre ans. Cela tient, croyons-nous, à ce que malgré leur abâtardissement, ces races ont conservé un influx de sang oriental.

Cette trace de sang pur se retrouve dans les races petites ou moyennes du midi et du centre de la France et provient des chevaux orientaux abandonnés par les Arabes quand ils furent chassés de France après la bataille de Poitiers, en 733. Dans la Nièvre, on a utilisé ce sang oriental en le croisant avec des juments irlandaises importées par de gros éleveurs; et aujourd'hui le Nivernais produit des chevaux de premier ordre, mais rarement capables de faire des carrossiers. Ils sont le type du cheval à deux fins le plus parfait. Vous trouverez à vous documenter sur leur histoire dans plusieurs livres spéciaux et très complets.

A Paris, vous en rencontrerez de beaux spécimens isolés chez les marchands; nous ne croyons pas qu'il y ait de spécialiste du genre. Vous pourrez aussi vous adresser à de bonnes écoles de dressage du centre (1).

Celui qui ne regarde pas trop au prix peut s'offrir le luxe d'acheter pendant le concours hippique de Paris, et en prenant des animaux primés il aura toutes chances d'être bien servi.

N'avez-vous qu'un petit poney et un petit tonneau : tâchez au moins d'avoir quelque chose de joli.

Chez le poney, vous devez surtout rechercher les lignes de son

(1) Ces écoles sont assez connues par les succès qu'elles remportent dans les concours hippiques pour qu'il ne soit pas nécessaire de les nommer ici.

congénère plus grand; si, en le voyant, on s'étonne et que l'on dise : « Il est fait comme un grand cheval », c'est le plus beau compliment qui vous puisse être fait.

Nous ne connaissons pas en France de race de beaux petits poneys. Ceux qui naissent avec de belles lignes sont tellement rares qu'ils atteignent de forts prix, surtout s'ils sont épais en même temps que distingués.

Dans la plaine de Tarbes il en naît quelques-uns; ce sont des diminutifs de l'anglo-arabe, ils ont du cachet, de l'action et beaucoup de sang.

Le poney espagnol est souvent énergique, mais il manque de type avec ses membres grêles, sa mauvaise épaule, ses mauvaises hanches et son défaut d'ampleur. Il rachète heureusement tout cela par son bon tempérament.

Le poney poméranien est commun et fait en cochon, avec l'encolure mal sortie d'épaules droites; il est souvent très bon et facile à rencontrer à Paris, où il est importé en très grand nombre par une ou deux maisons spéciales.

Pour découvrir le petit poney au-dessous de 1^{m},35 fait en hunter, en normand ou en trotteur norfolk, il faut chercher très longtemps, même en payant cher.

Le vrai beau poney a toujours eu une grande valeur. *Tow Thousand* fut vendu par M. Milward, en 1873, à lord Harting pour 120 guinées — plus de 3,000 francs; — le même marchand en vendit d'autres plus cher encore et il avait, malgré sa spécialité, beaucoup de peine à en rencontrer dix ou quinze par an.

Le poney à belle épaule et étoffé vient généralement d'outre-Manche, des Galles, d'Exmoor, de Dartmoor, de la Nouvelle-Forêt et des îles Shetland. Ne croyez pas qu'il en soit élevé des troupeaux; le poney de classe est partout et toujours l'exception. Avec les voyages et les frais, si vous le voulez à Paris, il vous faudra faire un gros sacrifice.

Au Bois de Boulogne, vous en rencontrerez deux paires au plus et un ou deux autres isolés.

Dessin de A. Confex Lachambre.

X..., PUR SANG ÉTOFFÉ   GRISETTE, NIVERNAISE POUR GROS POIDS

La Vendée fournit de très beaux chevaux, comme le centre et la Loire-Inférieure. Leurs produits sont recherchés comme chevaux de selle, même à l'étranger.

Dans presque toutes les régions de la France, si vous voulez un bidet pour traîner votre cabriolet, vous pouvez le rencontrer avec du temps et de la patience.

Les bretons sont les carrioleurs par excellence, mais n'entreprenez pas un long voyage pour vous en procurer; vous feriez un déplacement probablement inutile. Les courtiers allemands les achètent très cher à trois ans et demi, et les naisseurs envoient leurs beaux poulains en Angleterre, où ils séjournent deux ans et où, grâce aux pâturages et au climat, ils deviennent de fort beaux cobs. Aussi ne faut-il pas dire : le Français est bien naïf; il rachète à des prix importants des chevaux nés chez lui parce qu'ils ont passé deux fois le détroit. Ce n'est pas le snobisme qui détermine cette plus-value, mais bien une réelle amélioration.

En Bretagne, vous ne trouverez donc guère que des chevaux communs, ou des ratés, produits directs de pères de pur sang croisés avec les juments communes du pays. Si, par hasard, il en reste un bon, vous le payerez plus qu'il ne vaut.

Une belle paire de chevaux de Corlay, si vous parvenez à la constituer, est un objet de luxe et elle vous rendra de grands services.

Une paire d'anglo-arabes de bonne taille peut aussi être très utile et si elle est en bon âge, elle vous transportera sans fatigue et avec une grande rapidité à des distances invraisemblables; mais l'anglo-arabe, malgré la réputation de douceur dont il jouit dans son pays, est souvent long à se confirmer à l'attelage.

Nous ne croyons pas qu'il s'en vende à Paris, si ce n'est le très petit dont j'ai parlé plus haut.

Du cheval de selle. — Le cheval de selle, comme celui de voiture, ne doit pas être coulé dans un moule unique; il est évident qu'un jeune homme léger et entreprenant ne doit pas monter le même animal que le vieillard, ou qu'un veneur pesant 120 kilos.

Le hunter doit différer du hack, et celui-ci du cheval d'école.

Nous dirons encore : ne vous attachez pas à un type et à une race; raisonnez l'emploi du cheval et recherchez celui que son modèle, son caractère et ses aptitudes prédestinent au service que vous exigerez.

Les allures de tous les porteurs, quelle que soit leur destination, doivent être plus étendues et moins relevées que celles du carrossier.

Le galop sera plutôt rasant. Au trot, l'avant-bras pourra s'élever presque horizontalement, mais le pied ne devra pas en même temps se reployer jusqu'au coude; tout le membre devra donc se projeter en avant, et sera poussé le plus loin possible par l'épaule et le bras. La flexion du genou ne devra jamais dépasser l'angle droit.

En résumé, les allures seront cadencées et non roulées.

Nous admettrons, lecteur, que vous êtes jeune, léger, assez instruit, et plutôt entreprenant.

Si vous pouvez mettre un gros prix, achetez un pur-sang en vente publique ou ailleurs. Prenez-le entier si vous n'en rencontrez pas d'autre et vous le ferez castrer, mais prenez-le en bon état.

Ne vous laissez pas persuader qu'un misérable tréteau ruiné de partout fera cependant votre bonheur à la promenade ou à la chasse. Cette opinion est malheureusement assez répandue que le pur-sang peut marcher sans jambes. Nous sommes d'avis que s'il a des tendons bien recalés, il peut faire un agréable et bon serviteur, très sûr et très résistant; mais s'il a les tendons épais et en arc de cercle, les boulets gros, les jarrets tarés, s'il marche comme sur des épines, qu'il butte à chaque pas, qu'il galope à quatre temps et qu'il ne trotte plus, laissez-le de côté, même s'il a cinq ans, qu'il soit splendide et qu'il ait gagné 25,000 francs en obstacles.

Nous ne voulons pas vous dire de n'acheter que des chevaux nets; au contraire, nous conseillerons toujours de passer sur certaines tares, pourvu qu'elles ne soient pas trop nuisibles et que les allures n'en soient pas affectées; mais nous répétons que l'inexpérience des acheteurs est souvent exploitée et qu'on leur passe des chevaux absolument inutiles en jouant de l'origine.

Les vendeurs arrivent même à persuader à leurs jeunes clients qu'ils pourront gagner des courses; et ils citent en exemple M. X... qui a gagné 10,000 francs avec un animal de 25 louis.

C'est fort possible; mais cela prouve seulement que ce sportsman est un malin; qu'il a acheté, étant bien renseigné, un cheval ayant un peu chauffé; qu'il lui a fait mettre un feu sérieux et qu'il a un bon steeple-chaser; mais il n'a pas acquis un animal sans moyens, usé de partout et chancelant sur tous les terrains.

Ne croyez pas non plus que les pur-sang soient incapables de trotter et qu'ils ramassent forcément tous les cailloux; pour former votre religion, promenez-vous dans les centres d'entraînement et regardez les lads à l'exercice, vous verrez leurs montures cadencer leur petit trot avec énergie, et vous pourrez les suivre longtemps sur les routes caillouteuses, sans qu'une seule fasse la moindre faute. Donc quand on vous présentera un animal boitant, buttant, retenant ses épaules, et court de derrière, renvoyez-le sans hésiter; vous l'achèterez 25 louis de plus, s'il se remet, au bout d'un an de repos et vous aurez encore avantage; mais le cas se présentera rarement.

De pareils chevaux vous exposent à un danger permanent et ne peuvent procurer aucun agrément, ayant perdu toute souplesse; s'ils souffrent dans l'avant-main, ils cherchent en baissant la tête un appui sur les rênes; s'ils sont usés derrière, ils semblent se traîner et le cavalier paraît monté sur une girafe.

Nous avons dit que le cheval ne marchait pas avec la tête; ici nous affirmons qu'il marche avec les jambes, et que s'il n'en a pas, malgré un haut degré de sang et un bon coffre, il est incapable de vous porter en sécurité d'un point à un autre.

Vous n'avez pas trouvé de pur-sang propre, ou au moins bien retapé : nous vous conseillons de prendre le rapide et d'aller vous promener dans la plaine de Tarbes. C'est loin, et les voyages sont coûteux, cependant, surtout si vous avez besoin de deux chevaux, n'hésitez pas.

Vous trouverez de très beaux produits de pur sang anglo-arabe, longilignes, près de terre et épais. Au point de vue du service, nous les préférons au pur-sang anglais médiocre. A un degré de sang très appréciable ils joignent un geste propre, net et bien détaché sans être arrondi ; ils galopent assez pour suivre des chasses ou des rallies ; et dans plusieurs raids ils ont montré ce qu'ils savaient faire.

Si vous allez à Tarbes, prenez une voiture de louage et faites-vous promener dans la région par un courtier, ou un vétérinaire, si vous en connaissez un.

Vous trouverez des chevaux dans tous les coins, mais méfiez-vous ; le Tarbais n'est pas naïf et il est fort capable de rouler un Parisien. Vous pourrez ramener pour 1,500 ou 1,800 francs ce que vous ne rencontreriez pas ici pour 2,500 ou 3,000 francs.

Recherchez le tarbais à hanches larges, — il y en a, — à croupe longue et inclinée, à garrot très prolongé ; ces qualités compenseront une attache de rein souvent défectueuse.

De faux connaisseurs prétendent que l'anglo-arabe est affreux, qu'il a la croupe ronde, la queue plaquée, les membres longs et grêles, un cou de paon et des pieds de mulet ; et que de plus il est étroit devant et serré derrière ; probablement confondent-ils avec une autre race, car le monstre ainsi dépeint aurait de la peine à se trouver dans les Hautes et les Basses-Pyrénées.

La légende dit que le cheval du Midi est rétif ; elle fut probablement créée par de piètres cavaliers ! Personnellement, nous avons toujours préféré dresser deux anglo-arabes qu'un seul normand.

Il est plein de sang et demande à être traité avec politesse ; mais il se porte très facilement en avant, est d'une grande sensibilité aux aides, et saute avec franchise, nous dirons presque avec goût.

Dans les environs d'Orthez, de Bidache, de Navarrenx et de

Pau, vous rencontrerez de petits demi-sang anglo-arabes à peu près de $1^m,50$, soit dans les foires, soit en suivant les commissions de remonte. Pour 550 à 750 francs, vous choisirez et vous pourrez, sinon en imposer par votre majesté, au moins galoper à la queue des chiens, si vous menez votre poulain jusqu'à cinq ans.

Nous ne pensons pas qu'un homme valide et léger doive se remonter en colosses. Cela n'a pas de raison d'être à moins qu'il ne recherche spécialement un sauteur de concours. Les chevaux de bonne taille culottés et d'un certain poids ont la réputation d'être les meilleurs sauteurs; et l'expérience semble confirmer cette opinion.

Un écrivain réputé attribue cet avantage à ce qu'ils sont généralement montés au-dessous de leur poids.

Mais en admettant que cette explication soit fausse et que le gros cheval soit réellement le meilleur sauteur, il n'en reste pas moins indiscutable qu'un cheval plus léger et près du sang, sous un poids moyen, battra, sur la distance, tous les gros hunters.

Les raids nous le prouvent abondamment (1).

Le sud et le sud-ouest de la France fournissent de très bons sujets de selle dont le modèle devient plus épais à mesure que nous remontons vers le nord. Le Gers produit plus gros que les Hautes et les Basses-Pyrénées, et les poids moyens peuvent s'y remonter d'une façon facile et importante.

Les gerçois font bonne figure à Pau et rivalisent avantageusement avec les meilleurs irlandais.

Notre goût personnel nous a toujours engagé, quand notre poids nous le permettait, à monter des chevaux près du sang et légers; et nous avons remarqué que les officiers du cadre noir à Saumur montaient aussi des chevaux de ce genre; nous avons rarement vu un bon cavalier de petit poids s'installer sur un hunter énorme et pacifique.

Chez l'animal près du sang vous obtiendrez une mobilité

(1) Les zootechniciens l'ont scientifiquement démontré et la pratique a toujours confirmé cette théorie.

extrême à l'emploi des aides, vous tournerez sans peine aux allures vives et très court; vous aurez un porteur adroit comme un chat et, pourvu qu'il ait une vue excellente, vous pourrez vous engager avec lui n'importe où, avec l'espoir d'en sortir à votre avantage.

S'il remue un peu, vous l'assouplirez, et grâce à son liant il ne vous fatiguera jamais; s'il tient à marcher, eh bien! vous marcherez aussi. Après un certain nombre de saisons, il apprendra son métier et il tombera d'accord avec vous pour savoir à quel moment il devra employer son énergie. Avec de pareils chevaux vous ferez vos retraites au trot sans redouter l'effondrement.

Nos ancêtres, sous leur harnois de guerre bardé de fer et d'acier, étaient obligés, pendant le combat, de monter de lourds chargeurs; mais pour faire la route, ils se débarrassaient de leurs pesantes armures et se servaient de bons hacks de sang oriental, souples et légers.

Cependant il n'est pas donné à tout le monde de ne peser que 75 kilos; et si tout homme lourd ne devait plus monter à cheval, ce serait triste pour un grand nombre.

Nous vous conseillons, lecteur, si votre conformation naturelle ou les années vous ont affligé d'un poids respectable, de rechercher l'épaisseur, le poids et le sang chez votre monture.

Vous trouverez des pur-sang capables de porter 120 kilos; mais s'ils sont en état de travailler et en bon âge, ils n'entreront pas chez vous à moins de 6,000 francs et même plus.

Nous avons vu une jument, faisant partie d'une écurie de chasse célèbre, être rachetée 22,000 francs par son propriétaire en vente publique. Cette jument n'avait aucune valeur pour les courses et pas davantage comme poulinière.

Si ces prix vous effrayent, recherchez le hunter court de dos avec une croupe longue et inclinée, une bonne culotte, de gros muscles, des membres plats et courts, une tête petite et des pieds pas trop larges; il est vrai que vous serez encore obligé d'en donner un prix important.

Les chevaux de chasseurs, dira-t-on, portent plus de 100 kilos. C'est vrai, mais quand les portent-ils, et à quelles allures?

Le petit troupier de sang fera parfaitement une étape de 40 kilomètres dans sa journée avec un gros poids; mais il sera mené à une allure raisonnée et calculée, sans jamais avoir à fournir à aucun moment un effort considérable et soutenu. Déchargez-le de 10 kilos et faites-le chasser sous un monsieur qui marche; après un mois d'expérience, allez voir ses membres; vous serez fixé, mieux que nous ne pourrions le faire en écrivant dix pages.

Des sportsmen considérables ont, à tort ou à raison, engagé une campagne en faveur du sang. L'un d'eux dit à peu près ceci : Un homme porte 20 kilos, chacune de ses jambes porte 10 kilos. Un cheval a quatre jambes, il faut diviser le poids qu'il porte par quatre; donc s'il est chargé de 80 kilos, chaque membre n'en portera que 20, ce qui est peu proportionnellement au poids considérable de sa masse. Mais ce calcul est faux, l'allure du hack ou du hunter étant le galop. Au galop à droite, par exemple, le postérieur gauche et l'antérieur droit travaillent isolément; ils reçoivent et déplacent seuls la masse entière, une fois chacun dans une foulée (1).

Le cavalier soigneux pourra galoper alternativement à droite ou à gauche. Parfaitement, et il aura fort bien agi; sa monture aura travaillé également de partout, mais il n'aura pu empêcher les membres de travailler isolément et chacun des tendons aura, malgré tout, supporté des tensions énormes et répétées.

Les membres de l'homme ne peuvent être comparés à ceux de l'équidé.

Un portefaix chargé trop lourdement contracte une hernie; un hunter galopant en terrain mou avec du poids sur le dos, se claque un tendon. Les jeunes gens qui courent à pied faiblissent rarement par les jambes; les poulains à l'entraînement seraient tous

(1) Des hommes de cheval éminents affirment au contraire que, dans le galop à droite, c'est le postérieur droit qui travaille le plus.

claqués, si l'entraîneur ne surveillait pas leurs membres avec le plus grand soin.

Notre expérience personnelle vient encore confirmer la théorie que nous soutenons de faire porter du poids par du poids. Dès que nous avons dépassé 90 ou 95 kilos, il nous a été impossible de demander un travail sérieux et régulier à des chevaux légers (1).

Du reste, vous ne voyez pas les cuirassiers remontés avec des anglo-arabes. Les horse-guards montent d'énormes irlandais. La pesante cavalerie du moyen âge n'employait ni barbes, ni syriens. La magnifique cavalerie de Frédéric ne se composait pas d'arabes ou d'andalous.

Si vous êtes lourd, recherchez donc un cheval d'un certain poids doué d'une bonne origine et du meilleur degré de sang possible.

Ne vous attachez pas à ce qui peut vous flatter; exigez en premier lieu des aplombs absolument réguliers, des membres exagérément larges, un garrot très en arrière et un bon dos (2). La machine ainsi faite vous portera aussi facilement qu'une voiture montée sur de bonnes roues, de bons ressorts et de bons essieux ; elle ne cassera pas à la moindre secousse. Vous pouvez rencontrer un pareil fût en Normandie, dans la Nièvre, dans la Mayenne et dans la Sarthe pour des prix variant de 1,500 à 2,000 francs, si vous voulez simplement être porté sans rapidité et sans élégance.

Si vous tenez à aller un peu plus vite, ajoutez à votre cube une épaule longue et oblique, une croupe également longue et bien inclinée; vous trouverez déjà plus difficilement. Voulez-vous encore mieux : greffez sur le tout une bonne tête et une bonne encolure, mettez à l'intérieur un moteur puissant et vous aurez

(1) Une surcharge de 1 kilogr. suffit pour mettre un cheval de course dans un état d'infériorité marqué vis-à-vis de concurrents précédemment battus par lui; cela montre l'importance du coefficient qui doit être attribué au poids dans le calcul du travail fourni par un hunter à l'allure du galop.

(2) Type de hunter puissant pour très gros poids. Ce cheval est un américain de $1^{m},70$.

reconstitué le cheval qui, à lui seul, équivaut à une petite fortune.

Les marchands savent admirablement s'y prendre pour truquer la marchandise. Les jambes, non tondues, paraîtront larges; les crins ménagés sur le garrot le grandiront dans une certaine mesure; la place de la selle, également non tondue, sera très reportée en arrière; et le cheval bourré de gingembre voussera le rein pour peu qu'un palefrenier lui maintienne la tête basse.

Montez l'animal pendant une demi-heure; faites-lui mouiller les jambes au retour, et vous jugerez de ses proportions réelles.

Les chevaux, quel que soit leur volume, doivent être vigoureux et gais, les lymphatiques pourront sembler agréables au cavalier timide; mais ils ne seront jamais résistants.

Presque tous les bons travailleurs tirent plus ou moins; ceux qui ne tirent pas montrent leur bonne santé d'une façon quelconque, soit par des bonds, des ruades, des écarts, de fausses peurs ou même en rétivant; ils disent qu'ils ont un caractère, une volonté; cette volonté s'harmonisera avec celle du cavalier habile et toutes deux tendront vers un même but : bien faire.

Les meilleurs hunters que nous avons montés avaient généralement de la bouche et, à notre avis, ce n'est pas un défaut pour galoper dans un pays coupé d'obstacles importants; ils sont moins sensibles aux désordres qui peuvent se produire sur leur dos ou sur leurs barres.

Les Anglais ont des chevaux qui tirent et cela est attribué à la façon dont ils tiennent leurs rênes. Il faut retourner la proposition et dire : les Anglais tiennent leurs rênes de telle façon pour durcir les bouches et les rendre moins sensibles à certaines impressions aussi imprévues qu'involontaires.

En résumé, lecteur, achetez un cheval proportionné à votre poids (1), en recherchant les qualités de forme indispensables et passez sur certains agréments inutiles de beauté.

(1) Le cheval en campagne porte en moyenne y compris le poids du cavalier : Cavalerie légère, 107 kilos. — Dragons, 115 kilos. — Cuirassiers, 128 kilos. — Ce poids augmente par la pluie. (*Aide-mémoire de l'officier d'état-major*).

Le fameux *Éclipse*, le meilleur des chevaux de plat, n'était pas « joli » et pourtant...

Nous donnons, pour clore ce chapitre, deux descriptions du célèbre pur-sang :

« *Éclipse* était un cheval alezan, de 16 mains et demi de haut, né en 1764, par *Marske*, un arrière-petit-fils de *Darley Arabian*. Il ne fut entraîné qu'à cinq ans. Quand je le vis pour la première fois, dit Lawrence, il paraissait en bonne santé, d'une constitution robuste. Son épaule était très épaisse, mais étendue et bien placée, son arrière-train paraissait plus haut que l'avant-train, et il était dit qu'aucun cheval dans son galop ne lança ses hanches avec un plus grand effet, son agilité et ses foulées étant de pair.

« Il couvrait beaucoup de terrain arrêté, et sous ce rapport était l'opposé de *Flying Childers,* un cheval à dos court, compact, dont le développement reposait dans les membres inférieurs. Quand je le vis, gras comme un étalon, il y avait un certain air de grossièreté en lui. *Éclipse* ne fut jamais battu ; jamais il ne sentit la cravache ni la molette d'un éperon ; il dépassait dans ses enjambées, et battait comme fond, tout cheval qui partait contre lui. »

Feu M. Percival, un vétérinaire distingué, écrivant sur le même cheval, dit « qu'il était un gros cheval, dans toute la force du mot, grand de stature, avec un coffre long et spacieux, des membres larges. Pour un gros cheval, sa tête était petite et avait le caractère arabe; son cou était d'une longueur inaccoutumée; son épaule était forte, suffisamment oblique, et sa poitrine ronde, n'ayant rien de remarquable, mais n'ayant pas de défaut, au point de vue de la profondeur; il avait le garrot peu sorti, étant plus haut du derrière que du devant; son dos était long, et sur les reins avait la forme d'un dos de carpe; ses quartiers étaient droits, carrés et étendus; ses membres longs et larges, ses articulations grosses; en particulier, ses avant-bras et ses cuisses étaient très longs et musculeux, ses genoux et ses jarrets larges et bien conformés. »

Fig. I.

Fig. II.

Du cheval à deux fins (1). — Le cheval à deux fins est aujourd'hui très répandu; et un bon cheval de selle n'a pas de raison pour ne pas traîner une voiture proportionnée à son volume. L'inverse est faux; un fort bon carrossier peut être un porteur désagréable et ridicule (2).

Une vieille légende nous dit que l'attelage dérange le cheval de selle; cela pouvait être autrefois quand on faisait usage de voitures monumentales et que les chemins étaient de vraies fondrières; mais vous pouvez très bien atteler un hack sur un tonneau ou un buggy; et une paire de hunters ne sera pas très décéquilibrée parce qu'elle aura traîné une victoria.

M. le baron Finot attelait sa fameuse jument *Plaisanterie* et se rendait avec elle à l'hippodrome; cela n'empêchait pas la brave bête de gagner sa course, pour ensuite réintégrer les brancards.

(1) Type de cheval à deux fins. Ce cheval est un normand de 1m,60. (Fig. II).

(2) Je ne donne pas les chevaux représentés par les figures I et II comme des modèles extraordinaires, mais seulement comme des animaux doués d'une conformation leur permettant de travailler. De tels sujets, âgés de cinq ans et nets mais non dressés, se trouvent assez facilement dans le commerce à des prix raisonnables.

CHAPITRE II

LE DÉBARQUEMENT

Votre cheval est en gare : envoyez-le chercher le plus rapidement possible et recommandez à l'homme de le ramener en main.

L'animal, fatigué ou engourdi par son voyage, pourrait tomber étant monté ; et ce n'est en outre pas l'occasion de faire un premier essai.

Les employés de chemin de fer ne sont généralement pas sportsmen, aussi votre cocher devra-t-il prendre l'initiative dans le débarquement.

Voici ce que nous conseillons de faire :

Entrer dans le box en prévenant le cheval. Lui mettre les genouillères, s'il n'en a pas.

Passer un bridon par-dessus le licol avant de détacher la longe.

S'assurer que le pont est bien placé et que l'animal ne risque pas de passer une jambe entre le wagon et le quai.

Étendre la paille de l'écurie sur le pont.

Détacher le cheval.

Lui permettre de baisser la tête, s'il le désire, pour flairer le sol.

Le laisser sortir du wagon sans le presser par de nombreux appels de langue et sans l'arrêter.

Ne pas le regarder dans les yeux et de face, sans quoi il pourrait refuser de sortir.

L'emmener de suite à une place où il ne risque pas d'accident et où il n'y ait pas de violent courant d'air.

Certains wagons s'ouvrent sur le côté et tout un panneau se rabat, formant pont et permettant de débarquer sur la voie. Ce système est très commode, mais il faut veiller à ce que la descente se fasse loin d'une aiguille ou d'un embranchement dans lesquels les pieds pourraient s'embarrasser. Si l'homme d'équipe proteste, aller trouver le chef de gare.

Le règlement du port et la régularisation des signatures auront dû être faits antérieurement.

Vérifier l'état du cheval; s'il est blessé, le faire constater immédiatement par un vétérinaire.

Les compagnies ne sont pas responsables des animaux voyageant non accompagnés; mais l'accident a pu se produire avant l'embarquement ; alors, et suivant les circonstances, vous auriez recours contre le marchand.

Votre cheval arrivé, faites-le mettre dans sa stalle ou dans son box et ne vous en occupez plus; moins vous ferez de bruit autour de lui, plus il s'acclimatera vite.

S'il a quatre ou cinq ans, il a un grand nombre de chances pour gourmer; s'il est plus âgé et qu'il sorte d'une bonne écurie, il n'aura peut-être rien, mais dans les deux cas donnez un barbotage tiède, mêlez-y une poignée de sulfate de soude et 40 grammes de sel de nitre.

Pour ne pas ennuyer le nouvel arrivé, contentez-vous, s'il est mouillé, de le faire bouchonner rapidement et évitez-lui, pour l'instant, un pansage complet.

Recommandez à votre cocher de vous avertir s'il constate le tic ou tout autre vice rédhibitoire; vous n'hésiteriez pas alors à appeler un vétérinaire, qui vous indiquerait la marche à suivre. En général, sur un simple certificat, le cheval sera repris.

Si avant l'expiration du délai légal, qui est de neuf jours, non compris celui de l'arrivée, vous n'aviez pas reçu de réponse du vendeur, vous mettriez le cheval en fourrière.

Premier essai. — Le lendemain de l'arrivée, montez ou attelez votre cheval, suivant ce que vous en voulez faire.

Si vous attelez, agissez avec prudence, mettez une plate-longe et des genouillères et laissez à la tête un licol en sangles muni d'une longe.

Si c'est vous qui conduisez, emmenez un aide; s'il y a difficulté, une personne seule, est complètement désarmée quand au contraire, si elle a un homme au courant, elle peut se rendre maîtresse de la grande majorité des chevaux.

Agissez avec méthode; faites ajuster le harnachement avec le plus grand soin et surtout ne dites pas : ça ira toujours pour une fois.

Le cheval le plus sage peut tout démolir s'il est attelé trop court, si sa bride est trop grande, s'il a un mors trop large ou trop étroit. Vous trouverez sur ce sujet des détails plus précis pages 89 et suivantes.

Attelez avec un collier de paille allant bien et placez la voiture dans une position telle que le démarrage se produise en descendant.

Soyez silencieux et rapide, sans hâte apparente.

Tout doit être préparé d'avance; mais si l'homme a besoin d'aller chercher quelque chose, il devra le faire sans courir; le bruit de ses pas effrayerait le cheval impressionnable.

Si l'animal tente de partir, il sera arrêté par le licol et non par le mors.

Les guides doivent être placées à l'écurie, puis repliées dans la clé gauche de la sellette.

L'attelage terminé, prenez-les soigneusement sans les tendre, et montez en voiture sans brusquerie. L'homme resté à terre tiendra toujours la longe en main.

Sans rencontrer la bouche, faites un appel de langue et le cheval partira ou... ne partira pas.

S'il part, l'aide attachera la longe à la clé des attelles et montera près de vous.

Pour le premier essai, contentez-vous de deux ou trois kilomètres à une allure lente, et rentrez.

Dix fois, toutes ces précautions, en somme faciles à prendre, seront inutiles; mais si vous faites un long et fréquent usage des chevaux, vous vous louerez sûrement de ne les avoir pas négligées et vous reconnaîtrez qu'en agissant autrement vous eussiez eu des accidents.

Soins nécessaires aux jeunes chevaux. — Pour ce qui est de l'alimentation, — nous nous étendrons, d'ailleurs, plus loin sur ce sujet, — donnez-la sans mesurer et en abondance.

Si votre cheval est bien portant, il doit manger avec appétit, surtout n'ayant pour ainsi dire pas travaillé. S'il broie avec peine son avoine et qu'il préfère le foin, c'est qu'il a un mal de gorge, affection très fréquente chez les animaux sortant de chez les marchands, où, malgré de grands soins, la contamination est toujours à redouter.

Regardez les naseaux; s'ils jettent un tant soit peu, faites une fumigation.

Si le malade n'est pas trop susceptible, placez-lui sous le nez un seau, où vous aurez préalablement mis du foin, de l'eau bouillante et un peu d'essence de térébenthine. Pour éviter la perte de la vapeur aromatisée, recouvrez la tête et le récipient d'une grande couverture de laine.

Certains sujets nerveux supportent mal ces soins et nous en avons vu se renverser.

Il y a un autre moyen moins efficace, mais beaucoup plus simple. Mettez du goudron et de l'essence de térébenthine dans un vase et versez de l'eau bouillante; fermez rapidement et hermétiquement le box.

Donnez, trois fois par jour, du miel mélangé de poudre de kermès; entourez un bâton d'un morceau de linge, enduisez-le de la mixture et introduisez-le avec beaucoup de douceur dans la bouche du cheval. Celui-ci, d'un naturel gourmand, le mâchera de lui-même et avec plaisir, s'il a compris que vous ne vouliez pas lui faire de mal. Les hommes qui se suspendent à la langue du malade et lui enfoncent une spatule dans le fond de la gorge sont des ignorants et des maladroits.

Cependant, si en plus de son manque d'appétit, l'animal vous paraît triste, s'il se tient à bout de longe et la tête basse, s'il regarde son flanc ou gratte le sol, s'il tousse et mouche avec abondance, n'hésitez pas à faire venir votre vétérinaire.

Servez-vous du nouvel arrivant avec la plus grande modération et, si, malgré de très petites courses, vous constatez de la chaleur aux jambes, ne vous désolez pas et soignez-les.

Donnez des douches de préférence chaudes, sans jamais dépasser les genoux et les jarrets; en mouillant le corps, surtout s'il est en transpiration, vous risqueriez de déterminer une fluxion de poitrine.

Si les douches ne suffisent pas, faites faire du massage à sec ou des frictions à l'alcool camphré ou avec de l'embrocation.

Employez aussi des compresses d'ouate imbibée d'eau blanche et recouvertes de bandes de flanelle.

Mettez encore des applications de craie délayée dans du vinaigre ou enduisez les membres de terre glaise.

Le liniment suivant appliqué en compresses nous a souvent réussi :

Alcool 90°	500 gr.	1 litre.
Teinture d'opium	30 —	
Chloroforme	15 —	
Eau	Q. S.	

Des compresses d'éther sont aussi employées avec succès; l'évaporation amenant un fort refroidissement.

La glace, paraît-il, produit de bons effets; mais nous ne l'avons jamais employée.

Il y a beaucoup d'autres formules; mais celles-ci peuvent vous suffire dans les cas peu graves.

Des soins du début dépend l'avenir des membres.

Quand les jambes auront été douchées ou lavées, l'homme devra les sécher, surtout au pli du paturon, pour éviter les crevasses; mais qu'il ne s'avise pas de prendre son torchon par les deux bouts et de s'en servir comme d'une scie; au lieu de prévenir le mal, il le ferait naître rapidement; cette partie du membre doit être séchée par tamponnement et non en l'essuyant.

A moins d'avoir un homme très sûr et une écurie très chaude, nous ne conseillons pas l'emploi exagéré de l'eau. Nous avons cependant vu, dans des écuries admirablement tenues, les palefreniers laver le corps des hunters à grande eau au retour de la chasse, mais le cheval était aussitôt massé et séché par deux paires de bras vigoureux surveillés par un piqueur savant. Ce travail est long et pénible, un cocher seul ne peut le faire.

Voici ce que nous conseillons si l'animal rentre en sueur : faites-le aussitôt couvrir d'une couverture de laine et d'un camail; tâchez qu'il soit à l'abri des courants d'air. Le lavage des membres sera fait en quatre ou cinq minutes au plus; les hommes qui y passent plus de temps ne le font pas mieux pour cela. Le séchage se fera à l'écurie.

Un lavage fait dans ces conditions sera salutaire; mais si l'homme attache son cheval à une boucle, qu'il aille se déshabiller, qu'il revienne tranquillement en roulant une cigarette, qu'il lave le ventre et le poitrail, il eût bien mieux fait de rentrer la bête à l'écurie et de la laisser sans soins.

Le mauvais cocher aime à ôter la boue à grand renfort d'eau; il s'évite ainsi un pansage difficile pour le lendemain.

Faites bouchonner avec de la paille, surtout autour des oreilles et au poitrail; puis un bon coup de bouchon ou de brosse en chiendent, et de bonnes couvertures.

Cochers et palefreniers. — Nous avons parlé pour les gens qui disposent seulement d'un personnel inexpérimenté, et c'est le plus grand nombre.

Vous voulez une écurie bien tenue. Faites en sorte pour cela que vos hommes, si rompus puissent-ils être au métier, soient persuadés que vous leur êtes très supérieur et que vous vous y connaissez mieux qu'eux. C'est un principe reconnu nécessaire depuis bien des siècles.

Socrate, d'après Xénophon, parlait ainsi au maître de la cavalerie : « Dis-moi d'abord ce que tu penses faire pour améliorer les chevaux. — Cela ne me regarde pas, répondit l'hipparque, c'est à chaque cavalier de prendre soin de sa monture. — Le philosophe lui démontra au contraire qu'il devait s'occuper de ses chevaux et ne pas les abandonner aux hommes. » Plus loin, l'officier de demander au philosophe par quel moyen il devait plier ses sous-ordres à l'obéissance et l'illustre Athénien de répondre : « Tu as remarqué sans doute, qu'en toute occasion, les hommes se soumettent le plus volontiers à ceux en qui ils reconnaissent de la supériorité : le malade obéit à celui qui passe pour connaître le mieux la médecine; dans une traversée on écoute le meilleur pilote; en agriculture, on se soumet au plus habile laboureur. Eh bien! de même les hommes obéiront à celui qui réunira le plus de connaissances nécessaires à la cavalerie. »

Dans les plus grandes maisons que nous avons connues, et où le maître ne s'occupait pas de son écurie, le service s'en ressentait et les chevaux, continuellement hors de service, tournaient généralement mal.

Vous devez toujours conserver la haute main sur votre personnel et votre « manière » doit prévaloir, quels que soient le ou les hommes qui vous servent.

Quand un cheval rentre mouillé, quelques cochers lui mettent de la paille sur le dos avant de placer la couverture. Nous ne les approuvons pas; il se forme un courant d'air autour du corps, et le refroidissement est rapide. Il faut mettre la couverture comme à l'habitude, et si au bout d'un certain temps elle est trop mouillée de sueur, la remplacer par une autre.

Si nous recommandons d'éviter le froid et le vent pour l'animal rentrant du travail, nous préconisons au contraire le pansage dehors, dès que le temps le permet. Il y a à cela tout avantage : le cheval prend l'air, la poussière et la crasse ne tombent pas dans l'écurie, le palefrenier peut laver les yeux, les naseaux, l'anus et les pieds sans mouiller le sol du box ou de la stalle; l'animal ne s'impatientera pas si ses camarades mangent l'avoine, et s'il y a un nombreux personnel, le cocher ou le piqueur s'apercevra si un homme est brutal.

Supprimez en partie l'usage de l'étrille, si ce n'est pour nettoyer les brosses. Son emploi rend les chevaux et surtout les juments de sang difficiles, ou même méchants. Les palefreniers inhabiles s'acharnent à vouloir habituer à son contact des animaux nerveux; ils perdent leur temps et montrent seulement qu'ils sont des incapables. Chez certaines natures même l'emploi d'un bouchon trop dur sur une peau très fine peut être nuisible.

L'élève cocher doit comprendre que l'étrille ne nettoie pas; elle décolle les poils, fait tomber le fumier et c'est tout. Nous admettons cependant son usage à la condition qu'elle soit sans dents ou en caoutchouc.

Quand un homme veut prendre un pied de derrière à un cheval et qu'il ne peut y parvenir, c'est généralement parce qu'il opère mal et qu'il lève le membre avec exagération, ou qu'il le tire de travers. L'animal n'ayant pas d'articulation lui permettant la rotation de la cuisse en dehors, souffre, se débat et perd l'équilibre forcément. Il faut, pour commencer, lever le pied de quelques centimètres seulement et sans lui donner de point d'appui; peu à peu la jambe prendra l'habitude de se lever au seul contact de la main et se maintiendra ployée assez haut pour que le pied puisse être lavé au-dessus d'un seau. Si le cheval est brutalisé, il croira que le lavage est le signal du combat et il luttera en désespéré.

S'il a besoin d'être douché, ne commencez pas par l'inonder d'un seul coup; le cinglement de l'eau l'effrayerait autant que des coups de fouet ou de cravache; dirigez le jet à deux ou trois mètres en avant ou en arrière des pieds dont vous le rapprocherez peu à peu. Si la peur continue, n'insistez pas trop longtemps; rentrez à l'écurie et recommencez toutes les deux ou trois heures; en deux jours l'animal le plus farouche ne bougera plus.

Le cheval est bête et l'homme qui s'en sert ou qui le sert doit toujours employer la ruse de préférence à la brutalité. Le proverbe : « On ne prend pas les mouches avec du vinaigre », ne fut jamais plus applicable qu'à la race chevaline.

Cependant, tout en étant doux, ne soyez ni timide ni familier; si vous jouez avec votre monture à l'écurie, elle vous enverra une ruade dans les dents ou vous broiera la main avec ses mâchoires.

N'abordez jamais un cheval sans le prévenir; dans sa surprise, il pourrait involontairement vous blesser; ne faites pas non plus d'incessants appels de langue, leur effet deviendrait nul, ou serait au contraire une cause d'énervement.

Les palefreniers de bonne maison ont l'habitude de faire entendre une sorte de sifflement à chaque coup de brosse; on ne saurait trop les approuver, ils occupent ainsi l'attention de l'animal. M. le comte de Chézelles trouvait encore un avantage à cet usage; en effet les hommes, en sifflant, ne parlent pas entre eux et sont, de ce fait, mieux à leur ouvrage.

Il est regrettable qu'il n'y ait pas une école de palefreniers et de cochers. L'essai en fut tenté sous l'Empire, croyons-nous, et ne réussit pas.

Soigner un cheval est chose difficile, et les jeunes gens qui se destinent à travailler dans les écuries ne savent où apprendre leur métier. La plupart même ne l'apprennent jamais, s'ils n'ont la chance d'entrer dans de grandes maisons ou dans de bonnes écoles de dressage. Ce qu'ils apprennent au régiment est nul, à moins qu'ils ne soient ordonnances chez un officier riche ayant un bon cocher du métier.

Les examens que fait passer une commission spéciale pendant les périodes du concours hippique et les brevets qu'elle délivre sont un encouragement pour les hommes qui savent; mais où les novices peuvent-ils apprendre?

Si vous avez un bon cocher, ne lui marchandez pas la nourriture pour ses chevaux et laissez-lui une grande liberté dans son écurie.

Vous reconnaîtrez qu'il est bon aux signes suivants :

Vos chevaux seront gras;

Rarement ou jamais malades;

Ils seront indifférents à l'entrée de l'homme dans la stalle et se rangeront doucement;

Ils se laisseront brider, seller, panser sagement;

Ils ne seront pas effrayés à la vue d'une fourche;

Ils ne tousseront pas;

Ils auront beau poil, même s'ils ne sont pas irréprochablement propres;

S'ils sont jeunes, ils doivent épaissir à vue d'œil;

Vous n'entendrez pas de bruit à l'écurie;

La litière ne sentira pas mauvais et des émanations ammoniacales ne s'en dégageront pas.

Si toutes ces conditions ne sont pas remplies, vous avez un mauvais serviteur, même s'il astique bien les aciers et que les chevaux soient propres.

Dans les bonnes écuries les animaux sont toujours gras; la légende qu'ils doivent être maigres pour marcher a été créée par les gens économes ou les cochers déshonnêtes.

Un cheval qui sort tous les jours ou à peu près, peut être gras sans danger; nous avons vu des hunters chasser à Pau dans un état qui ne laissait rien à désirer et cependant ne pas crever de congestion

Les entraîneurs américains nous ont appris que, pour gagner des courses, il était inutile de vider les chevaux par des suées ridicules et des purgations incessantes. Nous voyons aujourd'hui sur les hippodromes des animaux, sinon très gras, au moins en fort bon état; ils courent aussi bien et gardent leur forme bien plus longtemps, au grand bénéfice du propriétaire.

Quand vous avez un nouveau cocher, avant de le laisser se

diriger lui-même, sachez ce qu'il vaut. Il peut être un parfait honnête homme et vous perdre cependant par ignorance pour plusieurs milliers de francs de chevaux en huit jours.

Guidez-le surtout dans le travail à donner à chaque animal. Dites-lui : Montez ou attelez celui-ci ou celui-là; allez à tel endroit, par tel chemin et à telle allure. Le véritable homme du métier fera ce que vous lui dites; il comprendra que ne connaissant pas son savoir vous preniez vos précautions.

Après quelques jours vous jugerez, d'après l'état où il ramène vos chevaux, si vous pouvez le livrer à lui-même. Il ne devra jamais rentrer un animal mouillé, à moins que vous ne le lui ayez commandé.

L'homme qui fait suer le cheval sous prétexte d'hygiène et de propreté est, quatre-vingt-dix-neuf fois sur cent, un ignorant dont vous ne ferez jamais rien.

Celui dont la monture est visiblement fatiguée et qui prétend avoir été emballé, ment; les chevaux sont emballeurs ou ne le sont pas; celui-là encore sera mauvais et devra être chassé aussitôt.

Si vous en avez un sérieux, doux et connaissant son état, gardez-le; même s'il n'est pas très rapide, qu'il ne vous éclaircisse pas vos aciers comme du vif argent et qu'il ne soit pas beau comme un Adonis.

Ceux qui n'aiment pas leurs animaux, et qui n'ont pas l'amour-propre de les avoir en bon état et en bonne santé, sont inutilisables.

Nous en avons connu avantagés d'un « bon physique » et capables de mener sans accident tous les chevaux menables; chez des loueurs de grande remise ils recevaient 6 francs de leur patron et touchaient 5 francs de pourboire par jour; et pour eux il y avait rarement de chômage. De plus ils n'avaient à s'occuper ni du pansage, ni de l'attelage des bêtes, non plus que de l'entretien de leur matériel; ils connaissaient leur métier, satisfaisaient le client sans cependant crever les animaux, et tout le monde y gagnait.

De tels cochers sont rares; pour arriver à ce degré ils doivent avoir beaucoup mené et posséder des dispositions particulières; les meilleurs que nous ayons rencontrés étaient assez jeunes. Si un homme arrive à trente-cinq ou quarante ans sans connaître son métier, il ne l'apprendra probablement jamais.

N'espérez donc pas prendre un jeune soldat libéré, le payer cinquante francs par mois, et être bien servi. C'est impossible si vous avez des chevaux de luxe jeunes et vigoureux.

Un dicton d'outre-Manche nous dit que : « Le groom anglais est ivrogne et brutal, le français est sans amour-propre, l'allemand est souvent malade d'indigestions, l'italien serait le meilleur, n'était sa mauvaise tête. »

En résumé, nous concluons qu'il y a de braves gens partout; mais il faut savoir leur passer leurs défauts.

Mise en travail du jeune cheval. — Nous préférons, personnellement, acheter des jeunes chevaux et nous vous donnons, lecteur, le conseil d'en faire autant si vous n'êtes pas trop pressé, si vous vous occupez de votre écurie ou si vous avez un très bon cocher. Nous vous donnons ce conseil pour différentes raisons, et la première est que vous ne pourrez probablement pas faire autrement; de plus, si vous achetez un animal jeune, il prendra de la valeur chez vous; si vous l'acquérez avec discernement entre quatre ans et demi et cinq ans, pour une somme de 1,500 francs par exemple, il peut vous faire un petit service et au bout d'un an il vaudra 2,500 francs.

Nous avons fréquemment tenté cette expérience et elle nous a rarement déçu.

D'abord, entendons-nous sur l'âge.

Tous les chevaux ayant perdu leurs dents de lait n'ont pas forcément cinq ans, mais il est rare qu'ils n'en aient pas quatre et demi. Vous trouverez à ce sujet des détails dans le chapitre « de l'âge ».

En admettant que votre cheval ait quatre ans et demi, s'il n'est pas d'espèce carrossière et qu'il ait un certain degré de sang, vous pouvez commencer sévèrement son dressage.

Nous ne nous occuperons pas de ce qui se fait dans l'armée. Là, les chevaux sont menés à bien; mais le poulain acheté à trois ans et demi n'est envoyé aux manœuvres qu'à sept ans. Les particuliers ne peuvent adopter ce système, qui est assurément le meilleur, mais trop long pour les gens n'ayant pas une grosse écurie.

Nous prétendons qu'un cheval de taille moyenne et doué de sang, s'il est acheté au mois d'avril, ayant à ce moment perdu ses dents de lait, peut chasser au mois d'octobre. Il demandera à être monté avec discernement et sous un poids raisonnable, mais nous répétons qu'il pourra travailler, et bon nombre de sportsmen sont de notre avis.

Dès que le cheval arrive dans notre écurie, nous lui donnons, pendant huit jours, une alimentation rafraîchissante; si, ce délai passé, il ne présente pas de symptômes de gourme, nous le poussons rapidement en nourriture : avoine, aliments sucrés, fèves, son, mash, etc.

Quelques spécialistes du sport hippique disent qu'à ce régime l'animal deviendra rétif s'il n'a beaucoup de travail, et que s'il travaille fort, ses membres s'en ressentiront. Assurément, à moins d'être une rosse, ainsi nourri il sera difficile; mais en lui appliquant une méthode de dressage rigoureuse, il subordonnera son caractère au vôtre. Vous aurez plus de peine qu'avec un poulain engraissé aux pommes de terre, mais, en revanche, après six mois de suralimentation, vous aurez un serviteur prêt.

L'effet de la suralimentation est immédiat. Le jeune cheval acheté en foire ou chez le marchand change d'une manière incroyable en deux mois, s'il est très nourri et qu'il ne travaille que juste le nécessaire pour subir son dressage. Il prendra des muscles et par conséquent de l'action; il épaissira de la culotte, du dos et du cou; ses pieds referont une poussée et deviendront plus beaux; le garrot s'élèvera; l'encolure aura la force de porter la tête et les articulations se souderont.

Nous subordonnons le travail à l'état des jambes, et voici ce que nous recommandons de faire :

Emploi des guêtres marchandes, même si le cheval ne se coupe pas.

Emploi des flanelles et d'ouate aux membres antérieurs pendant le travail; les poulains ne savent pas marcher et se cognent les canons avec leurs pieds; il en résulte la naissance de petits suros qui peuvent entraîner une boiterie passagère; le bandage amortit les chocs et les rend inoffensifs.

Au moindre signe de fatigue ou de mollesse, nous donnons au jeune cheval du glycéro-phosphate de chaux, des ferrugineux, de l'arséniate de soude et quelques spécialités dont M. le capitaine Bausil, dans son livre (1), préconise avec raison l'emploi.

L'usage de cette médication a un effet incontestable sur les tares osseuses et particulièrement sur les suros dont la disparition est souvent aussi rapide que leur poussée fut soudaine.

Si les boulets postérieurs s'arrondissent, soignez-les par des douches et des compresses. Vous pouvez mettre des flanelles simples derrière et à l'écurie; mais ne les faites jamais placer aux antérieurs sans interposer une couche d'ouate; les tendons sont si fragiles, que la gêne apportée par un cordon trop serré les fait enfler et paraître claqués. Nous avons vu ces accidents se produire fréquemment, chez les jeunes chevaux surtout; accidents, en vérité peu graves, mais fort inquiétants quand on en ignore la cause.

Si vous distinguez un commencement de molettes, faites de fréquents badigeonnages d'iode.

Généralement vous ne serez pas obligé d'employer tous ces soins pendant longtemps; une période de deux mois suffit pour permettre aux tissus de se fortifier.

Pendant cette période, soyez d'une sévérité extrême pour vous-même, et si le cheval vous ennuie par son caractère, ne vous laissez

(1) *Paris-Rouen-Deauville.*

pas aller à lui donner une bonne poussée; vous risqueriez de le perdre irrémédiablement ou tout au moins de le retarder d'un an.

Ne vous dites jamais : tant pis; je suis pressé, je vais aller un peu plus vite; mais en revanche, je laisserai mon animal deux jours à l'écurie. Ce système de compensation n'existe malheureusement pas.

Les personnes qui tiennent de tels raisonnements sont certaines de ne pas réussir dans leurs essais; si, une première fois, elles n'ont pas éprouvé de dommage à la suite d'une course longue et rapide, elles sont pleines d'une confiance prématurée : nous avons une bête excellente, pensent-elles; et elles recommencent. Après quelque temps de semblable entraînement, elles n'ont plus qu'un invalide bon à envoyer au pré pendant un an; et elles iront grossir le nombre des gens qui proclament le jeune cheval inutilisable.

Alimentation du cheval. — D'après les tableaux qui suivent (1) le lecteur se rendra compte de la quantité de nourriture strictement nécessaire à chaque genre de cheval. Je ferai remarquer que toutes les personnes ayant pratiqué le cheval considèrent ces rations comme insuffisantes. Les chasseurs, les loueurs et tous les gens qui se servent sévèrement de leurs chevaux, doublent presque ces quantités.

Les amateurs désireux de se renseigner, pourront puiser des indications précieuses dans les études de MM. Lavalard, Sanson, Baron, Jacoulet et Chomel, etc.

L'alimentation sucrée a de nombreux partisans, au nombre desquels je me suis rangé du jour où j'ai constaté les effets bienfaisants d'un tel régime.

Voici comment je nourris mes chevaux :

Chevaux genre cavalerie légère (en plein service)	Foin	2 kg. 500
	Avoine	4 »
	Aliment sucré	4 litres.

(1) Page 88.

Carrossiers ou gros hunters (en plein service)	Foin........ 3 kg. 500 Avoine...... 5 » Aliment sucré. 6 à 7 litres

Paille à volonté pour tous les chevaux.

Les compositions sucrées que j'emploie sont : la mélassine, la sucréine et l'aliment Hélot ; il en est probablement d'autres aussi avantageuses, mais je ne saurais en parler ici, ne les ayant pas utilisées.

Une fois par semaine faites prendre un mash confectionné comme suit : Mettez dans un seau 4 ou 6 litres d'avoine, étendez sur celle-ci trois fortes poignées de graine de lin ; versez avec précaution de l'eau bouillante en quantité suffisante pour que le grain soit bien mouillé ; recouvrez le tout de 4 ou 5 litres de son et laissez refroidir pendant cinq heures. A l'heure du repas, mélangez avec soin jusqu'à ce que vous obteniez une composition épaisse et gluante ressemblant à un cataplasme. Il est bon d'ajouter une légère poignée de sulfate de soude.

A ce régime mes chevaux prennent rapidement du volume et des muscles ; ils n'ont ni entérite ni diarrhée. J'ai en outre remarqué que, tout en gagnant de la résistance, ils ne manifestaient pas le même énervement que les animaux nourris seulement à l'avoine.

Le riz produit sur l'organisme les meilleurs effets, mais son emploi est dispendieux.

Pour les chevaux ayant absolument besoin d'être bourrés, j'emploie la fève ou la féverolle bouillies, à la dose d'un litre par jour en supplément de la ration normale.

Si vos animaux manquent d'appétit, donnez leur de la gentiane.

Lorsqu'un poulain, encore mal soudé, paraît mou, donnez-lui du quinquina et de l'Animaline. Les frais occasionnés par cette médication sont toujours largement compensés par l'amélioration du cheval et par la rapidité avec laquelle il devient un serviteur utile.

Rations de fourrages dans différentes armées.

ARMÉE FRANÇAISE		PIED DE PAIX	PIED DE GUERRE	OBSERVATIONS
		kil. gr.	kil. gr.	
État-major général et cavalerie de réserve, etc.	Foin	3 500	3 500	
	Paille	4 000	2 500	
	Avoine	5 250	5 750	
Artillerie et cavalerie de ligne	Foin	2 500	2 500	
	Paille	3 500	2 000	
	Avoine	5 000	5 500	
Cavalerie légère	Foin	2 500	2 500	
	Paille	3 500	2 000	
	Avoine	4 500	5 000	
Chevaux algériens	Foin	2 500	2 500	
	Paille	3 000	2 000	
	Orge	4 000	4 500	

ARMÉE RUSSE. Temps de paix.	AVOINE	FOIN	PAILLE
	kil. gr.	kil. gr.	kil. gr.
1re classe. Cavalerie et artillerie de la garde.	4 920	4 100	1 640
2e classe. Cavalerie et artillerie de l'armée, des cosaques, trains de l'artillerie et du génie	4 223	4 100	1 640
3e classe. Chevaux de travail et du train	3 526	8 200	»

Temps de guerre. — Même ration sauf pour la 3e classe, dont les chevaux reçoivent 5 kilogr. 637 d'avoine et 6 kilogr. 150 de foin. Pas de paille.

ARMÉE ALLEMANDE		RATION DE GARNISON	EN MARCHES OU EN ROUTE	EN CAMPAGNE
		kil. gr.	kil. gr.	kil. gr.
Ration légère des dragons, hussards, chevau-légers	Foin	2 500	1 500	1 500
	Paille	3 500	1 750	1 750
	Avoine	4 750	5 250	6 150
Cavalerie légère de la garde (ration spéciale)	Avoine	5 250	5 750	6 150
Chevaux de uhlans (ration moyenne)	Foin	2 500	1 500	1 500
	Paille	3 500	1 750	1 750
	Avoine	5 150	5 650	6 150
Ration lourde de toute l'armée allemande	Foin	2 500	1 500	1 500
	Paille	3 500	1 750	1 750
	Avoine	5 500	6 000	6 150

Dressage à l'attelage. — Agissez pour le dressage comme nous avons dit de le faire pour le « premier essai ».

Le jeune cheval écorche de partout et au moindre frottement; souvent une blessure négligée devient douloureuse et provoque des défenses. C'est au cocher à prendre ses précautions; il devra enduire le culeron de suif; généralement il ne le fait que quand le cheval rue. Il ne devra jamais toucher à l'extrémité de la queue, si elle vient d'être *écourtée*. Il pourrait faire tomber la croûte, provoquer l'inflammation de la plaie, et ainsi retarder le dressage ou même le rendre impossible. Il devra prendre la queue franchement à pleine main et la lever très haut, puis il passera la croupière. Le culeron doit être débouclé du côté gauche chaque fois que le cheval sera garni ou dégarni (1).

Le cocher ne devra pas passer la croupière par surprise; l'animal peut être trompé dans bien des circonstances; mais il ne doit jamais être surpris, car il aurait peur, ou il croirait que vous-même êtes en crainte, et dans les deux cas il serait difficile.

La sous-ventrière devra être entourée de peau de mouton, dès qu'apparaît l'usure du poil; assurez-vous que le sellier a cousu la peau de façon efficace.

La sellette doit avoir une liberté de garrot suffisante et être placée assez en avant, sans quoi elle tirerait sur la croupière et déterminerait des ruades.

La plate-longe doit être placée très en arrière et le plus près possible du culeron, sous peine de demeurer inutile.

Le collier doit être plutôt étroit que large; s'il ballotte, il provoque des frottements sur les épaules et il se produira des blessures, des abcès ou des pincements quelquefois fort graves. S'il est trop court, il gêne la respiration; il faut pouvoir passer la main entre sa partie inférieure et le cou.

Au début du dressage, usez du collier de paille, comme nous vous l'avons recommandé, mais choisissez-le de bonne dimension.

(1) Au début, faire lever un membre antérieur par un aide.

Les selliers vous diront parfois qu'il ne s'en fait que d'une taille; c'est une erreur et s'il est trop grand il blessera aussi dangereusement qu'un autre.

Un collier de cuir ne doit pas blesser, s'il est soigneusement savonné à l'intérieur et bien ajusté.

Celui en jonc doublé de drap est très dur et très échauffant; il n'a que l'avantage d'être coquet et bon marché.

Il se fait depuis quelques années des colliers-bricoles dont on nous a dit le plus grand bien. Nous n'en pouvons parler, car nous les trouvons tellement laids que nous ne les employons pas.

Les pneumatiques sont excellents, mais ils sont d'un prix fort élevé.

Méfiez-vous du reculement; s'il remonte, il fera ruer le jeune cheval et bon nombre de vieux.

La bride doit être bien ajustée pour empêcher l'animal de s'en débarrasser, ou de voir derrière les œillères trop lâches ce qui se passe dans la voiture; à la vue du fouet il pourrait s'emballer.

Si l'animal, une fois garni, vousse le dos ou couaille, n'essayez pas de l'atteler; faites-le promener en main par un homme monté sur un autre cheval, et l'élève s'habituera ainsi au contact et aux frottements du harnais à toutes les allures. Si vous ne pouvez employer ce moyen, ayez recours au travail en cercle à la longe.

Ayez un harnais d'une solidité à toute épreuve, capable de résister aux plus grandes violences.

Nous vous avons conseillé de mettre les guides au milieu du mors quand vous attelez un inconnu; c'est plus prudent, croyons-nous, car vous pouvez tomber sur un sujet à bouche dure, immenable sur le banquet et vous seriez infailliblement emmené; mais vous devez vous rendre compte dès la première sortie du genre d'embouchure qui convient.

Si le cheval refuse l'appui, qu'il porte au vent, qu'il se défende de la tête en la tournant en tous sens, ou qu'il ne parte pas, n'hésitez pas à changer le mors; prenez-en un très doux, gros de canons et sans passage de langue; vous pourrez même le recouvrir de cuir. Vous trouverez chez les selliers des rouleaux de caoutchouc s'adaptant à tous les mors; ils sont commodes, mais demandent à être bien ajustés, sous peine d'augmenter le désordre au lieu de l'apaiser.

Si le cheval ne tourne pas, mettez de très larges rondelles de cuir entre les branches du mors et la commissure des lèvres; l'animal ne ressentant ni douleur ni pincement obéira neuf fois sur dix, surtout si vous vibrez la rêne.

Nous ne pouvons donner d'indications plus précises sur les embouchures, leur emploi étant des plus variables.

Tel animal partira avec un mors allemand et reculera avec celui à ballons; tel autre préférera le mors au filet ou inversement. Comme règle générale, nous dirons de ne pas user de mors durs. Ils sont durs quand ils ont un passage de langue très prononcé, que leurs branches sont longues, leurs canons minces et qu'ils sont lourds.

Plus les canons reposent sur les barres loin de la commissure des lèvres, plus l'action est puissante.

La gourmette agissant en levier aura d'autant plus d'action qu'elle sera serrée et qu'elle portera plus près du menton.

Avec les chevaux sensibles, la gourmette sera recouverte de caoutchouc ou même remplacée par une courroie en cuir; souvent nous la supprimons complètement.

Pour les bouches vraiment délicates, employez un gros filet en fil de fer recouvert d'une forte épaisseur de cuir souple ou de caoutchouc; vous obtiendrez l'appui avec facilité.

Nous ne sommes pas partisan de l'enrênement chez le jeune cheval; celui-ci, pour partir, baisse la tête et tend l'encolure; il risque dans ces mouvements de rencontrer l'acier et il pourrait se croire retenu. Après quelques faux départs ainsi provoqués l'animal est rétif.

Pendant que vous attelez, l'homme qui est devant la tête de l'élève ne devra pas lui agiter incessamment le mors dans la bouche sous prétexte de le distraire; il ferait probablement manquer le départ et c'est tout. S'il y a mouvement, faites arrêter par le licol.

Si le cheval porte au vent il ne peut être dirigé; en ce cas mettez-lui une martingale fixe allant de la muserole aux sangles en passant directement entre le cou et le collier; ne la fixez ni au mors ni au filet; vous pourriez provoquer la cabrade, le renversement et d'autres défenses encore (1).

Attelez vos jeunes chevaux à deux; sans cela vous en manquerez un certain nombre.

Avec un bon maître d'école l'apprenti est forcé de se porter en avant; mais ayez toujours soin de mettre une plate-longe. Celle-ci, pour être utile dans l'attelage en paire, devra aller se rattacher aux traits près des attelles. Une plate-longe ordinaire serait sans effet.

Ajustez les guides de façon à ce que la direction se produise sur la bouche du moniteur. Faites démarrer celui-ci en le touchant du fouet; un appel de langue précipiterait votre jeune animal dans le collier ou sur la main; il rencontrerait une résistance et il s'écœurerait.

Le démarrage s'étant produit sans brusquerie, le poulain s'amusera à côté de son camarade; l'homme qui tient la longe l'aidera dans les tournants et descendra à chaque arrêt pour le caresser. L'aide sera assez leste pour monter, descendre, attacher ou détacher la longe sans que vous soyez obligé de l'attendre.

Si le cheval n'a pas cherché à taper pendant l'attelage, il ne le fera peut-être pas pendant la route.

Des défenses. — Si vous avez affaire à un rueur, employez le système suivant :

Faites coudre deux anneaux de chaque côté de la têtière, près des cocardes. Ayez une guide assez longue et se divisant en deux à un mètre à peu près de son extrémité; à chacune des extrémités de ces deux divisions, faites coudre des boucles comme à des guides ordinaires, passez-les dans les anneaux de la têtière et fixez-les au mors ou au filet.

Si le cheval veut ruer vous pouvez, surtout si vous êtes sur un siège élevé, lui relever la tête et paralyser ses défenses.

(1) Voyez le chapitre : De la Martingale.

Cette fausse guide ira directement du sommet de la tête à votre main.

Ce système a l'avantage sur l'enrênement américain de laisser toute liberté à l'encolure si vous le désirez et d'agir cependant avec la plus grande énergie quand vous le jugerez à propos.

L'emploi du caveçon est souvent très efficace comme moyen de coercition vis-à-vis des rueurs; nous en reparlerons au chapitre de la longe (1). Vous pouvez encore placer la plate-longe directement sur le poil. L'effet de la ruade sera de l'attirer en arrière, elle formera ainsi avec le culeron une sorte de guillotine; et plus la défense sera violente, plus la queue recevra à sa naissance un pincement douloureux.

Ce dernier procédé ne doit être employé que dans des cas désespérés; il présente d'ailleurs certains dangers pour la santé du cheval.

Le cheval qui se couche. — L'homme qui tient la longe peut souvent empêcher un cheval de se coucher en lui maintenant la tête haute et l'encolure droite; mais s'il n'y peut parvenir et que l'animal à terre menace, en se débattant, de briser les jambes du maître d'école, il devra immobiliser la tête en la maintenant sur le sol (2); il est

(1) Le caveçon n'a d'effet à l'attelage que si le rueur a appris à en redouter la puissance avant d'être dans les brancards et à propos de défenses provoquées volontairement par le dresseur.

(2) Le moyen le plus simple est de s'asseoir dessus.

rare que toute défense ne cesse aussitôt. Le meilleur moyen de forcer un cheval à se relever est, nous a-t-on dit, de lui boucher hermétiquement les naseaux ; se sentant étouffer, il fera tous ses efforts pour se redresser, espérant respirer librement.

« Celui qui s'est couché une fois ou qui a rué ne sera jamais sûr », dit S. Sidney ; nous ne sommes pas tout à fait de cet avis ; mais il faut reconnaître que de tels animaux sont dangereux, plus pour eux-mêmes du reste que pour les hommes habiles qui cherchent à les dresser.

La longe Barnum est d'un emploi facile, et devrait figurer au premier rang des instruments de dressage.

Si elle ne contribue pas au dressage effectif, elle le rend au moins plus facile en paralysant les défenses les plus terribles.

Elle est assez difficile à décrire ; nous en donnons le croquis :

A B se place dans la bouche ;

B D contourne la tête en suivant le montant de bride et la têtière et s'arrête en D ;

Maintenant prenez la longe en son extrémité M et passez-la dans la boucle B, cette partie de longe — F E — forme en quelque sorte gourmette ;

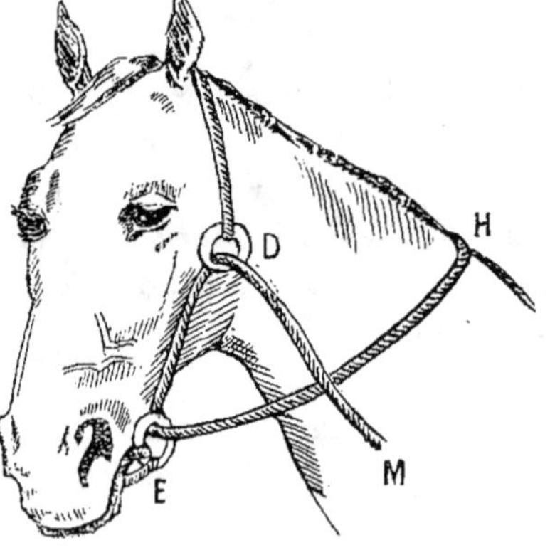

Faites contourner l'encolure suivant la direction F H E ;

Passez l'extrémité M dans la boucle A, et enfin dans la boucle D.

Le circuit est ainsi fermé et vous vous rendez compte des effets que vous produirez en tirant sur l'extrémité M.

Le cheval est pris dans trois étaux.

1° A B et la partie E F étreignent le maxillaire inférieur;

2° La partie F H E fléchit l'encolure avec une puissance irrésistible;

3° Le circuit A B D A produit l'effet d'un filet releveur.

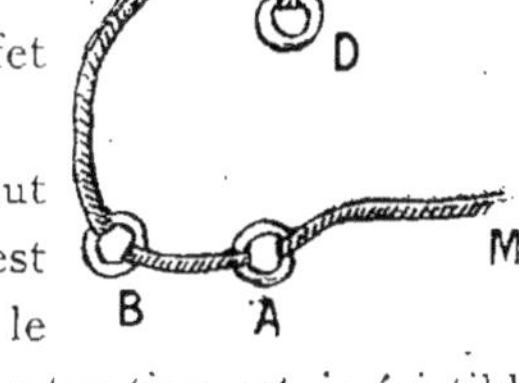

Le cheval, ainsi emprisonné, ne peut ruer d'une manière violente; il lui est impossible de s'emballer; et s'il l'est, le conducteur pourra l'arrêter, car la décontraction est irrésistible et un cheval décontracté est à moitié arrêté.

Cette longe ne peut empêcher un animal rétif de se coucher; mais employée par traction énergique et régulière, elle l'empêchera certainement de se débattre s'il est à terre et l'obligera à se relever s'il ne veut être brisé ou étouffé.

Cependant nous ne la croyons pas infaillible pour provoquer le départ, qu'elle favorise pourtant en empêchant la tête de se baisser et l'encolure de se ployer latéralement.

Le cheval, ne pouvant reculer sans éprouver une sorte de strangulation, par l'appui des ganaches sur le cou, se décidera peut-être à faire un pas de côté; il sera alors en mouvement et par conséquent en voie de progression. A la moindre concession, cessez de tirer et il comprendra peut-être qu'il a tout avantage à se porter en avant, surtout si le maître d'école l'y aide.

S'il est attelé seul et qu'il rencontre le collier, il peut s'imaginer que cette nouvelle résistance fait partie d'un système de torture et il préférera retourner à terre.

Chez Barnum nous avons toujours vu atteler à deux des chevaux rétifs, et ceux qui se couchaient se relevaient généralement aussitôt.

Menage de campagne. — Tant que votre apprenti ne sera pas parfaitement confirmé au départ, ne lui demandez rien; son attention se concentrera sur ce point unique — le démarrage. —

Il croira, dans son esprit étroit, que vous n'exigerez jamais autre chose de lui que de se promener sans travailler à côté d'un camarade, et dans cette certitude, il perdra l'habitude d'être violent ou de rétiver.

Attelez le plus souvent possible, et le moins longtemps sera le meilleur, un quart d'heure suffit; les épaules auront le temps de se faire et si elles frisent un peu, tout au moins ne se dépouilleront-elles pas.

Quand les départs sont parfaits, tâchez de rencontrer la bouche, de l'habituer à prendre contact avec la main et ensuite à s'appuyer franchement.

Nous abandonnerons un instant le dressage pour parler des différentes sortes de menage.

A la campagne, et si vous avez de bons chevaux, vous pouvez les habituer à trotter droit sur les routes avec les guides sur le dos.

Ce menage est adopté par des sportsmen dont la réputation n'est plus à faire, et leur prédilection ne résulte certainement pas d'ignorance.

Ce genre est commode, en ce qu'il donne seulement la peine de se procurer des animaux doués de sang; le chic est d'aller très vite et à une allure parfaitement régulière; les chevaux ne doivent pas être enrênés et s'en iront l'encolure détendue et la tête plutôt en avant.

Pour les amener à ce point il n'y a qu'un système et voici comment nous procédons : toujours une fois le départ bien assuré, nous attelons l'apprenti sur une voiture légère, en ayant soin de le maintenir au-dessous de son point de travail. Nous l'appuyons fortement sur la main en maintenant une action énergique; puis nous rendons brusquement en faisant un appel de langue; le novice partira au galop, ou au moins se désunira; nous l'acculons sur les jarrets en lui balançant vigoureusement la tête; nous allongeons un coup de fouet sur le dos et du côté où se produit le galop, en ayant soin d'avoir la guide tendue du côté opposé; nous remettons au trot, tout en maintenant l'impulsion; nous reprenons l'appui et nous recommençons ce qui vient d'être expliqué, chaque fois que l'allure baisse.

Le cheval finira par craindre la main plus que la mèche et si, comme nous l'avons dit, il est maintenu en dessous de son degré de travail, il prendra l'habitude de dépenser toute son énergie à vous mener rapidement et régulièrement.

En attaquant à droite et en tendant la guide gauche, nous mettons le cheval qui galope à droite dans l'obligation de se porter brusquement à gauche et, s'il a du sang, il tentera un changement de pied ; c'est à ce moment précis que nous reprenons guide droite, que nous ramenons l'équilibre et que nous déterminons le trot.

Ce système est très dangereux et inapplicable avec certains chevaux ; s'il n'est employé avec habileté et sagacité, en proportionnant les moyens de coercition avec le tempérament de l'élève, vous risquez de le rendre rétif ou de le tarer rapidement si vous vous y prenez mal.

Ne croyez pas que nous vous indiquions des procédés de boucher ; cette méthode se rapproche jusqu'à un certain point de celle des jockeys de trot, qui comptent plus sur la bouche que sur la cravache pour maintenir le train. Cependant, dès que le trot est repris, le jockey maintient le point d'appui tandis que nous faisons au contraire une remise de main complète.

Le cheval donne bien sur les bras, d'un poids de vingt kilos, par exemple ; soudain l'appui lui manque ; l'effet produit est exactement le même que s'il recevait une poussée de vingt kilos ; et s'il veut conserver son équilibre et qu'il n'ose prendre le galop, craignant pour sa bouche et pour son dos, il est obligé d'allonger les antérieurs et d'engager d'autant les postérieurs.

La progression se trouve accrue proportionnellement à la force de l'appui. Si celui-ci avait été de cinquante kilos, au moment de la rupture de contact l'impulsion eût été de force équivalente.

Ce système est celui d'un grand nombre de piqueurs, aussi

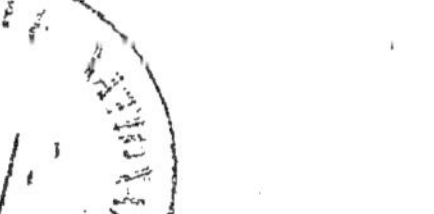

font-ils leurs essais sans se servir du fouet. Le client, au bout de huit jours, constate avec désespoir que son steppeur ne marche plus; il se plaint et il a grand tort, car il ne doit s'en prendre qu'au changement de menage.

Menage savant. — D'autres sportsmen, au moins aussi importants que ceux dont nous avons parlé, trouvent ridicules les principes exposés dans le chapitre précédent; et ils comparent le menage à l'équitation. Voici comment ils opèrent pour avoir toujours une cavalerie bien mise.

Ils enseignent la flexion d'encolure à l'aide du jockey et maintiennent le cheval au-dessous de son travail; ils l'embouchent sévèrement, mais mènent à quatre guides. Ils promènent leur élève à une allure lente et cadencée en trompant continuellement le point d'appui et en engageant le plus possible les postérieurs sous la masse.

Ils font des tournants savants en ayant soin de toucher de la mèche à droite si le tournant se fait à gauche et inversement. Le cheval, en peu de temps, tournera au contact du fouet et à la plus légère indication de main; il maintiendra ainsi beaucoup mieux sa rigidité longitudinale; il tournera même sur place aussi élégamment et aussi correctement qu'un hack bien mis; il fera, en réalité, une volte sur deux pistes la croupe en dedans.

Il devra ignorer le galop et s'il tente de le prendre il sera ralenti jusqu'à ce qu'il se mette au trot. Il ne devra pas non plus connaître le pas.

Étant plein de sang et ne connaissant qu'une allure, il finira par trotter régulièrement, haut et vite, s'il a un tant soit peu d'action.

Ce menage est très élégant. Certaines paires conduites par des cochers savants sont capables de trotter absolument sur place dans un superbe mouvement de piaffer. Les chevaux lèvent l'avant-bras presque horizontalement, ramènent leurs pieds à hauteur du genou et reposent ensuite le membre à la place exacte où il était.

Le piaffer s'enseigne à l'écurie en attachant le cheval tête à queue entre deux piliers de sa stalle. A l'aide d'une cravache, vous lui touchez le poitrail par petits coups répétés, et avec une chambrière vous mettez la croupe en mouvement.

Si vous pouvez opérer entre les piliers d'un manège, ce serait préférable.

Nos pères employaient ce moyen pour dresser leurs chevaux de selle au piaffer et au passage; aujourd'hui des méthodes plus savantes ont remplacé ce procédé un peu empirique, mais en somme fort commode.

Pour arriver à cette perfection, il faut, avant tout, avoir un cocher hors ligne, un maître d'école admirablement dressé et très soumis, et ne prendre en dressage que des poulains n'ayant jamais été malmenés.

Une paire d'admirables steppeurs alezans, bien connue dans l'avenue du Bois, est le modèle du genre. Elle coûta, dit-on, 25,000 francs. Elle vit dans l'obscurité, et, pour les jours de courses, le cocher conduit ses chevaux la veille à Auteuil, où ils passent la nuit afin de pouvoir faire un retour vraiment brillant. L'emploi de fers très lourds et mobiles détermine de plus beaux gestes.

Les chevaux qui tirent. — Les chevaux qui tirent sont souvent des animaux parfaitement sages, mais ils n'en sont pas moins dangereux dans les villes et en particulier à Paris quand ils sont mal menés ou mal embouchés. Le gros tireur ne peut être arrêté par les bras les plus vigoureux, s'il prend un bon appui, qu'il ait l'encolure rouée et qu'il soit dans une allure assez vive; il tire la voiture avec sa bouche et sortirait même le conducteur du siège si celui-ci n'opposait que la force à la force.

Le principe unique pour mener un tel cheval est de ne pas lui laisser prendre l'appui; cela, malheureusement, est parfois difficile et demande une certaine habileté de main en même temps qu'une rapidité de décision impossible au débutant conducteur. Parfois même l'homme d'expérience ne peut se servir de certains tireurs qu'en les embouchant d'une façon toute spéciale convenant à la fois à sa main à lui et à la bouche de l'animal. Cette relation de main à bouche a été remarquée, j'en suis convaincu, par tous les gens qui ont fréquenté le cheval, et il m'est personnellement arrivé de voir le même tireur bien mené par des cochers différents employant chacun une embouchure spéciale, et devenir immenable quand les hommes essayaient d'échanger les embouchures dont réciproquement ils avaient coutume de faire usage.

Je considère comme dangereux de mener un tireur avec un filet seul, car il sera parfaitement libre de vous échapper, quand il en aura le désir; mais si l'animal se mène mal avec un mors ou qu'il abuse de son appui, il est facile de l'emboucher en mors et filet, et de le conduire à quatre guides. Le filet doit être placé comme pour un cheval de selle et ne pas être maintenu par un enrênement. Il faut le plus souvent se servir du filet et n'employer le mors que pour varier les phases de l'appui; mais cela ne suffit pas encore pour tous les cas, et avec certaines bouches il faut recourir à d'autres procédés venant s'ajouter aux précédents.

Le cheval qui ouvre la bouche et qui s'encapuchonne est le plus dur à mener : pour lui, j'emploie l'enrênement américain qui empêche l'encolure de se rouer et je lui ferme la bouche avec une courroie que je place au-dessous du mors et qui n'est, en réalité, qu'une espèce de muserolle; j'ai soin de ne pas la serrer et j'obtiens ainsi une fermeture relative permettant cependant la décontraction du maxillaire. En ajustant la muserolle au-dessus du mors, je suis obligé de la serrer très fortement, elle peut provoquer des blessures et son effet est bien moins puissant.

L'action d'un mors quelconque est d'autant plus forte que les canons portent sur les barres loin de la commissure des lèvres. J'ai vu employer le système suivant pour empêcher le mors de se déplacer : une tige d'acier fixée en A et en B (fig. 1), et affectant la forme de C (fig. 2) s'oppose évidemment à ce que les canons remontent et permet cependant de bien brider l'animal, surtout si la partie A H est assez longue.

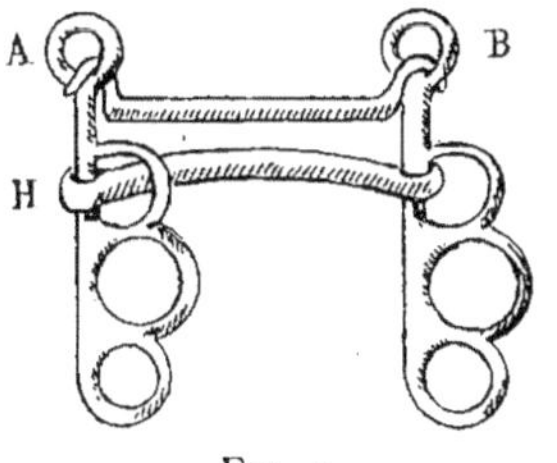

Fig. 1

Pour le tireur, la perte du contact entre la bouche du cheval et la main du conducteur doit être très rapide et la reprise s'effectuera successivement sur chaque barre et non sur les deux à la fois.

L'apposition d'un filet sur le nez ne me paraît en rien justifiable : son effet ne pouvant, à mon avis, que gêner la respiration et amener une altération au bon fonctionnement des organes qui y sont intéressés.

La tenue que je préfère pour conduire à quatre guides est la suivante : la guide gauche de filet entre dans la main en passant entre le pouce et l'index; les guides du mors, à plat l'une sur l'autre, passent entre le médius et l'annulaire et ressortent sous le petit doigt; la guide droite de filet passe entre l'annulaire et le petit doigt. Cette disposition permet, quand le cheval ne tire pas, de conduire d'une main; il est également facile, si cela est nécessaire pour varier l'appui, de saisir avec la main droite les guides du mors.

Fig. 2. — Système employé pour empêcher le mors de remonter.

Surtout, si vous avez un tireur, ne luttez pas par la force et n'employez pas des mors à branches démesurées et à canons très minces; en général, ne faites usage d'aucun instrument de supplice; vous risqueriez d'augmenter le vice et de rendre votre animal de plus en plus difficile.

Les chevaux qui ont été entraînés au trot et au galop s'arrêtent souvent mieux à la parole et quand on leur rend tout qu'avec les combinaisons les plus savantes.

Les chevaux emballés ne peuvent être arrêtés, mais il est généralement possible de les empêcher de partir en leur changeant l'appui et en les arrêtant brusquement dès qu'ils paraissent vouloir s'échapper. Le lecteur trouvera d'autres détails sur ce sujet dont je reparlerai à propos des chevaux de selle.

Faire camper le cheval. — Le cheval de selle ne doit pas être campé, surtout s'il a du poids sur le dos, car il doit avoir les antérieurs bien verticaux et les postérieurs rapprochés du centre de gravité, de façon à ce que chaque membre reçoive la pesée de la masse verticalement. Le bon sens en indique la raison; si vous voulez placer une lourde charge sur un poteau, vous n'irez pas planter celui-ci de travers; il est inutile d'avoir suivi un cours de mécanique, ou de connaître la décomposition des forces pour s'en rendre compte.

Mais le carrossier ne porte rien, et son rôle est souvent de former un tableau plutôt que de fournir un travail d'endurance. Il n'y a donc pas d'inconvénient à le faire s'étendre, et voici ce qu'il faut faire pour l'y obliger : Appliquez la main sur la partie postérieure de l'avant-bras et assez haut; prenez-le à pleine main, serrez fortement les doigts en les descendant lentement. Le membre se soulèvera infailliblement; relâchez la pression en maintenant la jambe un peu en avant de l'autre jusqu'à ce qu'elle se place d'elle-même à terre et à quelques centimètres de l'endroit où vous l'avez prise. Ce modeste résultat obtenu, caressez et passez à l'autre membre.

N'essayez de gagner que peu de terrain pendant les premiers essais; répétez souvent la leçon, au moins dix ou quinze fois dans la journée. Profitez surtout des moments où l'animal a le jockey sur le dos. En quelques jours, il se placera au simple contact de la main sur la partie postérieure de l'avant-bras. Peu à peu, vous cesserez de descendre les doigts et vous obtiendrez le « campé » en touchant le coude; puis, remontant encore, en poussant légérement l'épaule; vous remplacerez la main par l'extrémité d'une cravache et le dressage sera terminé. Au contact de la mèche du fouet sur l'épaule, le cheval s'étendra. Deux mois sont un minimum nécessaire pour obtenir ce résultat, et encore ne faut-il pas s'impatienter ni recourir à la brutalité, sous peine d'échouer complètement.

Ne donnez jamais vos leçons dans une place où les mouches puissent venir les troubler.

Les palefreniers des marchands ont d'autres moyens. Par une forte traction sur le garrot et en ébranlant l'équilibre du cheval, ils arrivent à forcer celui-ci à déplacer ses pieds en avant.

D'autres, en attirant la tête à eux avec une main et en contenant les trop grands déplacements de corps avec l'autre, arrivent à placer un animal en quelques jours.

Menage courant. — Entre les deux méthodes indiquées précédemment, mais d'application difficile, nous en avons adopté une mixte.

Nous ne demandons toujours rien au cheval tant qu'il n'est pas franc; ensuite nous l'appuyons sur un mors en harmonie avec sa bouche et nous l'encourageons de la mèche. Chaque coup de fouet doit correspondre à une détente de main et à un appel de langue. Usez du fouet très rarement, mais toujours avec la plus grande énergie.

Proportionnez cependant vos attaques aux caractères. Avec certains tempéraments nerveux vous seriez infailliblement emballé à la suite d'un coup de fouet qui, sur telle autre nature lymphatique, resterait sans effet. Un carrossier « mis » doit supporter la mèche sans passer au galop.

Les coups de fouet doivent mettre le cheval hors de lui, et comme ils concordent toujours avec la détente de main, cette dernière seule finira par suffire; et si vous menez toujours de la même façon, vous arriverez à supprimer fouet et appels de langue.

Nous menons donc en donnant un point d'appui régulier et continuel; nous ne rendons que pour augmenter l'allure et nous reprenons aussitôt.

Si vous n'êtes pas très sûr de vous, ne balancez pas la tête du cheval qui se met au galop; l'instinct vous portera à faire exactement le contraire de ce qui serait avantageux. Contentez-vous de rendre et de reprendre avec force, en maintenant l'impulsion et l'énergie. Mais il faut qu'il y ait perte de contact absolue entre la main et la bouche; et pour cela vous devez faire la concession des doigts très brusquement, sans quoi la tête suivrait le mors et le cheval tirerait de son côté comme vous du vôtre (1).

Mauvais menage (2). — Si vous tiraillez continuellement, et que le cheval en fasse autant, toute allure sera détruite faute d'équilibre; si celui-ci n'existe pas, votre animal traînera votre voiture en se promenant comme un chien qui se distrait; il s'occupera de tout excepté de son travail; il aura peur à chaque instant; il ira à une bonne allure quand il en aura envie, pour galopailler sans cesse à d'autres moments. Vous userez du fouet à tout propos et sans résultat, son emploi répété émoussant la sensibilité.

L'avant-main qui supporte la masse se tarera ou fléchira, entraînant parfois la chute et ses conséquences.

L'arrière-main, se trouvant loin derrière, fournira des efforts d'autant plus considérables que les jarrets seront plus éloignés du centre de gravité, et ceux-ci se tareront ainsi que les boulets.

De plus, votre attelage n'aura pas de chic, quel que soit son prix.

Baucher prétendait que l'équilibre guérit toutes les tares; il y a certainement de l'exagération dans cette affirmation, mais il est incontestable, et tous les maîtres de l'art sont de cet avis, qu'un animal bien en équilibre se conserve mieux que dans toute autre posture.

(1) En aucun cas le conducteur ne doit « tirer la sonnette »; c'est-à-dire qu'il ne lui faudra jamais donner de saccades.

(2) Les gens qui se penchent en avant, qui étendent les bras ou qui gesticulent ne savent pas conduire et ne le sauront jamais, s'ils n'apprennent à se tenir correctement. Les chevaux les plus difficiles doivent être menés sans mouvement apparent de la part du cocher.

Les ignorants croient ménager leur cheval en le laissant cheminer clopin-clopant; ils se trompent grandement et le mènent, au contraire, à sa ruine. Nous ne voulons pas dire qu'il faille aller à un train désordonné, mais il faut exiger que les allures soient bien faites : aussi lentes qu'il vous plaira, mais propres.

Le travail sera ainsi égal pour chaque membre, et l'effort normalement réparti.

Chevaux de travers. — Pour que votre menage soit régulier, il faut que la tête du cheval soit droite ; or, si la bouche ne reçoit pas des impressions égales sur chaque barre, l'une deviendra plus dure que l'autre, l'encolure se déviera de l'axe longitudinal et le mouvement aura tendance à se produire du côté où la bouche a conservé le plus de sensibilité.

Exemple : vous conduisez en tenant une guide dans chaque main et votre fouet dans la droite; celle-ci sera évidemment plus lourde du poids dont elle est augmentée; en outre, elle sera plus sévère, étant contractée pour soutenir ce même poids. La barre droite sera donc habituée à recevoir des effets beaucoup plus importants que la gauche. Le cheval, pour éviter ce supplément de charge sur sa bouche à droite, portera l'extrémité de sa tête du même côté et il reportera en même temps le sommet de la tête et l'encolure à gauche; par suite de cette position, l'épaule gauche sera surchargée et entamera moins de terrain que la droite ; la progression se fera donc forcément en obliquant à gauche.

Plus vous tirerez à droite, plus la mauvaise position s'accentuera et plus l'attelage ira à la dérive, son gouvernail étant faussé.

Quel est le jeune conducteur qui n'a pas éprouvé ce désagrément?

Pour remettre le cheval droit, nous conduisons à l'envers; c'est-à-dire que nous prenons le fouet avec la main gauche et que nous formons le carré, la main droite tenant les deux guides. Le résultat est très rapide.

Pour éviter ces déviations et ensuite ces changements réparateurs, voici comment nous procédons : nous prenons la guide gauche dans la main gauche en la faisant passer entre le pouce et l'index et en la laissant ressortir sous le petit doigt; la guide droite passera entre le petit doigt et l'annulaire et ressortira en s'appliquant sur l'autre.

Nous fermons le poing pour ne plus le rouvrir.

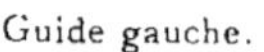

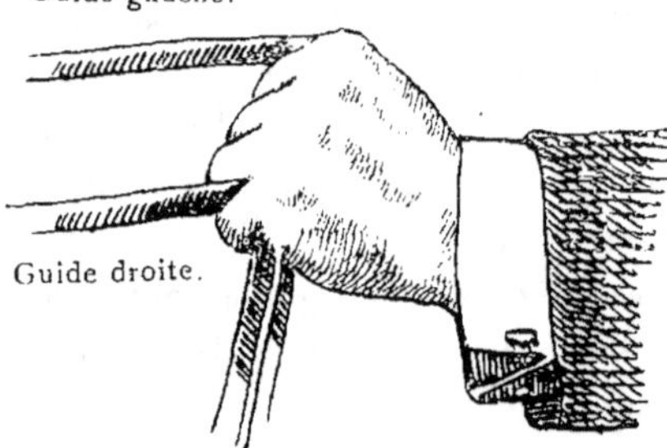

Avec cette tenue, vous pouvez tendre la guide droite en rapprochant le petit doigt de votre corps, et, au contraire, vous pouvez tendre la gauche en tournant la main de façon à ce que votre pouce et votre index soient dirigés de votre côté; en appuyant du fouet du côté opposé à celui où vous voulez aller, votre cheval tournera facilement et correctement. Ce système a l'avantage de ne pas permettre à l'encolure de se dévier et le tournant se fera sans que votre animal se torde en cercle de barrique.

Dans les débuts, prenez des tournants très larges et en quelques jours vous les ferez sur place.

La disposition suivante permet de donner un plus grand écartement aux deux guides. La gauche sera tenue comme nous venons de l'indiquer; la droite entrera dans la main en passant sous le petit doigt et en ressortira entre le pouce et l'index.

Cette dernière tenue vous donne la faculté d'agir avec beaucoup plus de vigueur, mais elle est assez disgracieuse.

Vous ressentirez d'abord une grande fatigue du bras et de la main gauches; ne vous découragez pas; pour un effort d'entraînement passager, vous éprouverez dans la suite une satisfaction de longue durée.

Vous pouvez ainsi facilement appuyer votre cheval avec une égalité parfaite sur chaque barre, et perdre ou reprendre le contact avec rapidité.

Le lecteur nous pardonnera cette longue digression sur le menage ; elle nous a détourné pour un instant du dressage auquel nous revenons dans le chapitre suivant.

Des départs difficiles. — Nous n'avons pas encore parlé du cheval qui, ayant été attelé à deux, hésite à partir quand il est seul.

Ne le pressez pas, ne faites pas sentir la main et surtout n'attaquez pas; quelques appels de langue espacés doivent vous suffire pour l'instant.

L'homme qui tient la longe doit se mettre un peu en avant de côté et tirer à lui le cheval sans, bien entendu, le regarder dans les yeux.

Ne faites jamais tirer sur les guides en avant, vous seriez certain de déterminer le recul. Ne faites pas non plus pousser aux roues, vous obtiendriez un résultat identique.

Si l'animal se porte de droite à gauche, l'aide maintiendra autant que possible les brancards dans la bonne direction; mais il ne devra jamais aider au démarrage. Plus un cheval se sent poussé par derrière, plus il résiste.

Si, après une attente raisonnable, le départ ne s'est pas produit, faites reculer à la main et par le licol sur une dizaine de mètres environ; cessez et recommencez.

Pendant tout ce temps, surveillez avec soin les moindres tentatives de démarrage, et si elles se manifestent, ne les contrariez pas, même si vous vous en allez dans une direction opposée à celle que vous eussiez choisie. Le principal est de partir sans en arriver aux coups; nous avons quelquefois attendu une demi-heure avant d'obtenir un résultat, et la persévérance nous a le plus souvent réussi.

Nous préférons dételer et ratteler aussitôt à deux, que d'user des coups dont l'effet le plus habituel est de faire coucher le cheval, ou de le faire renverser.

L'emploi de la longe est, nous l'avons dit bien des fois, indispensable; nous conterons à ce sujet le fait suivant dont nous avons été témoin : Un cheval partait très bien quand il y était aidé par la longe, mais dès que celle-ci était supprimée il était impossible de le décider à faire un seul pas. Un piqueur eut l'idée de supprimer le licol et de passer la longe dans la sous-gorge; les départs demeurèrent parfaits. Au bout d'un certain temps, la longe fut remplacée par un cordon blanc, auquel il fut enfin substitué un brin de laine blanche; le cheval s'habitua facilement à cette supercherie, mais jamais à la suppression complète de toute apparence de longe. Un badaud, se trouvant présent un jour d'attelage, demanda au piqueur à quoi servait ce bout de laine; et celui-ci de répondre avec un imperturbable sang-froid qu'un cheval pouvait reculer avec un caveçon, avec une longe, avec les enrênements les plus compliqués, mais que jamais l'animal le plus rétif ne refusait de se porter en avant quand on avait soin de lui passer un brin de laine dans le cou. Nous ignorons quelle réflexion se fit le curieux, mais peut-être pensa-t-il, et avec raison, qu'il lui vaudrait mieux ne pas pousser plus loin son interrogatoire.

Ce qui précède n'a été dit que pour prouver combien l'effet moral était puissant chez le cheval, et combien celui-ci se laisse prendre facilement aux supercheries les plus grossières. L'homme, du reste, ne laisse pas de lui ressembler quelquefois sur ce point.

CHAPITRE III

L'ÉQUITATION

Je ne prétends pas écrire une méthode d'équitation savante; je prierai le lecteur qui voudrait devenir un véritable écuyer de fermer ce volume et de se reporter à des traités dont la réputation n'est plus à faire.

Tout sportsman doit beaucoup lire, car, si bien doué qu'il soit, il ne peut créer seul ce que des générations d'hommes exceptionnels ont eu tant de peine à établir.

Dès la plus haute antiquité, le cheval fut tenu en grand honneur. Un dieu puissant l'aurait créé pour le bonheur de la terre. L'homme même, admirant la beauté de ses formes, imagina le Centaure. Les chars de Pluton, de Neptune et du Soleil sont traînés par des chevaux. Homère, naïvement réaliste, a rendu populaires les coursiers « divins » d'Achille « aux pieds légers »; et Virgile, disciple fidèle et savant de l'aède ionien, n'a pas craint, de son côté, de faire figurer au convoi funèbre du jeune et infortuné Pallas, le fidèle Aethon :

> Post, bellator equus positis insignibus Aethon
> It lacrimans guttisque umectat grandibus ora.
>
> (*Énéide*, XI, 89-90.)

Enfin, la mythologie ancienne, si extraordinairement riche, n'a pourtant pas trouvé de fiction plus brillante que celle de Pégase, le compagnon des neuf Sœurs, pour rendre sensible à l'esprit la beauté et la fougue de ce « mens divinior » dont la munificence des dieux gratifie les poètes.

D'autres chevaux sont de véritables personnages historiques. Bucéphale combattit avec Alexandre ; son maître l'honora de magnifiques funérailles et fonda une ville pour consacrer sa mémoire. Caligula faisait manger son cheval à table. Néron, soucieux de se singulariser dans tous les genres de folie, voulut élever le sien aux honneurs du consulat. Le preux Roland se contentait de vouer à Veillantif, « son bon cheval courant », le même culte qu'à sa « bonne épée » Durandal !

Les titres de noblesse : chevalier, connétable (*comes stabuli*, comte de l'étable), etc., dérivent en grande partie du cheval.

Aujourd'hui le cheval a perdu de son prestige et ceux qui l'emploient le plus ne lui reconnaissent qu'une intelligence restreinte. Cependant l'équitation demeure un plaisir aristocratique par excellence ; en France, il s'attache même à l'usage du cheval, pour l'agrément qu'il procure, une regrettable réputation de futilité.

Un avoué de province, un notaire, un avocat auront une automobile ; mais très rarement ils oseront avoir des chevaux de selle et prendre, en famille, un galop en forêt avant d'aborder les travaux journaliers. Un médecin de campagne fera ses visites soit en cabriolet, soit à motocyclette ; il n'ira pas à cheval. Un pharmacien aisé achètera une limousine de 18 chevaux ; il se croirait ridicule d'aller à la chasse monté sur un beau pur-sang.

Quand on dit d'un jeune homme : il monte à cheval, il est dans les chevaux, il fait les concours ; les gens sérieux haussent les épaules d'un air de pitié.

Cette mauvaise réputation qui pèse sur l'équitation est d'autant plus regrettable, que la France produit des chevaux de selle excellents et que l'éleveur les vend avec peine.

La cavalerie va être diminuée de sept régiments et le sera de bien plus encore dans quelques années. Il paraît évident, même au profane, que dans les guerres de l'avenir le rôle de cette arme sera des plus restreints. Pendant la malheureuse campagne de 1870, notre cavalerie fut souvent héroïque, mais rarement utile ; il en fut de même pour celle des Allemands.

Que fera l'éleveur quand l'État ne sera plus acquéreur du cheval de selle léger? On lui dira : élevez des petits postiers pour l'artillerie, votre troupier nous devient inutile. C'est très facile à dire, mais on ne crée pas une race en quelques années. Et le Midi, comment s'y prendra-t-il, s'il veut produire l'artilleur?

Tâchons donc de monter à cheval, de faire monter nos enfants; efforçons-nous de développer le goût de l'équitation chez notre génération et chez les suivantes; et nous travaillerons pour la fortune de l'élevage français et pour l'amour de l'art hippique.

Le cheval ne coûte pas cher à acheter; il dépense à peu près 3 francs par jour pour sa nourriture, et bien des jeunes gens gâchent aux petits chevaux en un mois, pendant la saison des bains de mer, beaucoup plus d'argent qu'il n'en faudrait pour nourrir deux grands hunters pendant toute une année.

Pourquoi n'avons-nous pas le goût du cheval? Parce que nous ne savons pas monter; que nous n'entendons rien au dressage; et qu'écœurés de nous servir d'animaux raides et maladroits, nous renonçons de très bonne heure à l'équitation. Nous nous disons que, pour monter agréablement, il nous faudrait acquérir à des prix exorbitants des chevaux bien mis. Nous croyons encore que pour mettre un hack, nous devrons courir de grands dangers et nous donner beaucoup de peine. Rien de tout cela n'est exact et la plupart des cavaliers pourraient rendre leurs montures agréables s'ils voulaient s'instruire eux-mêmes et s'ils essayaient ensuite d'appliquer méthodiquement ce qu'ils auraient appris.

Je tenterai ici de démontrer qu'il est possible d'arriver à un bon résultat en peu de temps et en ne faisant que de l'équitation au dehors.

Les débuts. — Il est, à mon avis, tout à fait inutile de mettre les enfants à cheval de très bonne heure.

Si cela vous amuse et que votre rang vous y incite, installez-les sur des poneys, mais ils n'apprendront rien; ils prendront l'air, ils se fortifieront et ce sera tout.

Les plus mauvais cavaliers que j'aie connus montaient depuis le plus bas âge; je les compare au petit prodige qui lit quand les autres bambins parlent à peine; il est rare que celui-là conserve longtemps sa supériorité. Combien de petits élèves, studieux de huit à douze ans, deviennent des nullités dans les hautes classes.

En équitation, il y a même un danger à familiariser trop tôt l'enfant avec le cheval.

M. X..., par exemple, a vingt ans; depuis qu'on lui a mis un pantalon, il monte; il a donc douze ou treize ans de pratique; et, nécessairement, il se croit au courant. Cependant il se rend compte qu'il est mal à l'aise en selle et que ses chevaux ne deviennent jamais souples.

Il voit pourtant des camarades devenir cavaliers suffisants en deux ou trois ans et il attribue leurs progrès rapides non à un travail sérieux, mais à leur conformation. M. X... se dit alors : « Je ne suis pas fait pour monter à cheval, je n'ai pas de dispositions », et il ne fera rien pour se perfectionner; il montera toujours des porteurs très sages, et il arrivera à l'âge le plus avancé sans avoir jamais rien goûté des plaisirs de l'équitation.

On apprend le piano, le dessin, l'escrime, on n'apprend pas l'équitation.

Les maîtres de manège sont bien un peu coupables. Ils arrivent, le plus rapidement possible, à mettre l'élève en confiance, puis ils l'envoient à la promenade.

La promenade est charmante, mais elle n'apprend rien. Tout cavalier renonçant au manège ou à l'équitation dehors en cercle et sur deux pistes, ne fera plus de progrès et ne sera jamais capable de dresser normalement un poulain.

Je conseille aux parents de faire monter leurs fils au dedans ou au dehors en cercle, et de supprimer presque complètement la promenade. Celle-ci ne sera accordée que comme récompense, quand l'élève aura bien exécuté un mouvement travaillé depuis longtemps.

Les progrès seront surveillés de près, et s'ils ne sont pas sensibles, le professeur devra être changé.

Force et souplesse. — Tout homme normalement conformé peut monter à cheval; il aura plus ou moins de facilité, mais, en peu de temps, s'il veut bien s'en donner la peine, il arrivera à un résultat appréciable.

Les débuts sont toujours pénibles et l'élève est généralement impressionné, mais il ne faut pas rire de l'apprenti qui a peur.

Prenez un homme d'un courage à toute épreuve et précipitez-le dans une rivière profonde; s'il ne sait pas nager, il aura peur, et si l'on ne vient pas à son secours, il se noiera.

Le monsieur qui n'a jamais monté à cheval est aussi incapable de diriger sa monture que je le serais de conduire une automobile; et s'il me fallait m'improviser chauffeur, je serais terriblement ému et je croirais ma dernière heure arrivée.

Je mets l'élève sur une selle à piquer ou sur une selle anglaise munie d'étriers; sans ces précautions, il serait impossible au débutant de rester sur son cheval.

Je prends un animal d'une sagesse absolue et trottant sec; je ne le changerai que quand l'élève sera en confiance.

Je demande d'abord du trot assis; c'est le seul moyen d'obtenir la souplesse. Je ne dis pas solidité, car il faut en plus une grande énergie des cuisses, des genoux et des jambes pour être solide.

Il n'y a qu'à regarder les bons cavaliers aux concours hippiques ou ailleurs pour se convaincre qu'ils serrent les jambes.

Dans l'armée, on ne parle que de souplesse, mais dès qu'un officier est plus solide que les autres, on s'empresse de dire : c'est un « pinçard »; il a une « pince » extraordinaire. Contradiction flagrante.

Montez sur un sauteur aux piliers; si vous êtes souple, vous n'aurez pas le corps brusquement projeté en avant; mais si vous ne serrez pas énergiquement les jambes, vous volerez à un mètre au-dessus de votre selle au premier bond bien détaché.

A Saumur et dans les manèges civils, les cavaliers qui résistent le mieux au sauteur ferment les jambes de la hanche au talon et ont une vigueur exceptionnelle dans les muscles des cuisses.

La souplesse est indispensable, mais dans les défenses de côté elle devient inutile si elle n'est secondée par la force.

Première leçon. — Pour donner la force en même temps que la souplesse, dès que l'élève est à peu près en sécurité, je lui supprime les étriers, et je le fais trotter assis; puis je lui demande de s'enlever sur les genoux et de prendre l'anglaise.

Pour réussir, il devra tourner la cuisse en dedans, tenir ses tibias verticaux, laisser la pointe du pied basse; il portera le haut du corps légèrement en avant et il se laissera enlever par les réactions, sans faire d'efforts des reins, du ventre ou des épaules.

Ce travail fatigue beaucoup, mais, en peu de temps, un élève vigoureux trotte facilement pendant sept ou huit minutes sans manquer un seul temps, et il acquerra la même élégance que s'il avait les étriers.

Je prétends qu'il faut de la force dans les genoux, parce que :

Les Indiens montent en force;

Les cowboys montent en force;

Les jockeys en font autant;

Les garçons, chez les maquignons, ont une pince extraordinaire;

Les lads s'attachent à leur cheval de toute la force de leurs petites jambes;

Et enfin, M. le comte d'Aure, véritable centaure, montait en force.

Le jeune cavalier s'efforcera donc d'être solide, en serrant les genoux et les fémurs, sans cependant être raccroché; tout le haut du corps restera souple.

Le cavalier, ayant pris l'habitude de trotter en souplesse le corps en arrière, et en force le buste légèrement en avant, sera absolument maître de son équilibre.

L'équitation peut dans une certaine mesure être comparée à l'escrime; quelques théoriciens affirment qu'un bon tireur n'a besoin que de souplesse; il faut n'avoir jamais fréquenté une salle d'armes pour prétendre une telle chose. M. le chevalier Pini est un athlète admirable et prodigieusement musclé, M. Thomeguex, son adversaire amateur, est un colosse, et si vous êtes à même de regarder les avant-bras de ces hommes d'épée, vous serez convaincu qu'ils développent une grande force. Tous les bons tireurs que j'ai connus étaient énergiques et vigoureux, particulièrement de l'avant-bras et des doigts; il est vrai qu'en même temps ils étaient souples.

Les gymnasiarques les plus élégants et les plus légers à la barre fixe possèdent des bras d'acier.

Le cavalier le plus puissant des jambes sera le plus élégant, et la fixité de la base sur laquelle il repose — les fesses maintenues par les fémurs et les genoux — lui permettra une indépendance absolue du corps, des bras et de la tête.

La position du cavalier variera suivant sa conformation.

S'il est court de jambes, il devra monter assez long; ses genoux n'en porteront pas moins sur la selle; il enveloppera mieux son cheval et ses talons rencontreront le ventre sans être obligés de se porter en arrière; sa solidité et sa puissance d'action n'en seront que meilleures.

L'homme le plus petit de buste et possédant des jambes moyennement longues et minces est le mieux conformé pour devenir un bon cavalier. Plus le buste est long, plus l'équilibre devient difficile à maintenir; et si en même temps, les jambes sont longues aussi, les genoux ne porteront plus sur la selle. Plus que jamais les fémurs devront se fermer avec énergie.

Le cavalier qui a la cuisse ronde éprouve une grande difficulté à devenir solide; il devra monter un peu court et tourner sa cuisse le plus en dedans possible.

Celui qui a les jambes démesurément longues devra monter court; sa solidité n'y perdra guère et il pourra se servir normalement de ses talons.

Je ne demande au jeune cavalier rien d'autre que de rechercher la solidité sans étriers.

Quand il tourne sans peine autour du manège, au trot assis ou enlevé et au galop, je mets le cheval à la longe sur un cercle restreint. La difficulté augmente; au moindre déplacement le cavalier doit réagir en tournant la cuisse droite en dedans s'il se sent tomber à gauche et inversement.

Je fais tourner dans les deux sens.

Tant que l'élève n'est pas solide, je ne lui fais prendre que les rênes de filet, et encore les lui fais-je abandonner fréquemment.

Je n'ai pas inventé ce mode d'instruction, mais j'affirme qu'on l'abandonne beaucoup trop tôt. Il faut l'appliquer pendant plusieurs mois; et même quand l'élève sera de bonne force, il faudra le reprendre à chaque leçon (1).

J'habitue aussi le cavalier à trotter le corps en arrière, les genoux étant soulevés, de façon à ce que seules les pointes des fesses portent sur la selle; je fais redresser après quelques pas et reprendre aussitôt l'anglaise.

Quand l'élève exécute ces mouvements avec facilité, je lui fais prendre les étriers; comme il a acquis l'indépendance des tibias, il sera rapidement maître de son pied.

L'étrier doit être à demi chaussé et le talon bas. L'élève n'aura qu'à faire passer la moitié de la force de ses genoux dans ses chevilles, et le poids de son corps fera fléchir celles-ci, amenant forcément ainsi la descente des talons.

L'étrier déchaussé doit arriver au-dessous de la cheville (2). Je le fais chausser ou déchausser sans permettre l'usage des yeux ou des mains. Pour réussir, le cavalier frappera de la pointe du pied la branche postérieure et il profitera de l'instant où l'étrier se présentera de face pour le chausser.

Je perfectionne la solidité en faisant monter des chevaux à réactions très dures et en faisant sauter.

Pour éviter les saccades sur la bouche pendant le saut, je mets

(1) Cette leçon remplace le sauteur aux piliers et est à la portée de tout le monde.

(2) Il peut être raccourci mais jamais allongé.

le cheval à la longe et je fixe les rênes à un simple licol en cuir. Les barres sont ainsi à l'abri de toute offense.

Je ne fais jamais tomber un débutant; je retarderais les progrès en provoquant la chute; je risquerais un accident et je perdrais la confiance de l'élève.

La meilleure façon de familiariser le cavalier au mouvement de bascule que produit le cheval en franchissant un obstacle, est de faire sauter l'animal de pied ferme ou au pas (1).

Usage des aides. — Jusqu'ici je n'ai fait exécuter aucun mouvement et le travail s'est effectué en bridon.

L'indépendance des mains étant désormais acquise, je leur enseigne à se rendre utiles.

Je fais prendre les quatre rênes en les plaçant comme l'indique la figure 1.

La rêne gauche de bride passe sous le petit doigt pour entrer dans la main; la rêne gauche de filet y entre en passant entre le petit doigt et l'annulaire; toutes les deux ressortent entre le pouce et l'index.

La main droite prendra les rênes droites de façon symétrique et les extrémités de celles-ci entreront dans la main gauche entre le pouce et l'index pour en ressortir sous le petit doigt.

Les mains et les aciers forment les petits côtés d'un rectangle dont les rênes sont les grands.

Les coudes seront collés au corps et les poignets resteront à la hauteur de la ceinture.

Avant d'exécuter des mouvements en marche, j'enseigne à l'élève l'emploi des aides sur un cheval arrêté et bien dressé.

Je procède dans l'ordre suivant :

1° Fermeture des jambes et des doigts, qui obligera le cheval à placer sa tête et à donner le pli d'encolure. J'insiste jusqu'à

(1) Si le cheval saute haut et fort de pied ferme, ses réactions sont aussi profitables à l'élève que celles du sauteur aux piliers.

ce que le mouvement soit exécuté sans avancer ni reculer.

Quand la flexion directe est bien exécutée, je la demande successivement à droite et à gauche, sans que le corps du cheval fasse de mouvement en avant ou en arrière.

Ici l'emploi des jambes se complique, car ce sont elles qui maintiennent les hanches par des effets variables et irréguliers. Cependant la jambe gauche aura plus d'ouvrage si la flexion se fait à droite, et inversement la jambe droite aura le rôle principal si la flexion se fait à gauche.

Il est inutile de faire une longue théorie à l'élève; il suffit qu'il arrive à la pratique; il apprendra les lois de l'équilibre qui régissent l'utilisation du cheval, dans le cours de dressage.

2° Je fais avancer de quatre pas avec flexion directe et reculer d'autant. Ce mouvement est facile, cependant l'emploi des aides doit être combiné de façon à ce que l'encolure conserve son pli direct pendant toute l'exécution.

3° Avancer et reculer de quatre pas avec pli à droite et ensuite à gauche, le cheval se portant droit devant lui et revenant de même à son point de départ tout en ayant conservé son pli.

4° Mobiliser l'avant-main autour des hanches successivement avec les trois flexions.

Si le mouvement de l'avant-main se produit de gauche à droite la jambe gauche du cavalier dominera et sera un peu plus en arrière que la droite, celle-ci ne restant cependant pas inactive et aidant à l'immobilisation des hanches.

Je ne demande pas le demi-tour complet mais seulement quatre ou cinq pas, pourvu qu'ils soient corrects.

Je prie le lecteur de ne pas croire à une contradiction quand je dis de mobiliser à droite, par exemple, avec les trois flexions. Le cheval dressé doit exécuter ce travail facilement; je reviendrai sur ce sujet dans presque tous les chapitres consacrés au dressage.

5° Mobiliser les hanches autour de l'avant-main, le cheval étant successivement dans les trois flexions.

Ces cinq parties du travail feront l'objet de cinq leçons et

Tenue à deux mains

Fig I.

Tenue d'une main

Fig. II.

chaque leçon pour être bien exécutée demandera un temps variant de huit à quinze jours.

Je ne fais jamais passer à un exercice avant que le précédent ne soit parfaitement appris.

J'exige ce travail dix minutes au commencement de la reprise et dix autres avant la fin.

Le reste du temps sera employé à trotter, à galoper ou à marcher au pas autour du manège le cheval étant en bridon.

L'élève devra commencer à se rendre compte sur quel pied il trotte ; le moyen le plus simple pour lui de le reconnaître est de regarder. Il trottera à droite, quand il sera élevé de sa selle en même temps que la jambe droite de sa monture sera au soutien, et qu'il rencontrera la selle en même temps que ce membre reprendra l'appui. Pendant le trot à droite le cavalier sentira plus fortement l'appui de l'étrier gauche. En effet, la détente du postérieur gauche produit sa réaction sur le genou droit du cavalier ; il en résulte que l'appui sur l'étrier droit est irrégulier. Le genou gauche n'ayant pas de réaction à supporter se maintiendra plus fixe, permettant ainsi au pied l'appui constant.

Je préfère enseigner l'emploi des aides pendant l'arrêt, car le cavalier étant à ma portée est obligé de m'obéir et il m'est facile de le guider dès qu'il ne réussit pas ; de plus n'étant préoccupé ni par le mouvement, ni par la direction, il aura plus de facilité pour combiner ses effets de mains et de jambes ; et enfin mon cheval ne recevra pas de saccades et ne subira pas l'application nuisible d'impulsions contradictoires.

Le lecteur voudra bien remarquer que ce n'est pas le cheval que j'éduque pendant ces leçons, mais bien le cavalier. Le dressage de l'animal se produit au contraire toujours dans le mouvement (1).

(1) Dans la figure 2 l'extrémité des rênes gauches ressort de la main entre l'index et le médius. Cette tenue me fut enseignée par mon premier maître, M. E. Lalanne ; elle permet aussi bien que la précédente de tendre, en employant une seule main, indifféremment les rênes droites ou les rênes gauches.

Impulsion et direction. — L'élève est maintenant maître de son corps et de ses aides ; il pourra, sans danger, employer les rênes de bride pendant le mouvement.

Je l'envoie rejoindre la piste et je lui demande de partir au trot cadencé en lui commandant de maintenir la flexion directe.

Il agira de la même façon qu'à l'arrêt, en augmentant la sévérité de ses jambes et en diminuant celle de ses doigts.

Il devra rester assis, le corps vertical, les coudes aux hanches, les mains ne se déplaceront qu'imperceptiblement, en restant à hauteur de la ceinture, les doigts se serreront avec plus ou moins de force suivant que les flexions seront plus ou moins difficiles.

Je ne prolonge le trot que pendant vingt ou trente mètres, après lesquels je fais passer au pas, la flexion étant toujours maintenue.

Le pas obtenu, je fais abandonner presque complètement les rênes pour permettre à l'encolure de se détendre.

Suivant la rapidité des progrès, j'exige le trot cadencé avec les deux autres flexions.

L'élève est alors prêt pour les contre-changements de main sur deux pistes, que je demande toujours avant tout autre mouvement ; car je puis en réduire l'étendue à quelques pas seulement, ce qui est impossible dans le doubler ou dans le changement de main. Ce mouvement s'exécute aussi dans les trois flexions, et est de la plus grande utilité dans le dressage.

Le cavalier n'a pas encore dirigé son cheval à l'intérieur de la piste du manège, mais il y est parfaitement préparé.

Je lui fais exécuter les changements de main et les doublers au trot cadencé et dans les trois positions de tête. Tous les mouvements d'ailleurs s'exécutent ainsi ; c'est la seule façon d'apprendre rapidement à l'élève l'emploi exact des aides. J'insiste sur ce point parce qu'un grand nombre d'amateurs n'ont aucune notion sur ce sujet, et qu'en conséquence, il leur est impossible de rendre un cheval soumis, souple, agréable.

Ce chapitre est intimement lié à celui du dressage auquel le lecteur voudra bien se reporter.

Rêne droite tendue
Fig. III.

Rêne gauche tendue
Fig. IV.

Mouvements tournants. — L'élève abordera les mouvements tournants.

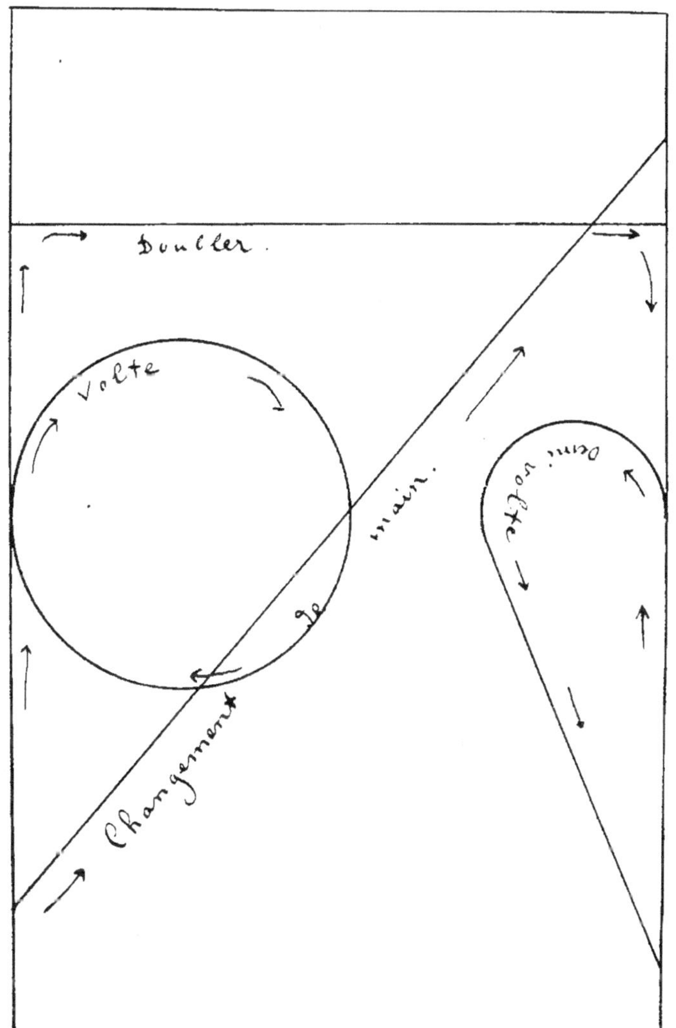

Il exécutera d'abord des voltes ; je surveillerai s'il ne laisse pas déborder les hanches du cheval, ou si, au contraire, il ne les jette pas à l'intérieur du cercle.

Les pieds de derrière doivent suivre exactement la même courbe que les antérieurs.

Quand la volte s'exécute d'une façon impeccable avec les trois positions de tête, je la demande sur deux pistes ; d'abord la croupe en dedans ; puis la croupe en dehors et toujours dans les trois flexions.

Si tous ces mouvements s'exécutent bien, les autres ne sont que jeux d'enfants ; je les énumère pourtant :

Changements de main sur deux pistes ;

Doublers dans la largeur sur deux pistes ;

Demi-volte également sur deux pistes ;

Tête au mur, croupe au mur, pirouette, pirouette renversée, etc.

Pousser plus loin l'étude du trot serait aborder l'équitation savante, qui ne saurait trouver sa place dans ce volume.

Quand le cavalier est ainsi maître de son cheval dans l'allure du trot il galopera facilement. La seule difficulté qu'il éprouvera sera de ne pas se laisser emporter par le poids de la masse ; il lui serait alors impossible de demander les flexions et tout contrôle sur son cheval lui deviendrait impossible.

Je traiterai de cette allure dans le chapitre du galop ; en parler ici ferait double emploi.

Avant d'aborder le travail à cette allure, le cavalier devra être habitué à s'y maintenir très assis, tout en conservant le haut du corps légèrement en avant et la jambe plutôt en arrière.

De la bonne tenue. — Le gentleman doit se tenir à cheval aussi correctement que lorsqu'il est à table ; il évitera les grands gestes de bras, de jambes et de corps. Un peu de raideur est préférable à un trop grand laisser-aller.

Il verra tout ce qui se passe autour de lui ; mais s'il se retourne de tous côtés et à chaque instant, il aura l'air d'un vulgaire badaud, et de plus, sa monture butera. L'homme de cheval remarque tout sur la route qu'il parcourt et la plus petite pierre n'échappera pas à son attention ; c'est là une question d'habitude. S'il se promène avec des amis, il évite de les étonner en trottant ou en galopant toujours devant eux ; au lieu de provoquer leur admiration, il leur deviendrait un compagnon odieux en gênant leur promenade ; il est du reste plus difficile de maintenir une allure réglée au gré de chacun que de piquer des charges dans tous les sens.

Le chic à cheval est de monter un animal jeune et difficile sans que personne puisse s'en douter.

Le jeune sportsman évitera encore d'injurier sa monture ou de faire des appels de langue bruyants quand il rencontre d'autres cavaliers ; il risquerait de provoquer des accidents.

La mode est une dame charmante et agréable à suivre, à condition qu'elle ne nous fasse pas trop « marcher ». Toilettez vos chevaux à la mode, habillez-vous dans la dernier chic si cela vous plait ; mais n'adoptez pas, en équitation au moins, certains gestes inutiles ou nuisibles et toujours ridicules. Si vous dirigez votre cheval de la main gauche, ne faites pas l'aile de pigeon avec le bras droit. Ne vous croyez pas obligé de monter les mains plus basses que le pommeau de la selle, surtout si votre cheval s'enterre ; ne les tenez pas non plus trop élevées, vous auriez l'air de transporter des choses précieuses.

Il est possible que vous ayez vu de bons cavaliers monter les mains très hautes ou très basses ; mais soyez persuadé qu'ils y étaient obligés et ne les copiez pas par simple esprit d'imitation.

En résumé, ayez le corps vertical, les coudes au corps, les poignets à la hauteur de la ceinture et la jambe assez en arrière pour que vous n'aperceviez pas la pointe de votre pied ; tâchez de ne pas vous promener d'un bout à l'autre de votre selle. Si du reste vous avez fait le travail d'apprentissage que je vous ai indiqué, la bonne tenue vous sera facile.

Tout cavalier cherchant à faire des grâces est ridicule. L'homme normalement placé et calme, s'il n'est admiré, passe au moins inaperçu et c'est beaucoup déjà, à cheval et ailleurs.

De la selle. — La selle a de l'influence sur la solidité et sur le tact du cavalier.

L'écuyer le plus solide ne résistera pas à des défenses sérieuses s'il a une selle dure, glissante et mal équilibrée.

Une selle peut être très jolie, fabriquée avec de bons matériaux et pourtant être inutilisable pour l'homme qui aime l'équitation.

Avant de chercher quelques qualités d'élégance il faut exiger le confortable; je préfère une selle très vieille mais souple, à une autre toute neuve et d'une valeur de 200 francs mais dure.

Quand vous désirez en acheter une, neuve ou d'occasion, tâtez-la avec la main ; le cuir doit être souple, je ne dirai pas comme un gant, mais comme un portefeuille.

Vos genoux doivent entrer dedans si j'ose m'exprimer ainsi. Moins elle sera rembourrée, plus vous serez près du cheval et plus vous aurez de facilité pour vous l'assimiler.

Quand votre genou est placé normalement, le quartier doit le dépasser en avant d'au moins cinq centimètres ; sans quoi, en cas de désordre, vous passeriez sur l'encolure.

Le bourrelet est tout à fait inutile à la fixité du genou ; du reste, dans les selles bien faites, celui-ci trouve une dépression où il peut se loger.

Le quartier doit être long, de façon à ce que la botte ne se prenne pas à son bord inférieur, provoquant ainsi un pincement du mollet ou même une chute.

La selle doit être horizontale ; si elle baisse d'avant en arrière, au premier déplacement vous serez assis sur le troussequin ; si au contraire elle pique du nez vous irez facilement rejoindre les oreilles du cheval.

Les porte-étrivières doivent être placés très en arrière; en avant ils gênent le genou ou la cuisse et forcent la jambe à se contracter pour demeurer bien placée.

La selle creuse, c'est-à-dire à pommeau assez élevé et à troussequin bien remonté est la meilleure; elle permet aux fesses de se chasser facilement en avant et d'y rester.

La même selle peut convenir à des hommes de conformation différente; mais il n'en faut pas conclure qu'un bon cavalier soit à l'aise sur toutes les selles.

Il doit y avoir, entre le garrot et l'arçon, assez d'espace (1) pour pouvoir y passer deux doigts. Garnissez le garrot de petits tricots de laine; les selliers en vendent d'excellents, tout faits.

Autrefois, j'interposais entre les panneaux et le dos un tapis de peau de chevreuil ; aujourd'hui, il se fait des selles si bien équilibrées et des panneaux en peau si souple que j'ai renoncé à cette habitude; mais il faut veiller à ce que le cuir qui porte sur le poil soit savonné souvent et maintenu dans un parfait état de propreté.

En France, il est facile de se procurer de beaux harnais et de belles voitures; il n'en est pas de même pour les selles, et si vous voulez en acheter une, n'hésitez pas à aller là où on les fait le mieux. Vous payerez cinquante ou soixante francs de plus qu'ailleurs, mais vous serez satisfait pendant dix ans et plus.

Où que vous alliez, assurez-vous que vous êtes à l'aise sur votre selle, qu'elle ne peut blesser ni le garrot ni le dos, qu'elle n'est pas trop lourde et que les porte-étrivières sont en arrière; je refais cette dernière recommandation parce que tous les selliers sans exception ont l'habitude de les placer en avant.

Les étriers doivent être larges pour pouvoir quitter le pied en cas de chute. La semelle de la botte, dans sa partie la plus large, doit avoir un jeu de deux centimètres à peu près entre les branches.

Si l'étrier est trop grand le pied pourrait s'y engager complètement et une chute dans ces conditions serait mortelle.

Si le sellier n'en a pas vous allant bien, il en fera venir une

(1) Cet espace est appelé liberté de garrot

paire ; et s'il vous dit qu'il ne se fait pas autre chose que ce qu'il a en magasin, allez ailleurs.

Les contre-sanglons doivent être placés en avant de façon à piquer l'arçon et à l'empêcher de glisser vers le garrot ; ils doivent aussi être très longs ; vous pourrez ainsi monter des chevaux de différente grosseur sans changer continuellement vos sangles parce qu'elles seront trop courtes ou trop longues.

Sous aucun prétexte ne prenez une selle à bourrelets rapportés ou ornée de piqûres ou d'empiècements en peau de daim ; il faut laisser ces spécimens à la postérité pour en orner nos musées d'antiquités.

La selle de dame. — L'achat de la selle de dame est une affaire difficile. Le prix en étant très élevé, il faut, autant que possible, ne pas être obligé d'en acheter plusieurs de suite avant de tomber sur celle qui plaise à l'amazone, tout en ne gênant pas le cheval.

Il faut en prendre une à garrot découpé ; c'est ce genre qui permet le meilleur équilibre et blesse le moins l'animal. Elle doit être souple et aussi près du cheval que possible. Elle peut varier légèrement dans son aplomb ; si l'amazone aime à galoper et à sauter, il n'y a pas d'inconvénient à ce que le devant soit un peu plus élevé que le troussequin. La solidité et la résistance aux secousses qui se produisent, quand le cheval se reçoit, seront plus grandes, le siège ayant moins de liberté pour glisser en avant ; l'élégance y perdra un peu, à cause de l'élévation du genou droit, et encore seuls les connaisseurs s'en apercevront-ils.

Plus au contraire le garrot sera descendu, plus l'anglaise sera facile ; mais la solidité, si utile pour l'équitation hardie et rapide, sera diminuée.

Les fourches écartées sont préférables ; plus celle qui est mobile est basse, plus l'amazone a de prise ; plus elle peut monter long et plus elle anglaisera facilement. Il ne faut pas d'exagération pourtant, car le fémur se trouverait vertical, et, de facile, le trot enlevé deviendrait impossible. La deuxième fourche doit être placée de manière à ce que la cuisse gauche de l'amazone soit comme celle d'un cavalier montant court.

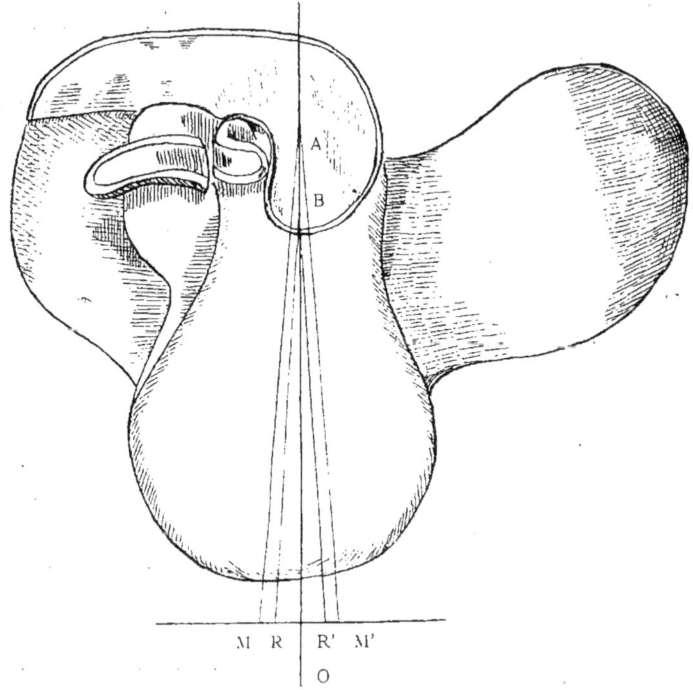

La selle de dame étant très volumineuse, ne l'augmentez pas encore en la plaçant sur un tapis de feutre ou de peau de chevreuil; elle blesserait autant sinon plus, son va-et-vient croissant avec la surélévation.

Allez plus que jamais chez le bon sellier et menez-y la dame qui doit monter; donnez en outre une description exacte du cheval.

Il est presque impossible de seller en dame un animal ayant le garrot empâté, bas et sur le cou. Si même, en sanglant d'une manière exagérée, vous arrivez à fixer à peu près le devant de la selle, sa partie postérieure aura un mouvement de va-et-vient plus prononcé à mesure que le garrot sera plus reporté en avant.

Un garrot élevé et très en arrière maintient le devant de la selle et diminue sensiblement les oscillations du troussequin.

Sur le cheval sans garrot la selle n'est fixée qu'au pivot A par suite du fort sanglage ; si, au contraire, le garrot est bien à sa place la fixité se produit sur toute la partie A B. Le croquis ci-contre permet de s'en rendre compte.

La figure nous montre que, si A seul étant fixé et les oscillations de l'axe en O étant de MM', ces mêmes oscillations seront réduites à RR' si la selle est fixée en B.

Le cheval de dame doit être fortement sanglé, particulièrement par les deux contre-sanglons extrêmes, le plus en avant fixant l'arçon, et celui qui vient du côté postérieur de la selle fixant le troussequin.

Par-dessus le tout, serrez bien la sangle en cuir ; c'est elle qui consolide l'ensemble et son utilité est beaucoup plus grande qu'on ne le croit en général.

L'amazone, bien entendu, fera usage d'un étrier à déclanchement automatique.

Des brides. — Choisissez une bride en cuir simple, l'emploi du cuir double et piqué étant démodé et sans raison d'être. La simplicité doit toujours être recherchée, elle est intimement liée au chic à cheval, et la suppression du plus grand nombre de boucles possible s'impose, non seulement au point de vue de l'élégance, mais encore pour le bon emploi du cheval ; si vous usez d'une martingale à anneaux par exemple, avec des rênes à boucles, vous êtes obligé de mettre des olives, et encore celles-ci ne suppriment-elles pas tout danger ; le cuir s'use plus rapidement aux boucles qu'ailleurs, et quand une rêne casse, c'est généralement de là que provient l'accident.

La bride cousue est la meilleure, mais elle complique l'entretien des aciers, et si vous n'en avez pas d'ajustées à différents genres de mors, vous pourriez être tenté de monter un cheval avec une embouchure ne lui convenant pas. Les suites de votre négligence seraient des plus graves dans certains cas. J'emploie des brides munies de petits crochets intérieurs sinon invisibles au moins inoffensifs.

Le cuir des rênes doit être parfaitement souple et très large ; avec un gros tireur c'est absolument indispensable ; aussi ne faites jamais encaustiquer vos brides ni vos selles ; faites-les savonner avec un produit spécial que vend un sellier renommé ; cet ingrédient conserve le cuir indéfiniment, lui donne une souplesse incomparable et une belle matité grasse, aussi agréable à l'œil que le plus beau brillant.

Les cochers ont la manie de vouloir faire reluire les cuirs jaunes ; ils ont le plus grand tort, et s'ils avaient passé quelques jours dans une grande écurie de chevaux de selle, ils perdraient cette habitude nuisible au matériel et au confortable du cavalier.

Si vous n'avez pas besoin d'attacher votre cheval en cours de route, ne lui mettez pas une bride-licol, cela n'a pas de raison d'être.

Si vous n'avez ni martingale, ni porte-manteau, ne mettez pas de poitrail ; son emploi ne serait pas plus justifié que celui d'un reculement ou d'une plate-longe à votre hack.

A moins de monter un gros tireur à qui vous voulez fermer la bouche, ne défigurez pas le profil de votre cheval avec une muserolle.

Si vous tenez absolument à avoir quelque chose de voyant, mettez un frontal de couleur et encore...

Les meilleurs selliers et même le meilleur font des rênes trop courtes, particulièrement celles de bride, qui doivent être beaucoup plus longues que celles de filet. Si, dans une défense, vous êtes obligé d'employer les rênes ouvertes, tout l'effort se produira sur le mors dont les rênes ne sont pas assez longues pour que vous puissiez les laisser glisser; le résultat de cette action intempestive paralysera votre effet, s'il ne le rend nuisible.

Les rênes nattées appartiennent au domaine de la fantaisie et doivent être rejetées.

La bride munie d'une seule boucle à la têtière a l'avantage de la simplicité; sans être élégante, elle est très pratique.

Achetez des brides assez grandes; vous pourrez toujours les faire raccourcir; il vous serait impossible de les allonger.

Du mors. — Le cavalier inhabile ne se rend pas compte de la place que le filet occupe dans la bouche du cheval. Il pourrait s'en assurer en regardant, mais il n'y pense pas, ou il y attache peu d'importance. Aussi est-il fréquent de voir le filet tout sorti d'un côté, tandis que, de l'autre, son anneau disparaît en partie dans la bouche. Pour éviter cet inconvénient, je conseille l'emploi du filet Baucher, qui sans gêner le mors, comme le ferait un bridon d'écurie, reste cependant en place, même quand le cavalier ouvre une rêne.

Baucher professait que le même mors — excepté au point de vue de la largeur bien entendu — devait être employé indifféremment pour tous les chevaux. Dans les mains du maître, il est certain qu'un mors unique pouvait servir à des animaux de nature très différente, mais confiez un cheval à bouche sensible à un débutant qui tirera sur un instrument puissant, vous pouvez être assuré qu'en quelques jours, ou même en quelques secondes, l'animal sera rétif.

Je répète ce que j'ai déjà dit à propos de l'attelage : embouchez légèrement par principe, mais sans parti pris.

J'emploie, le plus souvent possible, un seul filet, ou deux filets. Le filet seul sera à quatre grands anneaux; si j'en ajoute un je choisirai un filet ordinaire ou, de préférence, un du modèle Baucher.

Je préfère à tous les mors celui à pompes, à branches épaisses et à canons forts; il favorise la mastication et par conséquent la décontraction de la mâchoire.

Le passage de langue et la longueur des branches seront proportionnés à la résistance de la bouche.

Tout mors de selle doit être muni d'une fausse gourmette.

Les mors spéciaux que j'ai employés m'ont donné les plus mauvais résultats ; si un cheval ne peut être monté avec des filets ou un mors ordinaire judicieusement choisi, je doute fort qu'il puisse s'améliorer par le seul emploi d'un instrument construit par un ingénieur ou un mathématicien n'ayant jamais enfourché une selle.

J'ai, par hasard, employé un mors compliqué, qui m'avait été très recommandé et gracieusement offert ; sur le papier et théoriquement il devait produire, sans aucun danger pour les barres, la flexion des encolures les plus rebelles. Je ne puis expliquer ce qui se produisit, mais il est certain que je n'employai pas plus de force qu'à l'ordinaire et que n'obtenant d'autre résultat que le désordre, je rentrai à l'écurie après un quart d'heure de travail.

Cependant mon cheval refusa l'avoine ; je le crus malade ; le vétérinaire le visita sans découvrir les causes du mal. Quelques jours plus tard mon cocher me prévint que la bouche de mon cheval répandait une odeur fétide. J'avais tout simplement en partie brisé une barre, dont il se détacha, après abcès, une esquille longue de quatre ou cinq centimètres. J'ai rarement éprouvé de chagrin et de remords pareils.

Méfiez-vous donc des mors scientifiques, les grands écuyers ne s'en servent jamais, et en cela au moins il vous est facile de les imiter.

Le pelhem n'est ni bon ni mauvais, il est simplement inutile.

Le filet releveur ou gag est souvent employé avec bénéfice par les cavaliers médiocres sur des chevaux mal dressés.

Je ne m'étendrai pas sur ce sujet, voulant demeurer dans le domaine de la pratique. L'historique du mors serait assurément d'un haut intérêt, mais je me contenterai de remarquer que la puissance du mors — et celle des éperons — décroît au fur et à mesure des progrès de l'équitation.

Les Arabes, qui jouissent d'une réputation imméritée de cavaliers, sont seuls à employer aujourd'hui des instruments de supplice d'autant plus inutiles qu'ils servent à guider des chevaux très sensibles.

Les martingales. — Il y a plusieurs variétés de martingales.

Celle qui se fixe aux anneaux du filet est très dangereuse. Si le cheval se cabre, pour reposer son avant-main à terre, il devra fléchir les jarrets; ce mouvement a pour effet de rejeter le centre de gravité en avant; mais l'animal peut redouter de faire cette flexion, s'il a des jarrets tarés ou simplement faibles. Il devra donc, pour déplacer la masse vers l'avant-main, recourir à un autre moyen, et instinctivement il portera sa tête et son encolure en avant; si dans cette tentative les barres rencontrent le filet tendu par la martingale, la tête se rejettera en arrière et le cheval se renversera.

Si la martingale est fixée à la muserolle le danger est moindre, quoique existant encore.

Avec celle à anneaux je n'ai rien de semblable à redouter et je m'en sers volontiers pendant le débourrage du jeune cheval.

Je la place de manière à ce que les anneaux ramenés suivant le cou arrivent à deux largeurs de main des ganaches. Si elle était trop courte elle enterrerait l'encolure, et je ne pourrais placer la tête dans une position élevée. Trop longue, elle serait sans effet, et pendrait entre les antérieurs; l'animal, en trottant ou en sautant, pourrait s'y embarrasser les pieds et tomber.

Pendant le débourrage, elle fixe une limite aux désordres de la tête dans le sens de la hauteur et aux déviations de l'encolure à droite ou à gauche. Elle fait automatiquement ce qu'exécute l'écuyer consommé à l'aide de ses mains; si un maître peut s'en passer, bon nombre de cavaliers moyens en tireront avantage et obtiendront une rigidité latérale relative de l'encolure, plus rapidement que s'ils étaient livrés à leurs propres ressources.

La martingale n'est pas, comme le pensent quelques amateurs, destinée à empêcher le cabrer; au contraire, elle le provoquerait plutôt, car le cheval, se sentant tiré de bas en haut, aurait le même mouvement que lorsqu'il tire au renard. Je supprime la martingale aussitôt que je m'aperçois que l'animal a envie de pointer et je ne la lui remets plus.

La cravache. — La cravache m'a toujours rendu les plus grands services; aussi lui consacrerai-je ce paragraphe.

Le stick ne devrait pas exister, il ne peut être d'aucune utilité. Si le cheval est mis et en avant, il obéira aux jambes, aux éperons et à la main ; s'il est en dressage ou rétif et qu'il faille recourir au stick, celui-ci se cassera infailliblement dès que le cavalier s'en servira avec vigueur.

Qnand je monte un cheval inconnu ou non dressé, je me munis d'une bonne cravache lourde, pas trop longue, assez souple et de première qualité. Le perpignan ne résiste pas deux jours si les circonstances m'amènent à réclamer de lui ce que je suis en droit d'exiger d'une arme de combat, et un cheval qui sent son cavalier désarmé en abuse infailliblement.

Le bruit produit par un coup de bonne cravache bien donné ressemble à un coup de fouet, et porte tous les chevaux à se déplacer; je ne dis pas à marcher droit, mais à changer de place, ce qui est déjà beaucoup.

La cravache doit être employée près des sangles; il m'est arrivé de me cingler les mollets, mais j'attache une telle importance à la place exacte de l'attaque que j'ai supporté stoïquement ma souffrance, sans pour cela changer ma méthode.

En effet, frappez un cheval près du flanc, il lèvera la jambe postérieure du même côté et détachera un coup de pied; si vous insistez, il ruera. Au contraire, attaquez-le à l'épaule droite, il tournera à gauche ou pointera. Attaquez vers le centre de gravité; ne voulant ni ruer, ni se cabrer ou plutôt ne sachant s'il doit faire l'un ou l'autre, il se déplacera dans une direction quelconque. Il ne reculera pas parce que l'attaque se produisant de côté déterminera un mouvement oblique ; de plus, dans quelque position qu'il se retourne, il verra toujours la cravache derrière lui et il finira par s'enfuir pour y échapper.

C'est d'ailleurs, de toutes les aides, la cravache qui se rapproche le plus de la chambrière, et je n'ai jamais vu de cheval reculer sur la mèche.

Je ne parle pas de l'animal attelé, ni de celui dont un mauvais cavalier tire la bouche ; pris entre deux douleurs, collier ou mors et fouet ou cravache, il préfère parfois reculer; mais un animal libre d'épaules et de bouche fuit toujours les coups qui viennent de derrière et dont il voit l'origine.

Les coups cinglants déterminent bien plus facilement le mouvement en avant que la piqûre.

Vous pouvez vous en rendre compte à l'écurie; donnez une claque sur la fesse d'un cheval doux ; il avancera d'un pas en se dérangeant. Piquez-le au flanc de votre index tendu ; il se poussera sur vous en reculant et en couchant les oreilles.

Les jockeys portent leurs chevaux au poteau d'arrivée plus par la cravache que par les éperons.

L'animal coutumier des demi-tours les fait toujours du même côté. Si, au moment où il pirouette à gauche par exemple, vous lui coupez l'encolure d'un coup de cravache à gauche, il perdra rapidement l'habitude de son vice.

Le maniement en est difficile; le cavalier doit la passer d'une main à l'autre, tout en changeant sa tenue de rênes, avec une rapidité égale à celle du pianiste qui change d'octave. Une grande pratique seule procure cette habileté.

La cravache me sert pour enseigner l'obéissance aux jambes.

L'amazone doit l'employer de préférence au stick ; c'est sa seule arme pour entrer en lutte avec les hanches si elles s'échappent à droite.

La cravache ne doit pas être tenue comme un cierge, ni sous le bras et encore moins logée dans la botte; prenez-la près du pommeau, maintenez-la le plus près possible du cheval et quand le dressage sera parfait mettez-la de côté jusqu'à nouvel ordre.

Les plus célèbres écuyers s'en servent; d'autres de non moindre mérite s'en passent, comptant sur leur tact et sur leur solidité ; mais ils reconnaissent cependant qu'en ayant recours aux éperons seuls, ils ont à soutenir de fréquentes luttes dans les débuts. Je ne dis pas qu'il suffise d'user de la cravache pour parfaire un dressage sans éprouver de difficultés; mais j'affirme qu'elle provoque des défenses moindres que tout autre moyen de coercition, qu'elle ne détermine jamais le reculer chez le cheval qui n'est pas déjà atteint de ce vice, et que même elle l'en corrige s'il en est déjà affecté.

Pour enseigner l'obéissance aux jambes, elle doit être employée avec douceur et elle réussit toujours.

Comme moyen de correction, plus son emploi est brusque et violent, plus il produit un résultat salutaire.

Des éperons. — L'emploi de l'éperon est indispensable avec tous les chevaux auxquels on demande vraiment quelque chose. Je ne dis pas qu'il soit nécessaire de les conserver toujours, mais l'animal doit être persuadé que l'effet de la jambe peut devenir terrible ; c'est à cette condition qu'il restera sensible aux aides.

Je ne les chausse que quand le dressage est très avancé, c'est-à-dire quand mon élève obéit facilement aux jambes, en tous sens et à toutes les allures. Ils remplaceront la cravache pour animer l'impulsion.

Je les choisis assez courts, pour qu'ils n'arrivent pas au corps avant mon mollet. Au début, je supprime la molette, ou je la rends inoffensive en la limant complètement.

Je fais une promenade assez rapide, et au retour, je profite d'un moment où mon cheval est au galop pour rapprocher les jambes jusqu'à ce que l'éperon rencontre le ventre ; il est très rare que je provoque une défense; s'il s'en produit une, je rapproche les mollets seuls et j'augmente la vitesse en employant au besoin la cravache. Je recommence mes tentatives plusieurs fois de suite, et au moindre désordre, je remplace aussitôt le fer par les jambes et la cravache en accélérant l'allure.

Le cheval prend rapidement l'habitude de ne plus hésiter et de se porter plus franchement en avant au premier contact.

Ce résultat obtenu en quelques jours, je passe au travail sur deux pistes. Je fais travailler l'animal de manière à calmer une nervosité inutile. Je fais ensuite une dizaine de contre-changements de main rapides et successifs à l'aide des mollets et des rênes, et alors seulement je touche délicatement de l'éperon pour obtenir le même mouvement.

Si le cheval hésite, je l'aide doucement du mollet et de la cravache, et je ne réitère mes tentatives que lorsque la cadence et l'obéissance sont bien revenues.

Ce moyen m'a toujours réussi ; il peut paraître long à certains cavaliers, mais il a l'avantage d'être sûr.

Des écuyers parfaits et d'une solidité à toute épreuve dédaignent ces préliminaires et le recours à la cravache. Ils portent résolument leur monture en avant en fermant les talons munis d'éperons à molettes ordinaires. Le cheval se défend toujours, à moins d'être une rosse, et alors commence une lutte dont dépend l'avenir du dressage. Si le cavalier est désarçonné, l'animal est rétif ; si l'homme au contraire est vainqueur, il aura fait en quelques minutes ce que je mets des semaines à réaliser, et il aura dans son jeu un atout important grâce auquel le dressage deviendra plus rapide et plus facile.

J'ai essayé, moi aussi, des attaques brusques et de la grande bataille, et j'ai réussi ; mais pourtant je ne conseille pas aux amateurs qui n'ont pas une grande habitude de l'équitation de faire de pareils essais, ils courraient le risque de provoquer ou d'éprouver des accidents.

Le jeune cheval vient toujours sur l'éperon; c'est infaillible, il faut donc réagir avec force, et suivant la nature de l'animal la défense se produit d'une façon ou d'une autre.

Le cheval généreux bourre dans la main : le cavalier perd la direction et, s'il est en forêt, il peut se blesser contre un arbre.

Le lymphatique s'arrête, rétive, bondit sur place, se cabre. L'homme, s'il veut triompher, doit être d'autant plus énergique dans ses attaques que les défenses sont fortes ; il doit, en même temps, avoir la main très habile pour favoriser toute tentative de départ. Si le cheval est épuisé le premier, il cédera ou il se couchera ; s'il se couche, les attaques doivent être continuées jusqu'à ce qu'il se relève ; s'il se renverse, il est perdu pour la selle.

L'éperon sert à tout, quand le cheval y est habitué. Il donne : la légèreté, l'élévation d'encolure, l'élévation de l'avant-main ; il engage les postérieurs avec facilité ; il donne du cœur aux chevaux fatigués, les empêche de rechercher l'appui sur la main et par suite combat la chute ; il soutient l'attention de l'animal distrait et l'empêche de prendre peur de tout.

Les grands spécialistes des concours relèvent leurs sauteurs de vingt centimètres en mettant les éperons au ventre.

Les éperons servent encore et enfin à donner les corrections les plus salutaires au cheval déjà confirmé.

De la longe. — La longe n'est pas un instrument de dressage, et je considère son emploi comme nuisible à l'équilibre et aux membres du jeune cheval.

Un poulain doué de sang s'abîmera sûrement s'il travaille souvent et longtemps en cercle sans être équilibré, et il ne peut l'être à la longe. Je préfère beaucoup faire prendre de l'exercice à un cheval qui en a besoin en le laissant en liberté dans un manège ou dans un paddock.

Le poulain, livré à lui-même, a un équilibre relatif ; en cercle, il n'en est pas de même, la longe entraîne l'encolure vers le centre en la faisant ployer du garrot, l'épaule intérieure se trouve ainsi chargée ; et si au début le galop se produit, ce sera généralement sur le pied du dehors ; le cheval pourra tomber, ou tout au moins, il entre-choquera ses membres. La croupe, entraînée par la force centrifuge, débordera du cercle, et si par hasard le galop est juste devant, il sera désuni derrière.

J'ai parlé d'abord du galop, car c'est l'allure que prend tout animal jeune et frais quand il se sent dans un état de liberté relatif.

Si le cheval est assez calme, je préfère le monter ou l'atteler et lui donner un travail salutaire.

Cependant, après avoir dit tout le mal que je pense de la longe, je dois avouer que je m'en sers dans bien des cas et voici comment il faut procéder.

Choisissez un caveçon léger garni de cuir, et par-dessus le cuir faites coudre une peau de mouton très épaisse; vous ne risquerez pas alors de blesser le chanfrein. Placez votre caveçon assez haut, il aura moins d'effet ; serrez bien la muserolle, les saccades que vous donnerez en seront d'autant moins dangereuses.

Employez une longe légère, vous éviterez ainsi un balancement très nuisible et presque inévitable avec une grosse corde. Préférez une longue lanière de cuir.

Ayez une chambrière très longue de mèche et de manche, de manière à pouvoir toujours atteindre l'arrière-main du cheval. Généralement les selliers vendent de petits fouets avec lesquels le dresseur est complètement désarmé.

Ayant trouvé l'instrument recherché, apprenez à vous en servir, sinon vous pourriez vous blesser au visage ou rendre votre cheval rétif, et vous passeriez votre temps à démêler la mèche.

Il y a quatre mouvements indispensables et qui doivent être produits à l'aide du poignet seul :

1° Tourner la mèche de gauche à droite et la ramener de droite à gauche en produisant un claquement sec et fort.

2° La tourner de droite à gauche et produire le claquement en la ramenant de gauche à droite.

Il faut exécuter ces mouvements avec facilité de la main droite et de la main gauche. Ils ont une grande importance, car vous pouvez être certain qu'en les exécutant bien la mèche ne s'égarera pas, ne touchera pas le cheval malgré votre volonté et ne se nouera pas; de plus, si l'animal vient sur vous, vous pouvez l'attaquer indifféremment d'un côté ou d'un autre et à une place précise.

L'indépendance de chaque main est indispensable, car si le mouvement se produit vers la droite, je tiens ma longe de la main droite et ma chambrière de l'autre. Je suis ainsi maître de l'impulsion, l'animal ayant toujours la mèche derrière lui.

A B représente le cheval, la tête étant en A et la croupe en B (fig. 3).

M est ma main droite, A M la longe, N ma main gauche, N P la chambrière.

Je pivote sur mes talons en même temps que le cheval tourne et j'ai toujours ma chambrière à un mètre derrière lui ; il lui sera donc impossible de se retourner.

J'ai entendu des amateurs se plaindre de ce que leurs animaux, étant à la longe, faisaient de continuels demi-tours ; cela tient assurément au mauvais emploi de la mèche et je le démontre ainsi : Je place ma chambrière derrière mon dos ; si le cheval ne la voit pas et que cela lui plaise, il marchera bien ; mais si je la tiens mal, suivant la direction N P dans la figure 1, le cheval en verra l'extrémité P devant lui et il retournera probablement.

Voilà donc un premier cas; il y en a d'autres : Si le mouvement se produit vers la gauche, et que je tienne ma longe de la main droite et la chambrière de la gauche, je suis obligé de croiser longe et chambrière (fig. 4) pour menacer la croupe ; je ne puis alors produire de claquement sans amener l'emmêlement de la mèche. Il me faut, pour éviter ce dernier inconvénient, produire mon claquement en N P (fig. 2), c'est-à-dire devant le cheval qui fera encore demi-tour.

Étant muni d'une longe, d'un caveçon et d'une chambrière tels que je les ai décrits, j'y ajoute une paire de gants en cuir épais et solide, je serai ainsi assuré que la longe en glissant ne me coupera pas les doigts; je roule celle-ci en larges boucles de 50 centimètres ; je les prends avec ma main gauche à 2 mètres

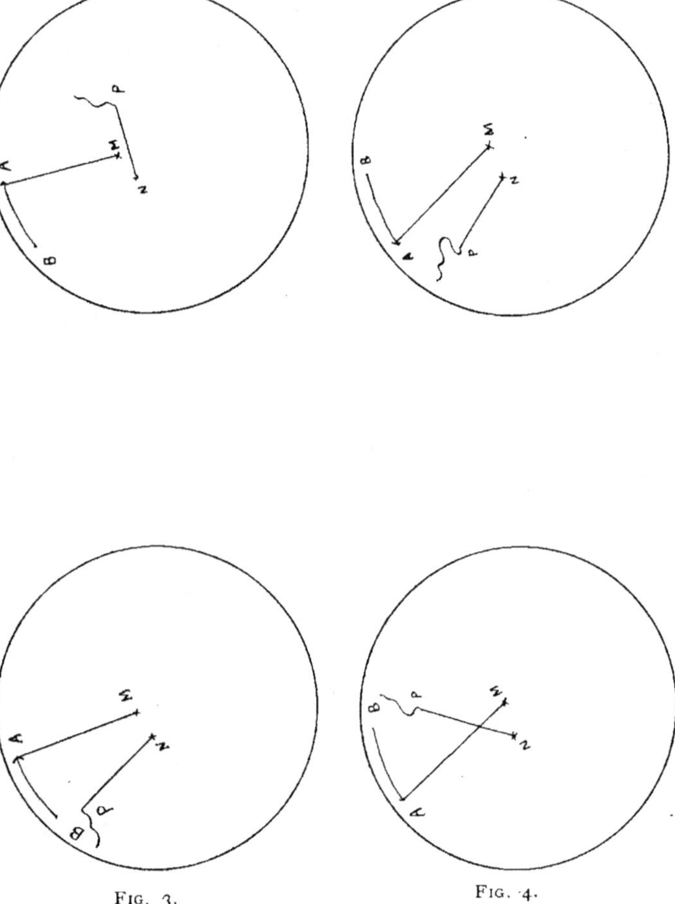

Fig. 1. Fig. 2.

Fig. 3. Fig. 4.

de la tête et je saisis encore la longe à 50 centimètres de la muserolle avec ma main droite. Je tiens la chambrière de la main gauche parallèlement au cheval et en arrière de moi. Si l'animal hésite, je n'ai qu'à le toucher de l'extrémité du manche derrière mon dos sans même qu'il sache que c'est moi qui agis; il sentira le coup venir de derrière et il se portera en avant. Pourtant, s'il refuse d'avancer et que je sois seul, je rends 3 mètres de longe et j'agis vigoureusement de la mèche sur la croupe ou sur les fesses jusqu'à ce qu'il y ait mouvement en avant; je résiste en même temps de toute mon énergie pour demeurer à la même place. A la première concession je calme de la voix, je laisse tomber à terre ma chambrière et j'attire mon animal à moi. Étant parvenu ainsi à le prendre à la tête, je le caresse, je reprends la position primitive et je me remets en mouvement; il est très rare que le cheval ne marche pas à côté de moi et ne se porte pas en avant au contact de la chambrière dont il a appris à connaître l'effet.

Arrivé dans un bon terrain, je décris un cercle de 10 mètres de diamètre, et j'en fais trois ou quatre fois le tour. Puis rendant la longe je me place au centre comme je l'ai indiqué à propos de la chambrière.

Il est rare que le cheval ne parte pas au galop en cherchant à m'entraîner. Je résiste de mon mieux, et, autant que je le puis, je reviens toujours vers le centre.

Je fais les reprises aux allures vives excessivement courtes pour éviter que le cheval pris d'étourdissement ne tombe; quand je veux arrêter, je pose à terre ma chambrière et je tire la longe à moi sans faire un pas.

J'ai dit que, tout en n'approuvant pas le travail à la longe, je me servais de celle-ci dans différents cas, et les voici :

1° Pour permettre au cheval trop gai de se détendre, j'ai alors soin de lui envelopper les jambes;

2° Pour les chevaux rétifs;

3° Pour le saut.

Le cheval s'habitue vite à obéir à la chambrière sans s'en effrayer; aussi je ne la pose à terre, pour arrêter, que dans les débuts. En huit ou dix jours, mon cheval doit venir à moi sans redouter la mèche; si même il est trop lent à se porter vers le centre du cercle, un léger coup sur l'épaule l'encourage à se hâter. Je l'habitue à regagner la piste au pas et à main droite si j'ai ma chambrière dans la gauche et inversement. Après un certain nombre de leçons l'animal s'arrêtera et changera de main par une pirouette dès que je changerai ma chambrière de côté.

Ce travail est amusant à enseigner, mais il est absolument inutile.

La longe, je le répète, doit être employée avec modération pour tous les chevaux jeunes ou vieux.

CHAPITRE IV

DRESSAGE

Psychologie du cheval. — Le cheval est presque stupide, mais il a beaucoup de dignité et ne prête jamais à rire. Le chien, le chat, l'âne, le dindon, le bœuf et tant d'autres animaux sont souvent ridicules par leurs cris, leurs gestes et leurs attitudes. Le cheval, lui, est toujours noble; vigoureux, il provoque l'admiration ou la crainte ; misérable, il nous invite à la pitié, en aucun cas il n'est grotesque.

Sa voix aussi est très belle et son hennissement n'est comparable aux cris ou hurlements d'aucun autre quadrupède.

Peu intelligent, il n'aime pas à apprendre et souvent, ne comprenant rien à ce qu'on réclame de lui, il envoie tout promener. Cependant, comme beaucoup d'esprits lents, il est capable d'une grande ponctualité et ce qu'il parvient à bien saisir, il l'exécute avec bon vouloir.

Il apprend successivement beaucoup de choses, et il les répète sans savoir ce qu'il fait, ni dans quel but il agit. S'il est bien dressé, il ne cherche qu'à obéir aux aides et à surprendre leur moindre indication. Cette occupation lui suffit et il ne pense pas à autre chose. Celui qui travaille dans un cirque ne voit pas les spectateurs ; il suffit de regarder son œil pour s'en rendre compte ; il cherche à apprécier les pressions des jambes ou des mains du cavalier, et à produire les mouvements qu'il sait y correspondre.

Ce sont cette ponctualité et cette attention que le dresseur doit accaparer à son profit; cela lui est assez facile, car le cheval est doué d'une bonne mémoire, et si on ne l'embrouille pas, qu'on ne lui demande pas des choses contradictoires, il devient un élève en somme facile.

Sa mémoire est incontestable, elle se manifeste en maintes circonstances : Un cheval de boulanger reconnaît facilement les portes où il doit s'arrêter, un hack se retrouve dans les nombreux sentiers d'une forêt; j'ai souvent été obligé d'interrompre le dressage d'un poulain pendant huit ou quinze jours, et à mon retour, je le retrouvais exactement au même point qu'à mon départ ; il n'avait donc rien oublié pendant mon absence.

J'enseigne à mes chevaux des mouvements très décomposés et très simples, qu'ils finissent par exécuter par routine comme un petit enfant répète une prière en latin.

M'adressant à la mémoire, je caresse et j'arrête dès que l'animal m'a obéi ; il s'en aperçoit rapidement, et une corrélation ne tarde pas à s'établir dans son intelligence entre son obéissance et la récompense : bientôt, de soumis, il deviendra passif.

Tout pour lui est récompense ; par exemple, s'il tire sur le mors, il souffre plus ou moins des barres ; dès qu'il se décontracte, il se trouve dans le vide et ne souffre plus de la bouche. Par conséquent, il pense que la cessation de souffrance est la récompense de sa flexion.

Je le prouve facilement : faites monter par un mauvais cavalier un cheval très mis aux flexions ; celui-ci les fera bien au début, mais s'il s'aperçoit que malgré ses flexions il éprouve toujours un tiraillement douloureux des rênes, il renoncera à fléchir son encolure, et il cherchera d'autres moyens pour atténuer l'effet du mors ; suivant sa nature il sera rétif ou braqué.

Autre exemple : un cheval obéit sans hésiter aux jambes et à l'éperon et il déplace ses hanches avec facilité ; le mauvais cavalier l'enfourche et pique de l'éperon à tort et à travers ; infailliblement les hanches ne trouvant plus avantage à céder s'égareront et, suivant son caractère, l'animal reculera ou s'emballera, mais il n'obéira pas ; plus il aura été habitué à recevoir rapidement des récompenses par la cession des doigts ou des jambes du cavalier, plus il s'étonnera et se révoltera le jour où le relâchement des aides ne se produira pas à point.

C'est pourquoi un cheval de haute école fin et nerveux devient si facilement rétif entre de mauvaises mains. Un hunter est moins susceptible, car il connaît peu de mouvements et il n'est pas très sensible aux aides; il trouve ses récompenses dans des repos et dans le plaisir qu'il éprouve à suivre les chiens ou les autres chevaux. Un hunter ordinaire peut être monté par la majorité des cavaliers, surtout s'il a la bouche un peu ferme et qu'il ait un mors doux ; s'il avait la bouche sensible et qu'il reçût en sautant une saccade, il croirait à un châtiment et redouterait les obstacles.

Le cheval a encore la mémoire des sons ; bien entendu, il ne comprend pas les mots, mais il les reconnaît. J'ai l'habitude d'arrêter mes chevaux, quand ils sont à la longe, en disant : « Hhhô ! » d'une voix forte et brève ; j'arrive à les immobiliser d'autant plus brusquement que mon commandement est haut et bref. L'animal reconnaît donc bien le son et non pas seulement l'intonation. J'arrive à cela en soulignant d'un coup de caveçon chacun de mes « hhhô ». Ce dressage m'a maintes fois rendu service, en me permettant d'arrêter d'un « hhhô » sonore des chevaux prêts à emmener leurs amazones.

J'ai démontré qu'un cheval s'arrête facilement à un commandement brusque ; en revanche, il bondira en avant au moindre appel de langue s'il y est dressé.

Beaucoup de personnes, d'ailleurs peu sportives, emploient le plus doux des sons : celui du baiser, pour pousser en avant leur monture.

L'usage de la parole ne me servira que dans les débuts du dressage ; je ne parle jamais à mon cheval quand il est dressé.

Sachant donc que le cheval est attentif, ponctuel, sensible aux récompenses, qu'il m'écoute et qu'il a de la mémoire, je m'efforce de développer ces qualités au détriment des autres facultés instinctives.

Avec de la méthode, j'arrive à supprimer son indépendance et son initiative et à annihiler sa volonté. Naturellement je n'emploie pas la brutalité ; au contraire, je rends mon cheval si heureux, je le conduis avec tant d'attention, qu'il prend entière confiance en moi ; il se persuade que, guidé par mes soins, il ne court aucun danger. Mais dès qu'il veut agir seul et en contradiction avec ce qu'il a déjà appris, je l'attaque énergiquement, pour le caresser et l'arrêter dès que l'ordre est rétabli.

Mon cheval ne doit ni me craindre, ni m'aimer ; il doit me regarder l'œil paisible, ni rieur, ni farouche. Nos relations doivent être des relations d'affaires, si j'ose dire, et non d'amitié.

Pendant l'ouvrage, nous travaillons ensemble et nous ne faisons qu'un ; passé ce moment, nous redevenons des indifférents.

Dans le groupe que nous formons quand je suis en selle, je dois être la volonté et lui le moteur ; la perfection en équitation est d'amener le cheval à être aussi passif qu'une automobile vibrante et obéissant à des mouvements automatiques ; j'irai plus loin dans la comparaison, en affirmant qu'un poulain non dressé est assimilable à une machine dont les écrous ne seraient pas serrés. La direction est folle, la solidité contestable, la force motrice indépendante et l'ensemble est inutilisable. Quand un mécanicien a tout réglé, l'automobile file rapide ou lente, souple et silencieuse.

Le dresseur remplace le mécanicien, il règle le jeune cheval et le rend d'un emploi facile, régulier, agréable et sûr.

Premières séances. — Le rôle du cheval de selle est de transporter son cavalier d'un point à un autre ; il doit donc, avant tout, se laisser monter et ensuite se mouvoir.

Dans mon dressage, je suis la même progression et je ne demande rien d'autre au poulain que de me porter sur son dos et de marcher à peu près droit. Ce double résultat obtenu, je passe au dressage proprement dit.

Certains animaux se laissent seller, sangler et monter sans se défendre; ils ne manifestent leur surprise et leur émoi que par un peu de nervosité. D'autres au contraire s'effrayent à l'approche de la selle et s'immobilisent ou reculent dès qu'on les sangle et qu'on les monte.

Je fais seller ces sujets susceptibles à l'écurie en les serrant fortement et je laisse la selle en place pendant quatre ou cinq heures par jour. J'ai l'avantage de former le passage de sangles et d'habituer l'animal à demeurer serré.

Après deux ou trois jours, j'emmène le cheval à la longe dans un endroit mou, où la chute n'est à redouter ni pour moi ni pour lui. S'il paraît trop gai, je le laisse jeter son surcroît de vigueur à la longe; en cinq minutes il est calmé.

Je confie la longe à un palefrenier qui la tiendra à 30 ou 40 centimètres de la muserolle ; je me fais prendre le pied, je me mets en selle et je m'y maintiens comme je peux, jusqu'à ce que le cheval reste immobile. Je ne touche pas à la bouche, mais je tiens cependant l'extrémité des rênes pour les empêcher de tomber.

Si le cheval se défend, je saisis le pommeau d'une main et je me garde de rapprocher mes mollets et mes talons. Le palefrenier de son côté ne cherche pas à résister et s'il y a recul, il ne s'y oppose même pas.

Je procède ainsi pour que le cheval se rende bien compte que je ne lui veux pas de mal. Dès qu'un calme relatif se produit, je caresse longuement.

Après quelques instants, l'homme tentera d'emmener l'animal par la longe, comme s'il le reconduisait à l'écurie. Si le mouvement en avant ne se produit pas, le palefrenier cherchera à l'obtenir en tournant.

Presque tous les chevaux partent dans ces conditions ; cependant, si je n'ai pas réussi, je descends ; je demande plusieurs départs en main et j'use de la cravache sur les côtes près des sangles. Je fais arrêter et repartir une dizaine de fois et je me remets en selle ; j'encourage les départs par de petits coups de cravache dont j'augmente l'intensité d'autant plus que le cheval recule. Je ne touche toujours pas à la bouche et je continue à tenir le pommeau de la main qui tient l'extrémité des rênes, si je ne suis pas absolument sûr de ma solidité. En même temps que je commence les attaques, l'attitude de l'homme change et il se laisse traîner sur ses talons, arc-boutés dès que le cheval recule.

Aussitôt qu'il y a mouvement en avant, même violent, je cesse mes attaques, je caresse et je fais arrêter.

Après trois ou quatre concessions, je rentre à l'écurie, en selle si c'est possible et toujours tenu à la longe.

Quand l'animal, après quelques leçons, se déplace franchement à la cravache, je commence à rapprocher les jambes à chacun des départs, et quand ceux-ci sont bons, je mets l'aide au milieu du cercle et je cherche à faire tourner mon cheval en rond et au pas par mes seuls moyens et en le dirigeant moi-même à deux mains.

Quand j'ai obtenu ce résultat, je fais monter mon palefrenier sur un autre cheval et je le fais marcher devant ou à côté de moi tant que mon poulain n'est pas bien en avant.

Il ne faut pas conclure de ce qui précède que tous les chevaux offrent de pareilles difficultés à leurs débuts ; la plupart, au contraire, sortent de chez l'éleveur où ils ont été mal nourris et ils n'ont ni beaucoup de sang, ni beaucoup de courage pour soutenir des luttes violentes.

J'use, du reste, de cette période de mollesse pour commencer le débourrage ; après quinze jours de suralimentation, le bon cheval sait déjà ce qu'il veut et montre son caractère.

Maintenant que, par suite du dressage à la longe, ou par bon vouloir naturel, mon animal me porte, se déplace à la cravache et ne recule pas aux jambes, je lui donne la leçon de montoir.

Leçon de montoir. — Mon cheval étant sellé et bridé m'attend tenu en main. Je m'approche de lui, je l'examine, j'en fais le tour, je vérifie les sangles, qui doivent être peu serrées et je place mon épaule gauche près de son épaule gauche. Je prends les rênes comme je l'ai indiqué dans le chapitre « Usage des aides »; les quatre rênes dans la main gauche et bien égales entre elles; assez courtes pour qu'elles soient tendues quand je saisirai de la main qui les tient une mèche de crins au milieu de l'encolure.

Je ne prends pas les crins trop près de leur racine et je les fais passer sous le petit doigt; je pourrai ainsi varier mes effets de rênes en les tendant plus ou moins.

Je possède la direction de l'avant-main, car je puis tendre la rêne droite en plaçant mes ongles en dessous.

Je tendrai au contraire la rêne gauche en tournant ma main les ongles en dessus. La façon dont j'ai pris les crins me facilite grandement ces mouvements.

Si le cheval porte ses hanches vers moi, c'est-à-dire vers sa gauche, je tends la rêne gauche et j'arrête le mouvement.

Si, au contraire, les hanches s'échappent vers la droite, je les immobilise en tendant la rêne droite. Mon cheval ne recule plus, parce que s'il a jamais manifesté le désir de le faire, je l'en ai corrigé en lui donnant la leçon de longe décrite dans le chapitre « Premières séances ».

Étant au niveau de l'épaule, j'engage mon pied gauche à fond dans l'étrier en m'aidant de la main droite; je suis sûr, en prenant cette précaution, de ne pas heurter mon cheval de la pointe de mon pied.

Je fléchis complètement la jambe gauche de façon que mon genou touche la selle, ou s'en rapproche au moins le plus possible; je saisis le pommeau de la main droite et je me mets en selle sans secousse après avoir opéré un quart de tour sur moi-même en m'élevant de terre.

J'ai, dans ce mouvement, évité avec le plus grand soin de chatouiller le ventre de mon animal avec le pied gauche; c'est là le secret pour rendre en peu de temps le montoir facile. Cette précaution est fréquemment négligée, aussi la plupart des chevaux remuent-ils, dès que le cavalier met le pied à l'étrier.

Je me place près de l'épaule parce que, de là, je surveille les postérieurs, qui ne pourront chercher à me frapper sans que je les prévienne par une tension des rênes gauches.

Étant pour ainsi dire collé à l'antérieur gauche, ce membre ne pourra me frapper. Si le cheval se porte en avant, je m'y oppose avec avantage, et même s'il se produit un pas ou deux pendant que je m'élève, ils n'auront fait que d'amener ma selle sous moi et m'auront plutôt aidé que nui.

Si le cheval se tourmente ou avance sans cesse, je le force à reculer régulièrement et continuellement et je monte pendant la marche rétrograde; cela m'est facile puisque je marche devant moi quand, au contraire, l'animal recule.

Aussitôt en selle, mon unique préoccupation est d'obtenir l'arrêt parfait. Je caresse et je ne fais aucun mouvement de jambes, tant que l'immobilité n'est pas absolue. Alors seulement je recherche avec précaution mon étrier et je ne me mets en marche qu'une minute ou deux après l'avoir rencontré et m'être confortablement installé sur ma selle.

Le calme du cavalier et celui du cheval sont aussi indispensables l'un que l'autre au bon résultat du dressage.

Marcher droit. — Si mon cheval n'a jamais été ni monté ni attelé, il est certain qu'il ne saura pas marcher, même à côté d'un camarade. Il aura l'encolure flottante de droite à gauche et de bas en haut ; ses épaules seront inégalement chargées ; il buttera, se cognera les membres, ou même les croisera.

Le caractère variant avec chaque animal, il m'est impossible de dire, une fois pour toutes, ce que l'écuyer doit faire, mais le but unique est actuellement de décider le poulain à se porter franchement en avant à l'indication des jambes.

Je ferme donc celles-ci lorsque je veux augmenter l'allure, et si leur effet n'est pas compris, j'use de la cravache, non comme d'instrument de coercition, mais comme d'aide.

Dès que j'obtiens facilement le mouvement en avant, je

cherche à relever légèrement l'encolure en donnant un point d'appui.

Si le cheval est vigoureux, j'obtiens ce résultat très rapidement. Si, au contraire, il est mou, aussitôt qu'il sent la main, il cesse d'obéir aux jambes, ralentit l'allure et se fait porter par les rênes; j'use de la cravache avec assez d'énergie pour que le poulain devienne sensible au simple contact des jambes et j'utilise aussi les coups de talons; mais en aucun cas je ne mets d'éperons.

Plus l'animal est paresseux, plus je lui demande des allures énergiques; si je le mets au trot, je n'exige de lui que cent ou cent cinquante mètres mais à une allure franche; et j'agis de la cravache jusqu'à ce qu'il soit très animé et qu'il marche la tête haute.

Au contraire, avec un sujet nerveux, je ne vais qu'aux allures lentes, en recherchant le calme.

Je ne demande jamais d'effort soutenu et je rentre avant que la fatigue se fasse sentir; je ménage ainsi les jambes et je suis bien plus maître de l'équilibre et de la bouche. Un animal fatigué baisse la tête, s'appuie sur la main, n'engage plus les postérieurs, et les progrès dans ces conditions deviennent impossibles.

Chevaux de selle de travers. — Il est très fréquent que le jeune cheval se tienne de préférence d'un même côté du chemin et refuse de se porter vers l'autre; cela provient du mauvais emploi des aides.

Voici ce qui se produit : l'animal se trouve sur la droite, par exemple; le cavalier, voulant aller sur la gauche, tire sur la rêne gauche et ferme la jambe droite.

L'animal non dressé porte sa bouche à gauche et le haut de la tête à droite; il courbe son encolure à gauche, tout en en reportant le poids à droite. L'épaule droite est ainsi chargée d'un poids appréciable, elle entame le terrain moins franchement que la gauche, et la progression se produit en obliquant à droite. Plus la rêne gauche sera tendue, plus l'encolure se reportera à droite, et plus la direction déviera.

Mais ce n'est pas tout; le cheval ne connaît pas les jambes, et instinctivement, il vient sur ce qui le gêne. Les hanches s'égareront à droite d'autant que la jambe droite du cavalier sera énergique ; ce mouvement est encore encouragé par la tension de la rêne gauche.

L'animal finira par marcher dans le plus grand désordre et toujours vers la droite; j'en ai vu qui arrivaient à amener leur croupe à la hauteur des épaules. Ils marchaient donc, leur axe étant perpendiculaire à la normale, c'est-à-dire complètement traversés ; ils risquaient de se blesser ou de tomber.

Je crois avoir démontré que le cheval n'agit ainsi que par ignorance, conformément aux lois de l'équilibre et non par mauvaise volonté.

Il m'est arrivé souvent de monter un animal qu'un homme ignorant amenait dans cette posture, et j'ai toujours obtenu le redressement presque instantané.

Si la déviation se produit vers la droite, je prends les rênes dans la main gauche, comme je l'ai expliqué dans le chapitre « Du montoir »; je les tends également et je porte ma main insensiblement à gauche, tout en sentant légèrement la rêne gauche. Le cheval a ainsi le bout du nez à droite et le poids de l'encolure à gauche. L'épaule droite est dégagée, tandis que la gauche se trouve arrêtée. Restent les hanches, qui forcent sur ma jambe droite : je les redresse avec la cravache, énergiquement employée en même temps que le mollet.

L'épaule droite étant libre, l'avant-main a tendance à obliquer à gauche; les hanches chassées par la cravache fuient du même côté et mon cheval se trouve porté sur la gauche, son axe étant resté parallèle à celui de la route suivie.

En quelques minutes l'animal est transformé; souvent même le résultat dépasse le but, la déviation vers la gauche devenant excessive. Je change alors mes rênes de main et je procède de façon identique et inverse à ce que je viens de dire.

La cravache doit être employée avec énergie, sans hésitation, à coups répétés et décisifs, de manière à accélérer l'allure et à porter en quelque sorte le cheval à l'endroit voulu. Elle est employée ici comme aide et non comme instrument de correction ; l'animal n'ayant pas commis de faute volontaire ne doit pas être puni.

J'ai obtenu dans cette leçon unique un résultat important et de nombreuses concessions :

1° J'ai été sur le côté de la route qui me convenait.

2° J'ai opéré un changement de direction sans déviation exagérée de l'encolure.

3° J'ai réalisé ce changement sans ralentir l'allure, ou même en l'augmentant un peu.

4° Les hanches, pour la première fois, ont cédé latéralement, pas aux jambes seules, je le sais bien, mais aux mollets aidés de la cravache.

Quand j'ai obtenu l'avantage et que mon succès n'est plus douteux, j'arrête, je descends, je caresse et après un court repos, je me remets en selle et je rentre au pas à l'écurie.

Cette leçon ne se passe pas toujours sans désordre, mais si le cavalier a un peu de tact, il est assuré de réussir en agissant exactement comme je l'ai indiqué.

La tenue de rênes a une grande importance, car elle permet de les tendre d'un côté ou d'un autre, tout en ne faisant usage que d'une seule main.

Chevaux qui battent à la main. — La plupart des jeunes chevaux battent à la main, c'est-à-dire qu'ils cherchent à se dérober à l'action des rênes en baissant brusquement la tête et en détendant l'encolure. Les uns agissent ainsi pour tenter de s'échapper; d'autres, au contraire, opèrent ce mouvement avec l'espoir de profiter du désordre qu'il entraîne pour ralentir l'allure. Les premiers doivent être calmés et les seconds, au contraire, vigoureusement poussés dans les jambes. Dans les deux cas le cavalier doit serrer les doigts avec force et fixer ses coudes au corps en maintenant les mains assez hautes, dès que l'animal se prépare à donner son coup de tête. Le cheval s'apercevra rapidement que le résultat de sa défense est de lui procurer une douleur à la bouche, qu'il n'en retire d'autre part aucun avantage et en peu de temps il renoncera à sa mauvaise habitude, surtout si son attention est tenue en éveil par un continuel travail de bouche.

Chevaux qui encensent. — Les chevaux qui encensent sont désagréables ou même dangereux à monter; ils peuvent d'un coup de tête blesser le cavalier au bras, au visage ou à la poitrine. De tels animaux doivent être montés les mains basses; un incessant travail de bouche peut, sinon les corriger, au moins les améliorer. La martingale est employée assez souvent, mais j'ai rarement constaté son efficacité sur les chevaux violents.

Je conseille aux personnes qui ont des chevaux atteints de ce vice, de rechercher l'embouchure qui convient le mieux à la nature du sujet. Il m'est impossible de rien préciser, car j'ai vu des animaux fixer leur tête à l'emploi d'un mors dur, quand d'autres, au contraire, n'encensaient que lorsqu'ils étaient sévèrement embouchés. Je répète donc qu'il faut agir par tâtonnement.

L'emploi du jockey, ou de tout autre enrênement analogue et autant que possible sans élasticité, donne parfois de bons résultats.

De l'engagement des postérieurs. — Au point où j'en suis arrivé, il m'est facile de me maintenir à côté d'un autre cavalier à la distance qui me convient, l'encolure de mon cheval restant à peu près droite. Le semblant de direction que je possède me suffit pour l'instant et je continue à travailler le mouvement en avant.

Quand, de l'arrêt, je veux partir au pas, je ferme les jambes et je laisse l'encolure se détendre; par son poids, elle déplace le centre de gravité vers l'avant-main et facilite le mouvement en avant, mais si le cheval continuait à marcher dans cette position d'équilibre, il aurait le poids de sa masse rejeté sur les épaules et l'arrière-main aurait l'air de suivre à la remorque.

Le mouvement, dans ces conditions, serait nuisible aux membres antérieurs et exposerait le cheval à tomber. Il me faut donc ramener le centre de gravité en arrière, ou plutôt vers le centre et répartir le poids total également entre l'avant-main et l'arrière-main.

Je commence par fermer les jambes plus fortement et je m'oppose à la trop grande accélération de la vitesse en élévant légèrement les mains et en serrant vigoureusement les doigts. Le cheval lèvera forcément son encolure et en reportera ainsi le poids vers le centre de gravité.

J'actionne des jambes sans relâche, pour maintenir la vitesse au moins égale; le cheval, ne se trouvant plus entraîné comme un bolide, par la force acquise et par son propre poids, sera obligé, pour ne pas ralentir, de pousser sa masse avec ses postérieurs, et il ne pourra le faire qu'en les engageant sous lui.

Il sera obligé de les engager d'autant plus que l'encolure déplacera sa propre masse en arrière.

J'agis progressivement et toujours de façon à ce qu'il y ait accélération plutôt que ralentissement; j'évite ainsi l'acculement.

Je recherche le point d'appui régulier sur la main et je règle l'allure sur les moyens du cheval.

Souvent les poulains n'ont pas de bouche et ils cherchent à éviter le filet en rouant leur encolure; je m'oppose absolument à cette tendance en levant les poignets et en poussant en avant. Si mon élève, au lieu de lever la tête et de bien s'engager, dévie ses hanches, je ramène l'ordre en employant la cravache du côté où se produit la déviation.

Après quelques jours de leçons, la plupart des chevaux trottent, la tête haute, avec un léger point d'appui et un équilibre relatif. Dès lors, ayant à ma disposition une impulsion suffisante, je puis me passer de moniteur et je sors seul.

Le pas. — Le pas doit être très rapide, surtout chez les hacks et les hunters; il doit atteindre 7 ou 8 kilomètres à l'heure. L'encolure doit être libre et horizontale, et le balancement de la tête contribue à l'accélération. Le jeune cheval ne peut pas marcher vite tant que son encolure n'est pas assez forte pour soutenir le poids de la tête. La force nécessaire se développe en quinze jours grâce à une bonne alimentation.

Pour perfectionner le pas, j'agis incessamment des mollets, et si l'encolure plonge, je la relève en donnant de petites saccades de bas en haut et non d'avant en arrière.

Le pas me sert très peu pendant le dressage, où j'emploie le petit trot, dès que je veux enseigner un mouvement.

Les chevaux mal montés aiment à prendre une allure intermédiaire dite « trottinement » et qui est la plus nuisible que je connaisse. L'animal n'y est ni souple ni équilibré, et il la prend par paresse.

Le pas me sert à rendre mes chevaux habiles de leurs membres; je les laisse marcher abandonnés à eux-mêmes dans des terrains raboteux, sans jamais les soutenir. Les allées coupées de racines de sapin sont particulièrement favorables à cet exercice. Si l'animal est vraiment trop maladroit au début, je saisis le pommeau d'une main et je recherche la chute. Celle-ci se produit très rarement si j'ai les rênes tout à fait lâches, et, après un certain nombre de fautes le cheval regarde à ses pieds. Si, au contraire, je me suspends sur sa bouche dès que le terrain est mauvais, je reporte le centre de gravité vers les épaules et le poulain, confiant dans l'appui qu'il rencontre, ne s'occupe plus des irrégularités du sol.

Je ne corrige pas l'animal qui accroche avec ses pieds, je l'inviterais ainsi à s'appuyer; et la meilleure punition qu'il puisse recevoir de sa maladresse est une bonne chute sur le nez. Ne tentez cependant pas ces expériences sur des routes où votre monture pourrait se couronner.

Certains cavaliers, pensant assouplir leurs chevaux, les laissent trottiner. Ils ont le plus grand tort et ils confondent cette allure traînée avec le petit trot en main et cadencé. Généralement, ces mêmes cavaliers ayant entendu dire qu'il fallait avoir la main légère, tiennent leurs rênes comme si elles étaient des fils de laine, et secouent avec d'infinies précautions le filet dans la bouche du poulain. Le résultat est infaillible : le cheval s'endort et butte ; le cavalier le corrige et tire de toutes ses forces sur les rênes pour l'empêcher de tomber d'abord et ensuite pour l'arrêter. L'animal frappé et tiré en même temps, ne comprend plus rien à ce qu'on lui demande ; les variations d'une trop grande douceur de main à une brutalité inconsciente l'écœurent, et le dressage normal est rendu impossible.

Flexion directe. — Les hanches, sans être encore parfaitement mobiles, me sont cependant jusqu'à un certain point soumises et ne viennent plus sur ma jambe, ayant été, à chaque tentative d'indépendance, ramenées par la cravache dans la position normale, c'est-à-dire que la colonne vertébrale du cheval reste parallèle à la direction suivie, l'encolure seule variant dans les limites strictement nécessaires pour charger telle ou telle épaule.

Je recherche les flexions avant de demander aucun autre mouvement parce que, si j'entamais préalablement le travail en cercle, je m'exposerais à provoquer des luttes dans lesquelles mon cheval, en voulant s'échapper, prendrait l'habitude de contracter sa mâchoire et son encolure. Je profite donc de la fraîcheur de la bouche du poulain pour demander des concessions.

Je mets mon cheval à un trot raccourci et régulier en maintenant l'encolure haute ; j'agis des jambes, je ferme les doigts avec toute la force dont ils sont capables et je fixe solidement mes coudes au corps. J'empêche l'accélération et je maintiens l'allure égale en proportionnant l'action de mes mollets à la résistance de ma main. J'insiste jusqu'à ce qu'il y ait concession de la tête, et dès que mon cheval a rompu le point d'appui en se décontractant, si légèrement que ce soit, je desserre les doigts et je cesse l'action des jambes. Je laisse l'encolure se détendre et je passe au pas pour quelques instants.

L'animal qui n'a pas de défauts de conformation et qui n'a pas eu la bouche maltraitée auparavant cède assez facilement. Il s'imagine qu'il n'a qu'un moyen d'échapper à l'effet de la main et des jambes et il recherche le soulagement en l'employant, c'est-à-dire en fléchissant l'encolure et la mâchoire.

Le cavalier doit avoir beaucoup de tact et il est indispensable que sa concession de doigts concorde exactement avec celle du poulain. En effet, si l'animal ne trouve aucun moyen de se soustraire à la demande contradictoire des mains et des jambes, il se braquera, perdra la tête et partira au galop. Le dressage sera à peu près manqué.

Si je remarque que mon cheval a la bouche particulièrement sèche et contractée, je lui mets une poignée de sel sous la langue avant la leçon de flexion.

Je demande une dizaine de concessions à chaque sortie et après chacune d'elles je caresse et je passe au pas.

S'il y a tentative d'arrêt, je cède un peu des doigts et je porte mon cheval en avant à une allure vive.

Si l'encolure a tendance à être trop élevée, je baisse les poignets tout en procédant pour le reste de la même façon que précédemment.

Je prie le lecteur de remarquer que je ne tire sur la bouche à aucun moment. Je relève l'encolure à la hauteur voulue et je fixe mes poignets aussi solidement qu'un crochet d'enrênement. Mes jambes précipitent la masse sur la main ; je résiste ; le cheval n'a, comme je l'ai dit, qu'un seul moyen d'échapper à la situation incommode où il s'est placé lui-même, et inconsciemment il s'équilibre. Voici ce qui s'est passé : l'encolure s'est légèrement relevée et le chanfrein s'est rentré, reportant ainsi un poids appréciable en arrière ; mais cela est insuffisant pour décharger complètement l'avant-main ; les postérieurs, en conséquence, auront dû se rapprocher du centre et par conséquent s'engager pour venir en quelque sorte prendre le poids qui restait sur l'avant-main et que je supportais avec le point d'appui. C'est à ce moment précis que se produit la perte du contact entre la bouche et le filet.

Cet équilibre n'est plus le même que celui dont j'ai parlé à propos de l'engagement primitif des postérieurs. A ce moment, je plaçais la tête haute et je l'y maintenais appuyée ; l'arrière-main s'engageait donc forcément beaucoup moins que pendant la leçon des flexions.

Pendant huit ou dix jours je ne demande que ces concessions de plus en plus rapprochées ; je n'ai pas encore la flexion, mais je suis en bonne voie pour l'obtenir. Quand mon cheval rompt l'appui facilement, sans hésiter et sans s'effrayer de l'activité de mes jambes, au lieu de rendre complètement dès que l'encolure cède, je ne rends que de quelques centimètres et je reprends aussitôt. J'ai eu une première perte de contact d'une ou deux secondes, et comme j'ai repris vivement, j'en obtiens une seconde. La tête de mon cheval aura dit : Oui, oui. L'habileté de la main doit être de plus en plus grande, pour saisir l'instant précis de ces deux légères flexions, afin de rendre après chacune d'elles en avançant très vivement et très légèrement les poignets et en desserrant les doigts sans cependant laisser glisser les rênes.

Je rends assez rapidement pour que le filet tombe en quelque sorte de la bouche ; et si le mouvement est réussi je dois entendre le tintement de l'acier ; c'est cette liberté du filet et son abandon qui amènent la mastication et la souplesse du maxillaire. Je renouvelle souvent cet exercice en augmentant la hauteur de l'encolure et en ramenant le chanfrein de plus en plus près de la verticale. J'arrive à quatre ou cinq concessions et plus, et j'ai la flexion d'encolure.

L'action de rendre et de reprendre doit devenir imperceptible à l'œil et le déplacement des poignets ne doit pas varier de plus d'un ou deux centimètres; à certain moment même il suffira de serrer et de desserrer les doigts.

J'ai recherché la flexion étant au petit trot, parce qu'à cette allure, le cheval reposant alternativement sur chaque bipède avec un temps de suspension, je rejette plus facilement le centre de gravité en arrière que quand la masse repose continuellement sur trois membres comme dans le pas. L'instant le plus propice pour faire la reprise des doigts est celui où le cheval est en l'air.

Des différentes flexions. — Baucher fut le créateur de l'équitation raisonnée ; il fut l'admirable écuyer que l'on sait en même temps que savant théoricien, mais il commit cependant certaines erreurs.

Sa flexion d'encolure est fausse et il fallait être le virtuose que fut Baucher pour pouvoir en tirer parti. Mon appréciation serait peut-être sans valeur si elle n'était aussi celle des meilleurs écuyers de notre époque. Tous se sont inspirés du maître et ont recherché les lois d'équilibre qui régissent les différents mouvements du cheval, et si ces écuyers diffèrent entre eux sur quelques points dans leurs théories, ils sont cependant d'accord pour rejeter la flexion Baucher.

Dans cette flexion, représentée par la figure ci-contre, l'encolure cède du garrot ; elle se baisse et la tête dépasse la verticale. En réalité l'encolure est rouée, les épaules sont gênées et le poids est sur l'avant-main. Baucher rétablissait l'équilibre en engageant exagérément les postérieurs. Quant à la bouche elle n'était pas légère, elle était simplement supprimée et pendant tout le travail elle demeurait dans la même place.

La position recherchée aujourd'hui par des écuyers tels que MM. Fillis et de Saint-Phalle est plus élégante et c'est là son moindre mérite. En effet l'encolure relevée et produisant sa flexion de la nuque dégage les épaules, reporte le centre de gravité en arrière et soulage l'avant-main, sans contraindre les postérieurs à s'engager outre mesure; l'effet du mors se produit d'avant en arrière quand la tête est haute et que le chanfrein n'atteint pas la verticale; tandis qu'avec la flexion Baucher, le

Flexion Baucher

mors, agissant en levier de bas en haut, engage la tête à se baisser encore pour se fléchir dès que sa direction a dépassé la verticale.

Le cheval de chasse ou de voiture qui roue son encolure tombera infailliblement un jour ou l'autre. Si l'animal ainsi placé butte, le conducteur lui relève la tête en tirant sur les rênes;

mais celle-ci, pour se redresser suivra la courbe A B, et passera per le point M ; à ce moment, l'action des rênes aura été plus nuisible que favorable puisqu'elle aura eu pour effet de reporter une partie du poids de la tête et de l'encolure en avant du centre de gravité, quand au contraire il eût fallu le rejeter en arrière.

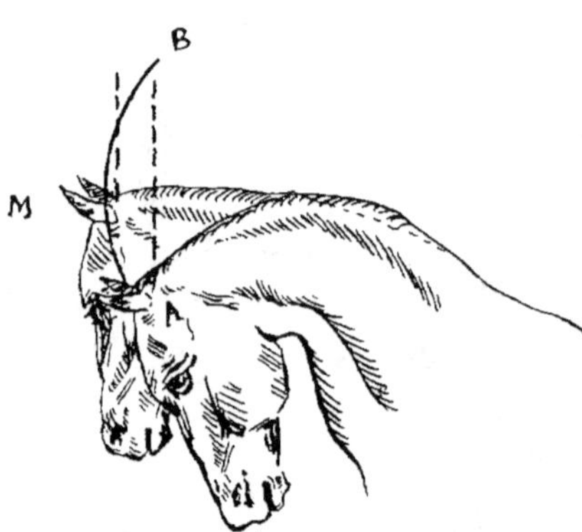

J'ai, à mes débuts, encapuchonné tous mes chevaux. Je montais les mains basses et j'obtenais rapidement une flexion basse aux allures lentes ; mais dès que j'engageais un trot ou un galop un peu plus rapides, mes chevaux me bourraient dans la main. Avec la flexion élevée provenant de la nuque la légèreté se maintient à toutes les allures, parce que je possède entièrement à ma disposition une masse importante dont je peux charger telle partie du corps qu'il me plaît. C'est à mon tact de distinguer les différentes phases d'équilibre et de les régler en relevant plus ou moins la tête et l'encolure.

Chevaux en arrière de la main. — Si le cavalier abuse des flexions et qu'il manque ses concessions de doigts, il arrive à acculer le cheval, c'est-à-dire à engager trop fortement les postérieurs ; ceux-ci viennent soutenir et même soulever la masse au lieu de la pousser en avant. L'animal est alors tout prêt à devenir rétif, et à l'emploi des jambes il accusera flexions sur flexions, mais n'avancera plus. Il est en arrière des mains et des jambes ; cette disposition de son équilibre ne vient pas d'une autre cause que de sa volonté, car le cavalier a beau rendre ou essayer de baisser l'encolure, pour en reporter le poids sur l'avant-main et dégager ainsi les postérieurs, il n'arrive plus à provoquer l'accélération.

Pour de tels chevaux, voici comment je procède : je place la tête assez haut en élevant les mains de façon à ne pas tirer d'avant en arrière ; j'agis des jambes et au besoin de la cravache avec la plus grande vigueur, jusqu'à ce que l'allure devienne vive et que je sente le poids de la masse réparti entre l'arrière-main, l'avant-main et les rênes.

Le cheval en arrière de la main est disposé à se cabrer ; le meilleur moyen d'éviter cette défense est de relever l'encolure en ayant les mains hautes.

Les cabreurs prennent souvent de l'élan avec leur tête, et plus celle-ci est basse plus l'élan est dangereux et violent ; il peut même entraîner le cheval à se renverser.

J'ai acheté plusieurs chevaux réputés rétifs, ayant donné de très mauvais essais chez le marchand, et vendus sans garanties d'aptitudes ; en réalité ils n'étaient que très en arrière des aides. Je les ai embouchés très légèrement avec des filets en cuir ou en caoutchouc, et à l'aide des mollets, des talons et de la cravache, je suis arrivé à de très bons résultats et j'ai rarement eu des chevaux plus légers et plus souples que ceux-là. J'ai l'habitude de ne jamais acheter un animal sans le monter moi-même, et si le mouvement en avant n'est pas franc, je cherche à en reconnaître la cause.

Quand un animal a la bouche dure et braquée, qu'il serre les oreilles et qu'en même temps il rétive et s'immobilise, je ne l'achète jamais ; mais si au contraire j'en trouve un redoutant même le filet, refusant l'appui sur la main, venant sur la jambe, reculant ou tournant, je le prends sans trop de crainte. Je suis certain que le dressage a été mal entrepris, qu'un cavalier inexpérimenté a monté l'animal avec un mors et des éperons, et qu'il a cherché à obtenir des flexions.

J'ai réussi à remettre en avant des sujets ainsi choisis, mais pas toujours sans peine.

Avec la méthode de dressage que j'indique, il est impossible de mettre un cheval en arrière des aides, car je n'enseigne la flexion qu'étant au petit trot et en accélérant l'allure. Je ne la réclame au pas ou à l'arrêt que quand le dressage est depuis longtemps terminé, et encore ne le fais-je que pour habituer le débutant cavalier à l'emploi des aides.

Si vous tenez absolument à enseigner la flexion étant à pied, ne le faites au moins pas pendant l'arrêt ; marchez à côté de votre cheval, portez-le en avant avec une cravache tenue de la main gauche et agissant derrière votre dos près des sangles, ou postez un palefrenier qui agitera une chambrière derrière l'animal de dressage.

De l'arrêt. — Jusqu'ici mon cheval, pour passer du trot au pas ou à l'arrêt, a reporté son poids sur l'avant-main et sur les rênes et s'est peu à peu éteint.

Un tel arrêt est défectueux, nuisible ou dangereux.

1° Il est défectueux parce que le centre de gravité se reporte vers l'avant-main à mesure du ralentissement et que cela est contraire au bon sens et aux lois de l'équilibre. L'homme qui court ne se penche pas en avant au moment où il veut s'arrêter. Chacun sait par expérience que, s'il est debout dans un tramway ou dans une voiture quelconque, il ne doit pas s'incliner dans la direction où se produit la progression, mais bien au contraire dans le sens opposé, s'il ne veut tomber sur le nez au moment où l'immobilité succède à la marche.

2° Il est nuisible parce que l'avant-main souffre d'une surcharge importante et que l'arrière-main de son côté ne retire aucun bénéfice d'une décharge inopportune, car il agit loin de la masse dans une position fausse.

3° Il est dangereux parce que la chute en est souvent la conséquence. En effet, la masse possède un mouvement d'impulsion semblable à celui que produisent les membres ; tout à coup ceux-ci diminuent sensiblement leur progression ; la masse, que rien n'arrête dans son élan, se trouve devancer les appuis et la chute en avant est imminente, si elle n'est combattue par un fort appui sur les rênes. Or la main suffit généralement à soutenir la masse ou à l'arrêter s'il ne survient rien d'anormal, mais si le cheval fait une faute, les bras les plus vigoureux, déjà surchargés, sont impuissants et l'accident est inévitable.

Tous les cavaliers qui arrêtent leurs montures dans ces conditions ont certainement à leur actif bon nombre de culbutes, qu'ils doivent attribuer à leur propre ignorance d'équilibristes et non à la maladresse de leurs porteurs.

Si au contraire l'arrêt se produit sans que l'équilibre soit détruit, l'encolure et la tête restent légères et parfaitement soumises à ma volonté ; en cas de faute, je puis les reporter en arrière et décharger complètement l'avant-main en engageant les postérieurs sous la masse. Ma main n'a eu aucun poids à soutenir, elle a simplement fait basculer le levier qu'est l'encolure, rendant ainsi la chute impossible.

Avant de rechercher l'arrêt correct, je m'applique à obtenir le passage du trot au pas sur une flexion ; c'est-à-dire que mon cheval opérera ce changement sans s'appuyer, et qu'au moment précis où il passera au pas il dira « oui » avec la tête.

Pour arriver à ce résultat, je cadence le petit trot, je demande flexions sur flexions, j'agis plus vigoureusement des doigts et des jambes et je charge autant que je le puis l'arrière-main avec mon assiette. Le centre de gravité est donc par tous les moyens reporté en arrière. Aussitôt que je sens une sorte de temps d'arrêt qui me prouve que l'impulsion est diminuée et que les jambes ont changé de cadence, je cède des jambes et des doigts pour ne pas dépasser le but que je me propose et je laisse l'encolure se détendre pour manifester ma satisfaction et procurer une récompense à mon élève. Je reprends rapidement le pas allongé.

La réussite de ce mouvement dépend de l'énergie des jambes et de la détente des doigts concordant presque exactement avec le passage au pas.

Le lecteur a pu voir que tout mon travail s'effectue au trot; et, je le répète, j'agis ainsi parce qu'à cette allure, je suis bien plus maître de la masse qui ne repose que sur un diagonal à la fois, ou qui est suspendue dans le vide.

En très peu de temps, j'obtiens l'arrêt étant au trot sans passer par le pas et cependant sans acculement. Il ne faut pas confondre cet arrêt rapide avec un arrêt brusque. Mon cheval, au contraire, se pose avec souplesse et facilité, n'ayant pas d'effort à faire pour rattraper sa masse échappée en avant, ni contraction à produire pour l'arrêter. L'arrêt s'est exécuté dans l'équilibre le plus parfait, les épaules bien dégagées et les postérieurs normalement engagés. Ceux-ci, dans l'arrêt brusque, ont non seulement à supporter le poids total du cheval et du cavalier, mais encore à enrayer l'impulsion. Les jarrets soumis à de tels efforts se ruinent rapidement.

Dans les débuts, je demande peu d'arrêts parfaits, parce que les chevaux paresseux pourraient en tirer avantage pour ralentir l'allure, dès que je leur demanderais les flexions. Le passage du pas au trot ne présente pas le même inconvénient.

Des flexions latérales. — Je n'ai, jusqu'ici, travaillé que sur la ligne droite et chaque fois que j'ai eu des tournants à effectuer, je les ai exécutés tant bien que mal comme j'ai pu. Au point du dressage où j'en suis actuellement arrivé, je possède tous les pouvoirs nécessaires pour marcher droit et dans l'état d'équilibre qui me convient :

1° Mon cheval obéit facilement à l'impulsion des jambes;

2° Il ne vient plus sur celles-ci ;

3° Il cède de la mâchoire et de l'encolure ;

4° Il cadence son petit trot et le raccourcit tant que je veux ;

5° Il s'arrête correctement ;

6° Il est constamment léger en main.

Pour tourner dans de bonnes conditions, il me faut maintenant obtenir la cession complète et instantanée des hanches, ainsi que la mobilisation de la tête à droite ou à gauche. Je travaillerai ces deux mouvements à la fois.

Baucher pratiquait des flexions latérales, qui consistaient à ramener la tête du cheval à la botte du cavalier dans une position

Flexion normale

parallèle à l'axe longitudinal, le nez tourné vers la croupe. Cette flexion est nuisible pour des cavaliers autres que Baucher et là où le maître réussissait, la plupart ont échoué. Les plus célèbres écuyers de l'école actuelle recherchent au contraire une rigidité latérale relative de toute la colonne vertébrale. Ils ont ainsi à leur disposition un gouvernail solide, grâce auquel ils contrôlent la ligne des épaules. Cependant il est nécessaire, pour assurer la direction, d'être maître de la tête du cheval ; je m'efforce donc de la dévier à droite ou à gauche pour me servir plus tard de ces différentes positions. Je ne demande que des quarts de flexions et celles-ci seront produites par cession de la nuque et non par rotation de toute l'encolure autour du garrot. Je ne pousse l'encolure à droite ou à gauche que juste assez pour charger ou décharger telle ou telle épaule.

Je ne devrais pas employer le terme « flexion », mais bien plutôt celui de « placer », tellement les déplacements que j'exige sont restreints. Pour faciliter mes démonstrations je continuerai à me servir de la première expression.

Les flexions me sont indispensables pour continuer mon dressage sur les deux pistes, sur le cercle et dans le galop; comme pour tous les mouvements nouveaux, je mets mon cheval au petit trot cadencé et en main, c'est-à-dire avec la tête haute et légère et la bouche mâchant le mors.

Je suis le milieu du chemin et j'attire la tête à gauche assez pour voir l'œil et le nez. J'écarte un peu la rêne droite pour maintenir la direction et empêcher la déviation vers la gauche. Après avoir parcouru quelques mètres dans cette position, je porte franchement mes mains à droite et j'agis de la jambe gauche. La rêne droite est légèrement écartée et la gauche au contraire maintient la tête à gauche, appuie bien sur l'encolure et la pousse sur l'épaule droite.

La rêne gauche et ma jambe rejettent les hanches infailliblement à droite.

L'épaule droite chargée restera forcément en arrière et la gauche entamera plus de terrain.

J'aurai obtenu un mouvement vers la droite, l'axe de l'animal étant demeuré parallèle à celui de la route suivie. La difficulté ne consiste pas à obtenir ce déplacement, qui, en somme, est le même que celui dont j'ai parlé à propos des chevaux de travers, mais bien à conserver pendant son exécution une vitesse continuellement égale, en même temps que la flexion constante et régulière.

Dès que j'ai produit un déplacement en avant et latéral de deux ou trois pas, je reprends une ligne droite, je rétablis l'égalité dans mes aides, je marche au pas et je caresse.

Les chevaux qui n'ont jamais été montés comprennent ce mouvement presque instantanément. Je répète mes demandes vingt ou trente fois dans la promenade et seulement dans un sens. Quand l'obéissance est passive pour le côté droit, je procède de façon identiquement inverse pour l'autre côté. En quatre ou cinq jours, et quelquefois moins, je suis assez maître de mon élève pour le porter régulièrement à droite ou à gauche, son axe demeurant constamment parallèle à celui de la direction suivie ; j'ai, en réalité, obtenu des contre-changements de main sur deux pistes.

Ici, le petit trot cadencé a le nouvel avantage de permettre aux membres gauches de passer devant les droits avec beaucoup de facilité quand j'oblique vers la droite, et inversement quand la progression se produit dans la direction symétriquement opposée. Au pas, les membres se choqueraient inévitablement et le mouvement s'exécuterait avec une lenteur désolante et nuisible à l'impulsion.

J'ai obtenu de nouveaux avantages :

1° Les hanches cèdent latéralement aux jambes ;

2° Les membres ont acquis de l'habileté et de la souplesse ;

3° Je charge ou je décharge telle ou telle épaule à ma volonté ;

4° J'obtiens les flexions latérales faciles et légères.

Ce mouvement est assez gracieux, mais il est bien loin d'être correct ; en effet, le cheval regarde du côté opposé à celui vers lequel il se porte. J'ai agi ainsi parce que, dans le mouvement vers la droite, je décide les hanches à céder à ma jambe gauche en attirant la tête à gauche ; si je recherchais de suite la position correcte et que je tende ma rêne droite pour ramener le nez à droite, je verrais infailliblement les hanches forcer ma jambe gauche et j'aurais à entamer des luttes dont le résultat serait de faire échouer tout dressage normal.

Je m'applique dès lors à obtenir le même mouvement avec flexion du côté où se produit la progression. Au lieu d'entamer le mouvement avec flexion latérale, je l'entame sur flexion directe. Les hanches, bien habituées à céder aux jambes, ne s'aperçoivent pas du léger changement de l'avant-main et se portent à droite si ma jambe gauche les y invite. Je déplace l'avant-main dans le même sens en portant mes mains à droite et en chargeant l'épaule de ce côté. La rêne gauche pousse l'encolure et la droite, légèrement écartée, commence à se faire sentir autant que l'autre ; peu à peu son effet dominera et attirera le nez à droite.

Mon mouvement sera alors parfait, mais cette position régulière de la tête est plus délicate à obtenir que le mouvement de côté lui-même. S'il se produit des désordres, je ne corrige pas, mais je reviens à l'emploi des effets latéraux ; c'est-à-dire de flexion à gauche avec jambe gauche, et inversement pour l'autre côté.

Je termine cette leçon par l'exercice suivant :

Quatre pas en ligne droite, flexion directe ;

Quatre pas vers la droite, flexion à droite ;

Quatre pas en ligne droite, flexion directe ;

Quatre pas vers la gauche, flexion à gauche.

Et ainsi de suite.

Si le cavalier est habile il peut réduire le nombre des pas à trois ou même deux et il obtient un mouvement très élégant et très favorable à l'assouplissement du cheval. La beauté de ces contre-changements de main consiste en une régularité parfaite du nombre des pas et des pas entre eux ; aussi je conseille aux jeunes cavaliers de compter intérieurement ou même à voix basse.

Je résume les nouveaux avantages que j'ai gagnés :

1° Je mobilise les hanches par l'emploi seul des jambes et sans le secours des rênes ;

2° Je puis charger l'épaule qui me convient en employant indifféremment l'une des trois positions de tête;

3° Je déplace l'avant-main en tous sens, maintenant la tête dans l'une des trois flexions ;

4° A l'emploi de ma jambe gauche, le postérieur gauche du cheval a pris forcément l'habitude de s'engager sous la masse et de se détendre, puisque c'est lui seul qui peut la déplacer vers la droite ; et cette habitude me servira beaucoup dans les départs au galop.

Tous ces avantages me sont indispensables pour le travail en cercle et pour le galop, comme je viens de le dire. Le cavalier, qui veut aborder cette dernière allure et mener son dressage trop rapidement, sans méthode et sans être maître de toutes les positions dont j'ai parlé, échouera infailliblement. Peut-être, par la force et la surprise, réussira-t-il accidentellement, mais le résultat final sera toujours déplorable. En agissant comme je le fais, j'obtiens rapidement le calme et la confiance de ma monture, qui sont conditions nécessaires à tout dressage.

Si l'acculement est à redouter, les mouvements violents en avant ne le sont pas moins.

Du trot. — Je crois utile de parler ici du trot, avant de poursuivre mon dressage, parce que mon cheval a, depuis quelques semaines, suivi un régime fortifiant et qu'il peut avoir besoin de prendre de l'exercice à une allure assez rapide. J'ai toujours agi de façon à le maintenir gai et à ne jamais le fatiguer, mais cette gaieté ne doit pas devenir de l'affolement; je ne pourrais concentrer sur la leçon l'attention d'un animal tout débordant de joie et d'ambition. Je donnerai donc un peu d'exercice, au trot plus ou moins allongé, suivant que mon élève sera soudé ou non dans ses articulations et qu'il engagera plus ou moins ses postérieurs.

Le petit trot, que j'ai employé jusqu'ici, mérite de porter ce nom, bien que n'étant guère plus rapide que le pas, car il se produit à deux temps sur des appuis diagonaux et avec un temps de suspension entre chaque foulée.

Il y a trois sortes de trot : le petit trot, correspondant à huit ou neuf kilomètres à l'heure ; le trot ordinaire, variant de quinze à dix-huit ; et le trot maximum, c'est-à-dire celui où le cheval s'emploie entièrement. La limite de cette dernière allure est des plus variables, certains animaux parcourant avec peine le kilomètre en quatre minutes, quand d'autres le couvrent en une minute et demie.

J'ai débuté par le petit trot en maintenant la tête haute et appuyée; j'ai ensuite obtenu la légèreté de celle-ci, tout en conservant la même allure; j'aborde maintenant le trot moyen, pendant lequel l'encolure se maintiendra moyennement élevée, et la bouche appuyée ou fléchie à ma volonté.

Étant au petit trot, je ferme les jambes et je laisse l'encolure se détendre un peu ; je recherche un point d'appui et quand l'allure est bien engagée, je maintiens la tête en bonne place, sa direction se rapprochant de la verticale sans cependant y parvenir.

Je conserve le point d'appui en ne serrant les doigts que juste assez pour empêcher les rênes de glisser. Le cheval, trouvant une sorte d'élasticité sur les rênes, ne donne pas de flexion ; je ne demande du reste celle-ci au trot ordinaire que lorsque l'allure est franche. En ce moment, mon but est double ; je veux d'abord habituer mon élève à s'appuyer constamment quand cela me plaît, et ensuite obtenir une allure vive et régulière en maintenant un bon équilibre.

J'ai donc appuyé la bouche tout en allongeant le trot ; j'ai en réalité augmenté mon effet de jambes et déplacé le centre de gravité vers l'avant ; chaque fois que j'accélérerai l'allure, j'agirai de la même façon. La pratique et la théorie confirment ce principe ; les chevaux de course ont la masse très en avant et prenaient autrefois un point d'appui formidable sur les rênes. Les Américains ont diminué le poids porté par les bras du jockey en plaçant celui-ci presque sur l'encolure du cheval ; le centre de gravité est ainsi forcément très reporté en avant, sans cependant que les rênes aient à porter une charge gênante pour la direction et pour le réglage des allures.

Sans déplacer mon assiette avec exagération, ce qui est parfaitement inutile dans l'équitation courante, je laisse l'encolure se baisser proportionnellement à la vitesse.

Je ne recherche que progressivement la rapidité, mais j'exige de suite la régularité et la cadence ; je fais des reprises courtes, mais je tiens à ce que le cheval « remue les pattes », c'est-à-dire qu'il emploie son énergie, sinon en vitesse du moins en hauteur; pour cela j'agis des jambes et j'apporte la plus grande attention à ce que les foulées soient aussi identiques les unes aux autres dans le trot allongé qu'aux allures plus raccourcies et plus cadencées.

Il est absolument indispensable, pendant le dressage, de trotter autant sur un diagonal que sur l'autre ; l'exercice suivant est salutaire au cavalier et au cheval et je le pratique souvent. Je change de pied toutes les dix foulées; dans les débuts, il est assez difficile de reprendre l'anglaise sans manquer un ou deux temps à chaque changement.

Je trotte sur le pied droit, par exemple ; je suis donc élevé sur ma selle quand le diagonal droit est au sommet de sa course ; je redescends en même temps que lui, je suis sur ma selle quand il se pose à terre et c'est lui qui, en se détendant de nouveau, me soulève encore, et ainsi de suite.

Il me faut, à ma volonté, changer ma cadence sans changer celle de mon cheval et sans pour ainsi dire qu'il s'en aperçoive. Pour cela, quand le diagonal droit se détend, je reste, autant que je le puis, sur ma selle et j'attends d'en être soulevé par la détente du diagonal gauche. J'ai en réalité fait une demi-foulée au trot assis.

Le débutant peut s'aider en comptant ; il compte « Un » en s'élevant et « Deux » en s'asseyant, c'est-à-dire « Un » quand l'antérieur droit se lève, et « Deux » quand le gauche se lève à son tour. Il lui faut, en continuant de compter régulièrement

« Un » et « Deux », se trouver au contraire élevé à « Deux » au lieu de l'être à « Un ». Cela lui est facile en décomposant « Un » en deux temps; dans le premier temps, il résistera à l'élan du diagonal droit et dans le second il s'enlèvera sur la détente du diagonal gauche. Il aura en quelque sorte compté une double croche en disant : « un-un » — « Deux » — « un-un » ayant la même durée que grand « Un ».

Cet exercice donne beaucoup de tact; pendant les contre-changements de main, je charge le diagonal du côté où la progression se produit; si j'oblique vers la droite, je trotte sur le diagonal droit, l'antérieur gauche a ainsi plus de facilité pour passer devant le droit, et en même temps le postérieur gauche, qui est chargé de porter la masse vers la droite, en rencontre facilement le poids au moment où je retombe en selle. Il en est inversement de même pour la progression vers la gauche.

De la régularité du trot. — Pour que le trot soit régulier et équilibré, il ne suffit malheureusement pas de laisser les chevaux bien tranquilles et d'agir également et symétriquement des aides; il faut encore prévenir ou corriger certains désordres qui se produisent toujours, pour une raison ou pour une autre, pendant la période du dressage.

Si le poulain est mou et mal soudé, il lui est impossible de trotter vite, et si je le pousse il se ruinera en quelques jours au lieu de s'améliorer. C'est ce que beaucoup d'amateurs ne veulent pas comprendre. J'attends donc, avant d'allonger le trot, que la suralimentation ait produit de l'effet et que les articulations soient consolidées. Si, au contraire, l'animal est fait, et que seules la paresse et l'ignorance l'empêchent de se livrer, je m'applique à y remédier.

Avec le dressage indiqué précédemment, il est très rare que le désordre, dans le trot allongé, provienne d'une souffrance de la bouche, car celle-ci est déjà faite en partie et n'est en contact qu'avec un filet. Cependant, je m'assure que là n'est pas le point nuisible en permettant à la tête de prendre successivement toutes les positions et toutes les libertés. Si l'allure ne se régularise pas, je recherche en quoi elle est défectueuse pour y remédier en toute sûreté. Quand le cheval fait le saut de pie, c'est-à-dire que l'avant-main galope, et que c'est l'antérieur droit qui précède le gauche, je ferme la jambe droite, je porte mes deux mains à droite, la rêne gauche étant la plus tendue, et je trotte sur la jambe droite; ce membre est alors chargé de mon poids et de celui de l'encolure et il s'élèvera moins facilement. Le gauche, au contraire, est dégagé de tout le poids dont l'autre vient d'être chargé, et comme ma jambe droite engage et actionne le postérieur droit, l'antérieur gauche complètement libre s'élèvera et se portera forcément en avant. Je maintiens, bien entendu, l'impulsion en usant de mes deux jambes, la droite demeurant la plus énergique.

Si le cheval galope de derrière seulement et que le postérieur droit soit le plus actif, je ferme ma jambe gauche, je tends la rêne droite et je trotte sur le diagonal droit, en portant légèrement mon assiette à gauche. 1° Le postérieur gauche, habitué à agir dès que ma jambe l'y invite, augmente son activité. 2° Ma rêne droite arrête le postérieur droit. 3° Comme je trotte à droite, le postérieur gauche est obligé de s'engager et de se détendre fortement, puisque c'est lui qui a mon poids et celui du cheval à déplacer quand je retombe en selle.

J'ai parlé pour les animaux froids; le cheval très chaud et qui galope par abondance d'ardeur doit être simplement calmé par les caresses et la voix et être maintenu à une allure lente; dès qu'il a jeté son excès de vigueur, il se met naturellement au trot allongé. Avec une telle nature, faites de longues reprises au trot, ne vous servez de vos mollets qu'avec la plus grande prudence et surveillez le bon état des membres, qui pourraient s'user plus vite que le courage.

Pour obtenir le maximum de vitesse au trot, il faut, à moins d'être un écuyer consommé, faire ce que font les jockeys. Ils s'assoient dans leur selle, ils donnent un point d'appui considérable, tout en laissant l'encolure se baisser et se reporter en avant, et quand le cheval se met au galop, ils lui balancent brutalement la tête, l'assoient sur les jarrets et l'attaquent avec violence. L'animal, au bout d'un certain temps, n'ose plus galoper, sachant à quoi il s'expose.

Il y a des jockeys de trot qui sont d'admirables cavaliers, mais le système dont je viens de parler est préféré par un grand nombre à l'équitation savante. J'avoue que, personnellement, chaque fois que j'ai voulu mettre un cheval dans son train au trot, c'est toujours ce procédé brutal qui m'a le mieux réussi; il a l'inconvénient de rendre mauvaise la bouche la plus souple, et je ne vous conseille pas d'en faire l'expérience si vous avez un hack bien mis.

Je ne m'étendrai pas sur la recherche du trot de course, ce sujet ne concernant pas le dressage courant et n'étant pas, en outre, de ma compétence.

Du cercle. — Il n'y a pas de dressage possible sans un travail en cercle raisonné et gradué. Je choisis un terrain de manœuvre, un pré, une friche ou une piste quelconque pourvu que le sol ne soit ni dur, ni lourd, ni raboteux. J'évite de débuter en forêt où un cheval généreux pourrait, en se défendant, m'échapper, m'emmener à travers bois, et causer un accident dont lui et moi serions les victimes.

Je décris un cercle de vingt mètres de rayon, ou je le fais tracer par un homme à pied, et quelques tours au pas de mon cheval le dessinent très distinctement.

Le premier jour, je me contente de suivre la piste au pas ou au petit trot cadencé; je n'ai aucune peine à le faire parce que le cercle est grand, l'allure modérée et qu'en outre je suis assez maître des hanches pour obliger les postérieurs à suivre exactement la trace des antérieurs.

Baucher découvrit le grand principe du tournant; il employa sa jambe droite pour tourner à gauche et sa jambe gauche pour tourner à droite. Quelle que soit l'allure, ce principe s'accorde parfaitement avec les lois de l'équilibre; dans le cas où le mouvement se produit vers la droite, ou pour mieux dire à main droite, la force centrifuge entraîne la croupe du cheval en dehors du cercle, si la jambe gauche du cavalier ne s'y oppose pas. Aujourd'hui, toute l'équitation savante est basée sur ce principe unique; je montrerai plus loin que Baucher ne comprit pas toute l'importance de sa découverte et qu'il n'en fit pas un usage constant, notamment dans le départ au galop.

Je m'applique donc à décrire le cercle très régulièrement; je contrôle l'avant-main en chargeant l'épaule droite, et en déplaçant mon assiette du côté où je tourne.

J'exécute mes cercles d'abord avec la flexion droite et ensuite avec les deux autres; mais quelle que soit la place où je fixe la tête, je veille avec le plus grand soin à ce que l'encolure charge l'épaule du dedans.

Quand je suis très maître de ma direction, j'allonge le trot et je demande l'appui coupé, de temps à autre, d'une flexion. Si le poulain est nerveux il s'irrite, de toujours rencontrer ma jambe de dehors et il jette ses hanches en dedans; je les ramène avec calme dans la normale. Cependant, si cette tendance menaçait de se transformer en habitude, j'emploierais sévèrement la cravache à l'intérieur.

Je préfère la piste ronde au carré, parce que je ne suis pas obligé de changer l'équilibre à chaque coin, et aussi parce qu'il m'est possible de demander un mouvement à tout instant, sans crainte d'être gêné. Le cheval, ne pouvant prendre de points de repère, acquerra moins facilement de fâcheuses manies; chacun a pu remarquer, s'il a tant soit peu pratiqué l'équitation, que le poulain profite toujours des angles pour provoquer le désordre.

Des changements de main. — Le mouvement que je désigne sous le nom de changement de main consiste à décrire, dans le grand cercle, deux demi-cercles de diamètre égal au rayon de la piste, le premier à main droite et le second renversé. J'admets toujours que le travail primitif s'effectue à main droite. La figure 1 donne le tracé de cet exercice.

Étant en A, je porte mes mains à droite et j'emploie ma jambe gauche jusqu'au centre O; j'aperçois à gauche l'œil et le nez de mon cheval; cette position n'est pas correcte, mais je l'adopte pour être certain que les hanches, mal habiles dans ces tournants plus courts, ne forceront pas ma jambe gauche. Arrivé en O je change mes aides et j'emploie la jambe droite en portant mes mains à gauche. Peu à peu, comme dans tous mes mouvements, j'arriverai à la flexion directe et ensuite à la flexion régulière, la tête regardant du côté où je tourne. Le changement de main doit être exécuté en entier à l'allure où il est entamé; c'est à cette condition seule que je serai, dans l'avenir, toujours possesseur de l'impulsion.

Quand ce mouvement s'exécute bien, je suis maître de la direction; mon cheval sait tourner.

Je répète à main gauche le même travail qu'à droite.

Les deux pistes. — Je prends le grand cercle à main droite, je maintiens l'avant-main sur la piste primitive et j'agis de la jambe gauche assez vigoureusement pour dévier les hanches vers le centre du cercle. J'ai d'abord recours aux aides latérales, ma rêne gauche décidant les hanches à céder plus facilement, mais, dès que je le peux, j'emploie les aides diagonales qui sont la jambe gauche et la rêne droite légèrement ouverte.

Je ne demande que deux ou trois pas au plus et je redresse l'arrière-main ; je caresse et je passe au pas. Je demande ce travail seulement à main droite jusqu'à ce qu'il soit parfait.

Le cheval ne doit pas être traversé, et au début il suffit que le postérieur gauche trace un cercle un peu plus petit que l'antérieur droit, ou si l'on préfère, que la hanche gauche parcoure un cercle imaginaire de même grandeur que celui décrit dans le vide par l'épaule droite.

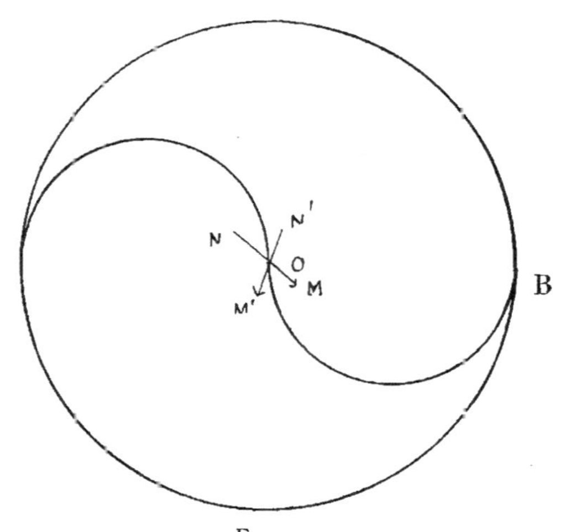

Fig. 2.

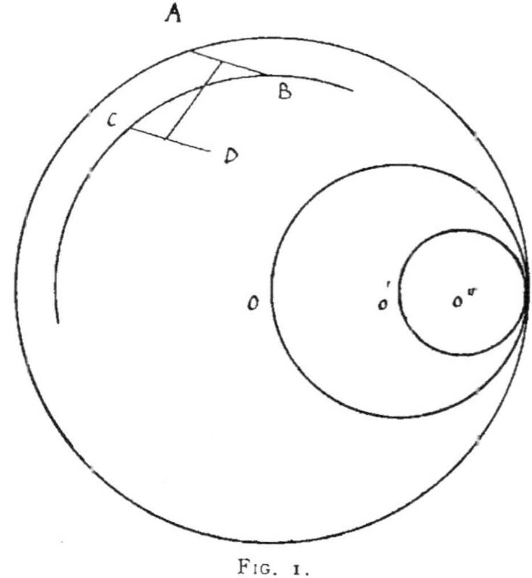

Fig. 1.

A B (fig. 2) étant la ligne des épaules et C D celle des hanches, la figure ci-contre montre que la hanche gauche parcourt le même cercle que l'épaule droite.

Après avoir obtenu une concession sur quatre ou cinq pas, je termine en redressant mon cheval avec la jambe droite, sans laisser le mouvement se produire de lui-même ; l'animal comprend ainsi que je contrôle ses moindres actes, et étant habitué à ne jamais demeurer dans l'indécision, il me devient plus facilement soumis ; c'est le commencement de la passivité et de la confiance que je dois gagner entièrement.

Quand je suis arrivé à ce point, mon dressage a fait un pas énorme : en effet, mon cheval sait tourner dans les deux sens, en regardant du côté où il va, tout en restant équilibré et léger; il me donne encore le petit trot sur deux pistes et en cercle.

Les hanches en dehors. — Jusqu'ici, j'ai toujours fait accomplir à l'avant-main un trajet plus grand ou au moins égal à celui des hanches. J'avais pour but de m'assurer de l'impulsion et d'habituer l'animal à pousser sa masse bien directement avec ses postérieurs. Cependant il me paraît utile, pour la souplesse du cheval et pour aborder le travail au galop, de disposer aussi de la progression de l'arrière-main. Pour cela je fais suivre aux postérieurs la piste primitive, pendant que les antérieurs décrivent à l'intérieur un cercle plus petit ; ce mouvement est le plus difficile que j'aie encore abordé, car mon élève, n'étant pas habitué à laisser déborder ses hanches, sera surpris de ce que je lui demande, pourra s'embrouiller et me résister un instant.

Le dressage devient un peu plus délicat et il est de plus en plus à redouter que le cheval, perdant la tête, ne cherche à s'échapper ; j'agis donc avec la plus grande douceur ; je m'applique à distinguer si la résistance que j'éprouve provient de l'ignorance ou du caractère de l'animal, et il m'est difficile de m'en rendre exactement compte ; aussi n'aurai-je recours aux corrections que dans les cas absolument urgents.

Changement de main sur deux pistes. — Ayant obtenu la mobilité de la croupe aussi facilement en dehors qu'en dedans sur le grand cercle, j'aborde le changement de main sur deux pistes.

J'ai différentes façons de l'exécuter :

1° Arrivé en A (fig. 1), je déplace les épaules puis les hanches de mon cheval qui décrit le demi-cercle A O, la croupe en dedans; arrivé en O, je renverse les aides et l'axe de l'animal, qui était dirigé suivant N M, pivote d'un quart de cercle et se trouve déplacé suivant N' M' (1). J'exécute le demi-cercle O B avec croupe en dedans et les épaules arrivent les premières à la piste. Ce mouvement, comme tous les autres, doit s'exécuter avec l'emploi des aides diagonales.

2° Je puis changer de main sans changer les aides : le cheval parcourt alors A O la croupe en dedans, et O B la croupe en dehors.

3° Je détache mon élève de la piste en A et je lui fais décrire A O la croupe en dehors et O B la croupe en dedans.

4° A O est parcouru dans la position de croupe en dehors et O B avec également les hanches en dehors, le cheval pivotant en O.

Contre-changement de main sur le cercle. — J'obtiens ce mouvement de suite et sans peine, l'ayant déjà exécuté sur la ligne droite ; l'axe du cheval doit rester perpendiculaire au rayon passant par le centre de gravité. Je fais mes contre-changements de plus en plus rapprochés et j'arrive à les réclamer tous les deux pas ; je sens alors mon cheval parfaitement cadencé et mes jambes, aidées par l'emploi des rênes et par un déplacement régulier de mon assiette, se le renvoient de l'une à l'autre avec aisance.

Une fois ces mouvements assurés, je passe à la piste O' dont le diamètre est égal au rayon O (2) et je répète le même travail Plus tard je me contente du cercle O'' qui, lui, n'a plus que cinq

(1) M étant la tête du cheval et N la croupe.
(2) Figure 2.

mètres de rayon, dimension encore suffisante pour permettre la répétition de tous les mouvements dont j'ai parlé. Dans cette dernière piste, le changement de main sur deux pistes est très gracieux et en même temps profitable au tact du cavalier et à l'assouplissement du poulain; l'allure y est forcément lente, mais elle gagne en élévation ce qu'elle perd en étendue, car j'agis toujours des jambes et je maintiens les flexions.

L'allure étant très raccourcie, je puis, en parcourant sur deux pistes les demi-cercles décrits dans O'' la croupe en dedans, augmenter l'obliquité du cheval et amener son axe à coïncider exactement avec les rayons de ces mêmes cercles. Ces cercles étant très petits, j'arrive à faire parcourir aux postérieurs si peu de terrain, que l'arrière-main est en réalité un pivot autour duquel se meut la masse. Ce procédé assure l'habileté des membres et le cheval, s'il pirouette de gauche à droite, a été amené progressivement et naturellement à passer ses jambes gauches devant les droites ; il reste ainsi dans l'impulsion aussi franchement que s'il trottait sur une ligne droite.

Je ne réclame la pirouette à gauche que quand elle s'exécute parfaitement à droite ; et quand j'en suis bien maître sur les deux sens, j'entame la droite pendant quatre pas, j'arrête, et je reprends la gauche pendant le même temps. J'arrive à ne plus marquer d'arrêt entre les deux sens ; après quatre pas de chaque côté, je n'en demande plus que deux et je suis absolument maître de mon cheval, que mes jambes se renvoient l'une à l'autre et qui est parfaitement dressé au trot. Aller plus loin serait aborder l'équitation savante qui n'est pas de ma compétence.

J'ai presque toujours réussi ce travail en filet et sans éperons; cependant, le cavalier qui a affaire à un cheval trop paresseux aura dû chausser les éperons dès qu'il aura obtenu la concession des hanches; il est probable qu'en même temps il aura à employer le mors, car les animaux mous, en fuyant l'éperon, tentent généralement de s'appuyer sur la main où ils trouvent un soulagement à leur paresse.

De l'emploi de la bride. — Le cheval dressé, comme je l'ai fait, avec un filet, supporte facilement le mors si je m'en sers avec discernement. Le mors me permet d'obtenir des variations d'équilibre avec beaucoup de facilité; mes effets de main et de doigts étant considérablement augmentés par un puissant levier, il me faut diminuer la force employée dans une proportion variable selon la puissance du mors; mais en même temps, mes jambes aussi doivent être plus prudentes. En effet, une attaque d'une force A jette mon cheval sur un filet qui oppose à l'impulsion de la masse une résistance B; j'admets que l'action du mors est quatre fois plus grande que celle du filet, si donc le cheval, poussé par la force A et habitué à tomber sur la résistance B, rencontre tout à coup, pour la même impulsion, une opposition 4 B, il croira se heurter contre un mur; il reculera et rétivera ou, perdant la tête, il s'emballera. Je résous ce problème en diminuant tous mes effets, aussi bien des doigts que des jambes, et je conserve, avec beaucoup moins de dépense de force de ma part, un bon équilibre et lorsque je chausse les éperons et que mon cheval y est habitué, je le manie en tous sens, en n'ayant recours qu'à des mouvements absolument imperceptibles.

Un animal commandé par deux forces — éperons et mors — est parfaitement souple et léger, s'il est soumis à des impulsions concordantes; mais il devient au contraire inutilisable si, une force dominant l'autre, il est acculé ou précipité en avant sans mesure.

Du galop. — Tous les écuyers sont d'avis qu'il ne faut entamer le galop qu'après avoir assoupli et dressé le cheval au trot. Il est impossible en effet d'entreprendre le dressage étant au galop : le jeune cheval ne peut s'y cadencer, les temps à cette allure étant inégaux et sans symétrie; la vitesse trop grande ne peut facilement être modérée ou modifiée et la masse se porte en avant sans que le cavalier puisse rejeter le centre de gravité en arrière. L'emploi des aides nécessaires à l'obtention du départ juste et régulier est trop compliqué pour qu'un poulain puisse s'y reconnaître, s'il n'est passé préalablement par l'école du trot.

Aussi n'ai-je jamais laissé galoper mon cheval, même pour se détendre ; je n'ai pas voulu lui permettre de partir au hasard sur le pied droit ou sur le pied gauche, et comme je n'avais pas de moyen pour imposer ma volonté, j'ai momentanément supprimé cette allure.

La décomposition des différentes phases du galop est connue de tous, cependant je la donne ici pour qu'il n'y ait pas de confusion possible entre les temps ou entre les membres.

Le bipède latéral droit comprend l'antérieur droit et le postérieur droit.

Le bipède latéral gauche est au contraire formé par les membres gauches.

Le diagonal droit se compose de l'antérieur droit et du postérieur gauche, et inversement l'antérieur gauche et le postérieur droit sont compris dans le diagonal gauche.

Les mêmes désignations latérales et diagonales s'appliquent aux aides du cavalier : les diagonales droites comprenant rêne droite et jambe gauche et inversement pour les aides diagonales gauches. Rêne droite et jambe droite forment les aides latérales droites et de même pour la gauche.

Le cheval peut galoper à droite ou à gauche. Dans le galop à droite, l'antérieur et le postérieur droits se portent plus en avant que le latéral gauche et la décomposition de l'allure se fait en trois temps :

Premier temps. — Le postérieur gauche s'engage sous la masse, la soulève et la projette en avant ;

Deuxième temps. — Le diagonal gauche se pose à terre ;

Troisième temps. — L'antérieur droit se pose à son tour.

Tel est le galop ordinaire, celui de chasse ou de promenade. Dans le galop de manège ou de haute école, le nombre des temps s'élève à quatre par la décomposition de l'appui du diagonal au deuxième temps, l'antérieur n'arrivant à terre qu'un peu après le postérieur. L'oreille distingue facilement cette cadence qui se retrouve encore chez le cheval de course galopant dans le train.

Les animaux usés, ruinés dans un membre, et en général tous ceux qui souffrent dans une partie de leur organisme intéressée à cette allure, galopent aussi à quatre temps.

Je ne parlerai que du galop à droite, celui à gauche s'obtenant par les moyens inverses.

Je prends le petit cercle de cinq mètres de rayon, et mon cheval étant frais, je le mets au petit trot cadencé à main droite. Je tire avec la rêne droite la tête à droite en chargeant l'épaule gauche du poids de l'encolure. Or, mon cheval est très habitué à porter en avant l'épaule dégagée : il a appris à le faire dans des conditions différentes, mais non contradictoires. Il est également habitué à engager et à détendre le postérieur gauche, quand j'agis moi-même de la jambe gauche. Je profite de ces deux habitudes.

Je reporte mes deux mains à gauche en tendant plus fortement la rêne droite et en maintenant les flexions et la légèreté; et, au moment où le diagonal gauche s'élève, j'agis avec décision de ma jambe gauche en reculant un peu mon assiette ; le postérieur gauche se détend vigoureusement, la jambe gauche antérieure, chargée de l'encolure et de mon poids que je porte vers la gauche, se pose à terre rapidement, entraînant avec elle le postérieur droit qui lui-même est encouragé à se poser par la tension de la rêne droite; l'antérieur droit, dégagé de tout poids et poussé en avant par la détente du postérieur gauche, s'est soutenu élevé, s'est déployé en avant et a rencontré le sol au troisième temps.

Aussitôt le départ obtenu, je remets mes mains à la position normale de manière à demeurer sur la piste.

Si le départ est manqué, ou s'il s'est produit à faux, j'arrête, je calme, j'obtiens quelques concessions rapides des hanches dans les deux sens et je renouvelle ma tentative. Je dois infailliblement réussir quand le dressage préalable a été fait avec soin, et si je me heurte à une résistance prolongée, c'est que j'ai commencé trop tôt. En cas d'échec, j'abandonne momentanément le galop et je perfectionne le dressage au trot.

Quand le cheval part bien, je le laisse galoper sur le cercle pendant un ou deux tours, je passe au pas en maintenant la flexion et la légèreté, je caresse et je laisse l'encolure se détendre. La difficulté la plus grande est de maintenir la légèreté, et je l'obtiens bien plus facilement sur le cercle que sur la ligne droite ; le tournant limite l'impulsion sans la détruire.

Dans les premières séances, je demande seulement et dès le début trois ou quatre départs justes; je répète ensuite tous les mouvements familiers au trot; je termine par un seul départ, et je rentre au pas en laissant à l'encolure sa liberté.

Je passe bientôt aux pistes O' et O ; peu à peu j'augmente la durée des temps de galop et j'accélère l'allure. Quand je suis sûr de la sagesse et du calme sur le grand cercle, je prends la ligne droite, je desserre les doigts et je cherche à obtenir le point d'appui et l'abaissement relatif de l'encolure. Je porte en même temps mon poids vers l'avant-main en inclinant le haut du corps en avant, j'engage fortement les postérieurs et j'obtiens le galop allongé.

Je ralentis l'allure en redressant verticalement mon corps en même temps que je ferme les jambes et que je fixe solidement mes poignets à la hauteur de ma ceinture. Là encore, je ne tire pas sur les rênes, car si je les tendais d'avant en arrière, mon cheval s'appuyerait plus fortement ; le centre de gravité en serait par suite plus reporté en avant; les postérieurs, pour le soutenir ou le rattraper, s'engageraient plus encore et l'allure deviendrait de plus en plus rapide.

Avec les chevaux très chauds et qui changent de pied continuellement, je prolonge longtemps le travail en cercle, pendant lequel le changement devient difficile. Le cheval, en effet, est constamment occupé par la direction que je lui impose ; il ne peut avancer l'antérieur gauche sans risquer de croiser ses jambes ; la force centripète, combinée à la force centrifuge, ne lui laissent pas la même liberté de mouvement que sur la ligne droite où il peut, sans risque de chute, prendre l'équilibre qui lui convient ; toutes ces circonstances réunies font qu'il maintient presque forcément son galop juste.

Je répète à main gauche tout ce qui a été fait à main droite.

Dans la plupart des méthodes, il est dit que le départ au galop doit se demander sur la ligne droite ; en principe cela est parfait, mais n'empêche que les meilleurs écuyers profitent d'un coin du manège, ou de la fin d'une demi-volte en arrivant au mur, pour engager définitivement l'allure.

Galop sur deux pistes. — Sur le plus petit cercle, je mets mon cheval au petit trot cadencé ; je demande, coup sur coup et plusieurs fois, croupe en dedans et croupe en dehors ; je pars au galop et j'insiste de ma jambe gauche. Dès que je sens les hanches céder, ne fût-ce que de quelques centimètres, je redresse, je passe au pas et je rends. Peu à peu, je demande une concession plus grande des hanches et je rétrécis le cercle ; j'arrive à réduire tellement le chemin parcouru par les postérieurs que j'exécute en réalité une pirouette, l'axe du cheval étant devenu perpendiculaire à la tangente du cercle.

La plus grande difficulté pour conduire jusque-là le dressage au galop est d'obtenir le calme : tout animal perdant la tête étant inapte à faire des progrès. Le cavalier doit avoir le tact de ne jamais recourir aux corrections lorsqu'il enseigne un mouvement nouveau. Le professeur, qui punit l'élève qui ne comprend pas sa leçon, n'est pas digne d'enseigner ; la mauvaise volonté seule doit être réprimée et encore vaut-il mieux parfois feindre de ne la pas remarquer, si elle n'est que passagère.

Baucher et le galop. — Baucher a commis une erreur dans sa théorie du départ au galop ; je le copie textuellement : « Mais lorsque le cheval, parfaitement souple et rassemblé, ne fera jouer ses ressorts que d'après l'impression que leur donnera le cavalier, celui-ci, pour partir sur le pied droit, devra combiner une opposition de forces propre à maintenir l'équilibre de l'animal, tout en le plaçant dans la position exigée pour le mouvement. Il portera alors la main à gauche, il appuiera la jambe droite. On voit par là que le moyen dont j'ai parlé plus haut, utile lorsque le cheval n'est pas convenablement placé, serait nuisible lorsque l'animal est bien disposé, puisqu'il détruirait la belle harmonie qui existe alors entre les forces. »

Comment le maître pouvait-il faire concorder cette théorie avec celle des changements de direction? Je le copie encore : « La fonction des poignets, dans les changements de direction, est trop simple pour qu'il soit nécessaire d'en parler ici. Je ferai remarquer seulement qu'on doit toujours prévenir les résistances du cheval en disposant ses forces de manière à ce que toutes concourent à le placer dans le sens du mouvement. On déterminera donc l'inclinaison de la tête avec les rênes du filet du côté vers lequel on veut tourner, puis la bride achèvera le mouvement. On acceptera, comme règle générale, de combattre toutes les résistances latérales de l'encolure avec l'aide du bridon, en ayant bien soin de ne commencer la conversion qu'après avoir détruit l'obstacle qui s'y opposait. Si l'usage des poignets reste à peu près le même que par le passé, il n'en est pas ainsi pour les jambes. Leur effet sera diamétralement opposé à celui qu'on leur attribuait précédemment. Ceci encore est une innovation si naturelle, que je ne conçois pas qu'on ne l'ait pas appliquée avant moi. C'est en portant la main à droite et en faisant sentir la jambe droite, m'a-t-on dit et ai-je répété moi-même dans le principe, qu'on détermine son cheval à tourner à droite, etc. »

En suivant ces principes, le cavalier, pour tourner à droite au galop, doit agir de la jambe qu'il emploie pour tourner à gauche dans l'allure du trot et cela est inadmissible. Si encore, le cheval étant au galop à droite, l'écuyer, pour tourner à droite, utilise sa jambe gauche, il risque de provoquer un changement de pied, puisqu'il emploie la jambe qui détermine ordinairement le galop à gauche suivant Baucher.

Je relève une autre contradiction : « Le moyen de faire lever au cheval l'une de ses deux jambes de devant est bien simple, dès l'instant que l'animal est parfaitement souple et rassemblé. Il suffit pour faire lever, par exemple, la jambe droite, tout en faisant refluer le poids du corps sur la partie gauche. Les deux jambes du cavalier se soutiendront avec assez d'énergie, la gauche un peu plus que la droite, pour que l'effet de la main qui amène la tête à droite ne réagisse pas sur le poids, et pour que les forces qui servent à fixer la partie surchargée donnent à la jambe droite du cheval assez d'action pour la faire soulever de terre. En répétant quelquefois cet exercice, on arrivera à maintenir cette jambe en l'air aussi longtemps qu'on le voudra. »

Baucher emploie la jambe gauche pour lever et porter en avant l'antérieur droit ; cela concorde parfaitement avec sa théorie du « tourner », mais dans le départ au galop, il porte ce même membre en avant en employant la jambe droite, ce qui constitue une contradiction absolument anormale.

Chez le maître, — il le dit lui-même, — la pratique a toujours précédé la théorie, et je pense avec d'autres auteurs, qu'en la circonstance, le grand écuyer a mal analysé ses effets ; il montait la jambe très près et ses chevaux étaient parfaitement sensibles ; dans le départ au galop à droite, il est probable qu'il fermait la jambe droite, que le cheval portait ses hanches imperceptiblement à gauche, qu'il tombait sur l'éperon gauche et qu'il partait alors sur le pied droit.

Je me suis permis de parler de Baucher, parce que ses contradictions ont été signalées par les meilleurs écuyers actuels et que la plupart, pour ne pas dire tous, ont abandonné sa flexion, ainsi que l'emploi des aides latérales dans le départ au galop.

Le cavalier médiocre, qui chercherait à appliquer scrupuleusement la méthode du grand novateur, n'en tirerait aucun profit et rendrait son cheval rétif neuf fois sur dix.

Changement de pied pratique. — Le changement de pied est

très facile à obtenir et se produit presque instinctivement dans les tournants; il m'est arrivé souvent de le faire exécuter à des poulains n'ayant jamais été montés, et dès le premier jour. Je n'ai, bien entendu, pas tenté ces expériences sur des percherons ou des boulonnais, mais sur des animaux légers et près du sang.

J'indique le moyen que j'emploie, sans le recommander, car il est loin d'être scientifique et dispose les chevaux à bourrer à la main et à redouter les aides, mais il est utile dans les cas où le cavalier est obligé d'opérer un changement de direction imprévu sans avoir le temps de ralentir l'allure. Je mets mon cheval au galop en cercle à droite, en lui donnant un point d'appui; arrivé en A, je décris le demi-cercle AO (1); parvenu en O, je tends ma rêne gauche, je porte ma main imperceptiblement à gauche et je donne un énergique coup de cravache à droite. J'ai agi au moment où l'antérieur droit s'est levé et j'ai penché brusquement tout mon corps à gauche en conservant le plus de liant possible. Mon cheval, pour ne pas tomber, est obligé d'avancer sa jambe gauche et mon coup de cravache détendra le postérieur droit.

Le mouvement se décompose ainsi : à l'instant où j'ai agi, le postérieur gauche allait ou venait de se poser à terre, et l'effet des rênes, joint à l'emploi de la cravache, ont fait tourner la masse autour de lui; l'antérieur gauche, rabattu par mon poids, a été obligé de se poser avant son diagonal postérieur; la cravache a encore déterminé l'action de ce postérieur droit qui, dans la nouvelle position résultant du brusque changement de direction, se trouve en arrière du gauche et ainsi retardé ne se pose à terre qu'après l'antérieur gauche. La cadence du galop est ainsi établie par l'antérieur gauche qui, en se posant à terre seul, forme le troisième temps, auquel succède le premier quand le postérieur droit rencontre le sol; le deuxième temps suit naturellement.

Ce changement peut être exécuté par des personnes montant très médiocrement et plusieurs cavaliers, qui l'ont réussi sous ma

(1) Figure 1, page 179.

direction, étaient plus étonnés de leur succès que le cheval ne l'était, lui, d'avoir exécuté un mouvement ignoré.

Ce changement n'est pas agréable à voir; il se produit au ras de terre et la masse en avant.

Changement de pied correct. — Je n'enseigne ce mouvement que si mon cheval part indifféremment au galop à droite ou à gauche et instantanément à ma première demande.

Je le mets au galop à droite sur la piste O; arrivé en A, je l'engage sur le demi-cercle A O, et je passe au petit trot cadencé deux mètres avant le point O en reprenant les aides propres à l'allure du trot; deux mètres après le centre O, je repars au galop sur le pied gauche, en employant les aides normales du galop à cette main et en maintenant la flexion et la légèreté. Après quelques mètres je passe au pas, je caresse, je change de main et je recommence le mouvement précédemment décrit. Peu à peu, je diminue la distance qui sépare l'arrêt et le départ avant et après le centre O; j'arrive à ne plus marquer qu'un pas au trot. Si alors, le calme est absolu, au lieu de varier mes aides progressivement, je les change de suite diagonalement dès que j'arrive en O.

Si le mouvement est manqué, je recommence la décomposition et, de la séance, je ne renouvelle ma tentative, que je ne reprends qu'un peu plus tard.

Ce changement de pied est très gracieux, il se produit à l'instant où le cheval est détaché de terre.

Ce temps de suspension est difficilement visible à l'œil, mais les théoriciens nous le décrivent tous, et la photographie instantanée nous permet de reconnaître le bien fondé de leurs affirmations. Les écuyers du dix-huitième siècle le plaçaient entre le premier et le deuxième temps, quand, en réalité, il se produit entre le troisième et le premier, c'est-à-dire, dans le galop à droite, dès que l'antérieur droit vient de se lever.

Dans ces conditions, l'antérieur gauche, au lieu d'être rabattu par force, se porte en avant avec élégance; tout l'avant-main s'élève, se grandit, et les postérieurs s'engagent bien sous le centre.

L'écuyer qui tente cette leçon avant que son cheval ne soit très raccourci, et sans qu'il sache passer du galop à l'arrêt ou au trot cadencé sans s'appuyer, est absolument certain d'échouer. Il faut que l'animal soit très sensibilisé aux jambes ou aux éperons, qu'il fasse ses départs pour ainsi dire sur place et avec le plus grand calme, si son cavalier veut mener à bien cette leçon.

Les personnes, qui ont fait exécuter à leur monture le changement de pied dont j'ai parlé en premier lieu, n'obtiendront le second correct qu'avec beaucoup de peine.

Galop à faux. — Quand le cheval tourne à droite étant à faux, les jambes gauches, devant se porter en avant des droites, peuvent heurter celles-ci à chaque foulée et déterminer des blessures ou même provoquer la chute. Avec un cheval très mis, il est possible de tourner au galop sur la jambe extérieure, mais l'animal a dû y être exercé par un long travail d'assouplissement. Quand il galope très raccourci sur deux pistes, la croupe en dedans, je l'engage au galop faux sur le grand cercle; je porte mes mains à droite pour déterminer la direction de ce côté et pour charger l'épaule du dedans et je ferme ma jambe droite. Le cercle étant très grand, l'animal n'a nulle peine à se maintenir sur le pied du dehors.

Toujours sur le même cercle, j'augmente l'effet de mes aides — rêne gauche, mains à droite et jambe droite — et j'obtiens une déviation des hanches vers le dehors; le cheval n'a aucune tendance à changer de pied, mes aides agissant toujours dans la disposition nécessaire au galop à gauche.

J'empêche l'allure de s'accélérer et, progressivement, j'augmente le déplacement des hanches, de manière à leur faire décrire un cercle excentrique à celui parcouru par les antérieurs; cette disposition du cheval facilite le passage des membres droits devant les gauches. Quand ce mouvement s'exécute avec facilité sur la grande piste, je passe à une autre de rayon moindre et j'arrive à décrire des cercles assez petits, sans cependant chercher à exécuter une pirouette renversée, ce qui serait, à cette allure, contraire aux lois de l'équilibre, nuisible à l'impulsion et, en outre, fort disgracieux, sinon impossible.

Il est, en somme, bien plus difficile d'enseigner à un cheval à tourner correctement à faux, que de lui apprendre à exécuter un changement de pied.

A propos du dressage. — Il m'est impossible de fixer un délai, même approximatif, pour le dressage; j'ai eu des chevaux qui apprenaient, en un mois, ce que d'autres ébauchaient à peine au bout d'un an. Cependant, un animal bien conformé, doué d'un caractère ordinaire et d'un peu d'énergie, peut, s'il est capable de travailler sans fatigue une heure et demie par jour, apprendre tout ce dont j'ai parlé en six semaines ou deux mois; j'ai moi-même mené à bien de tels dressages dans cette limite de temps et j'ai vu bien des cavaliers, sous-officiers, officiers ou civils, en faire autant par les procédés dont j'ai parlé ou par d'autres méthodes; les gens qui prétendent qu'en un mois ou deux il est impossible de rien faire, ne savent pas ce qu'est le dressage raisonné et ne le comprennent pas; ils montent par routine, mais ne sont pas hommes de cheval, ne se rendent pas compte de ce qu'ils font et je leur conseille d'aller prendre des leçons.

Quand on parle dressage, il faut toujours en revenir à Baucher et, ici encore, je prononcerai son nom. Un vieux dicton, affirmant que seule l'armée possède et pratique l'équitation classique, est parfaitement faux; les manèges civils et les cirques ont fourni une pléiade d'écuyers de premier ordre, qui ont obtenu des résultats assez marquants pour que les snobs et les militaristes exclusifs, ne pouvant les ignorer, se soient persuadé et aient persuadé aux autres que c'était là de l'équitation foraine bonne pour des acrobates et ne comportant que des moyens empiriques.

Baucher travaillait en public et il fut plus que tout autre

attaqué, calomnié, ridiculisé par des cavaliers, qui loin de l'égaler ou incapables de le comprendre, se vengèrent en cherchant à l'abattre; ils propagèrent la légende que le maître martyrisait ses chevaux, qu'il les privait de nourriture, qu'il leur liait les jambes, qu'il les dressait uniquement étant à pied et avec le concours d'un orchestre, enfin qu'il les magnétisait; quelques-uns même prétendirent que le grand écuyer ne savait pas monter à cheval et qu'il était si peu solide qu'il n'osait sortir du manège. Tout cela, bien entendu, était absurde; assurément, Baucher n'eut ni la solidité, ni la crânerie de son contemporain et rival le comte d'Aur, mais n'empêche qu'il fût et restera égal, sinon supérieur, aux écuyers les plus célèbres.

M. Fillis provoqua l'admiration, la stupéfaction, dirai-je, de tout Paris et des capitales où il passa; pas plus que Baucher, il n'eut recours à des moyens empiriques et il dressa ses chevaux dans différents manèges où chacun put le voir à l'œuvre; sa méthode, d'ailleurs, nous est un sûr garant de sa science profonde. J'ai pourtant entendu dire à un sous-officier de cavalerie, devant qui je parlais de M. Fillis : « Ce monsieur a fait une méthode et je l'ai eue entre les mains; mais après en avoir parcouru quelques pages, je l'ai fermée, trouvant que c'était idiot ». Ce sous-officier me fait l'effet d'un professeur de littérature qui n'aurait pas lu Voltaire. Heureusement que de pareils appréciateurs sont rares dans les régiments où la plupart des sous-officiers sont de bons cavaliers, capables de dresser sûrement, rapidement et savamment leurs chevaux; mais il est regrettable qu'il s'en trouve même un seul, car cela permet de croire que si la pratique de l'équitation est bien menée dans l'armée, il n'est, en revanche, pas assez parlé des maîtres — civils ou militaires — qui ont contribué à la perfection de l'art hippique.

Les officiers, eux, ont l'occasion de se rencontrer sur les hippodromes ou dans les concours, avec des civils, et partout ils savent se faire remarquer par leur crânerie, leur habileté et leur savoir; ne serait-il pas encore possible de mettre les meilleurs sous-officiers en contact avec des professionnels, comme il est fait pour les maîtres d'armes militaires? Cette fréquentation réciproque serait profitable aux uns et aux autres; et, sans créer de rivalité, elle engendrerait une saine émulation.

Un homme d'État, des plus en vue, songea un instant à envoyer à l'école de Saumur un écuyer célèbre; il en fut justement empêché, ayant eu à compter avec l'amour-propre d'un corps d'instructeurs d'élite, pour qui l'intrusion d'un civil eût été quelque peu offensante; mais peut-être eût-il été avantageux de confier aux soins de cet écuyer l'instruction d'un petit nombre de sous-officiers triés sur le volet, qui eussent, à leur tour, fait bénéficier de ce qu'ils auraient appris leurs camarades ou leurs hommes.

Tout art est perfectible; or, l'équitation est un art et ceux qui le pratiquent gagneront toujours à s'instruire à différentes écoles Ne voyons-nous pas les lauréats des Beaux-Arts aller se parfaire à Rome dans la contemplation et l'étude des chefs-d'œuvre des maîtres italiens? Les sculpteurs, les architectes, les musiciens, eux non plus, ne se cantonnent pas dans le cercle, admirable pourtant, de nos trésors artistiques nationaux; ils parcourent le monde à la recherche de la perfection et s'inspirent des génies morts ou vivants sans contrôler leur origine.

L'équitation savante n'est-elle pas trop restreinte aux écoles, et sa pratique ne demeure-t-elle pas trop mystérieuse pour le plus grand nombre? C'est une question que je pose, sans prétendre la résoudre; mais pourquoi ne créerait-on pas, dans les régiments, un sous-officier ou un adjudant instructeur spécialiste, dont le rôle correspondrait à celui du maître d'armes (1)? Il perfectionnerait l'instruction des jeunes gens qui, passés sous-officiers après douze ou dix-huit mois de présence au corps, ont encore besoin de travail et de conseils que les officiers instruits n'ont pas toujours le temps de leur prodiguer.

Il n'est pas suffisant que seuls ceux qui ont le goût du cheval

(1) Dans la plupart des régiments, il y a généralement un sous-officier ou deux capables de remplir ce rôle, s'il leur était attribué une autorité officielle.

le pratiquent, il faut encore que tous ceux qui enseignent, sans exception, sous-officiers et brigadiers, soient eux-mêmes poussés, entraînés et perfectionnés dans l'étude de l'équitation. Deux années suffisent pour rendre un jeune homme capable de passer à toute allure une haie ou une douve, mais il faut encore à cet homme beaucoup de connaissances, dont je ne puis parler dans le cadre restreint de ce chapitre, pour qu'il soit à même d'enseigner; je prétends que la majorité des cavaliers civils ou militaires ne font plus de progrès dès qu'ils sont livrés à eux-mêmes, qu'ils n'ont plus l'émulation de reprises d'ensemble et de travail obligatoire; ceux qui se distinguent ne le font que par leur propre initiative et par leur goût particulier sans qu'il soit rien fait pour les encourager.

Il ne faut pas croire que la longue pratique de l'équitation suffise pour produire un cavalier apte à former des élèves. J'ai rencontré toute ma vie des veneurs ou des piqueurs passant la moitié de leur existence en selle, sans avoir pour cela acquis les moindres notions sur les lois qui régissent l'équilibre du cheval pendant ses différentes évolutions; tandis qu'en deux ou trois ans à Saint-Cyr, à Saumur et à Fontainebleau, des instructeurs capables arrivent à fournir des cavaliers toujours suffisants, quelquefois même très bons; et je répète que le dressage des recrues devrait être confié aux sous-officiers de réel talent, tandis que leurs camarades plus jeunes se perfectionneraient sous l'œil d'un « maître d'équitation » en attendant de devenir eux-mêmes instructeurs.

L'enseignement dans les collèges n'est pas confié à des maîtres seulement instruits; on exige encore d'eux les titres de licencié, d'agrégé ou de docteur dans la science qu'ils professent; pourquoi n'en est-il pas de même au régiment, où le maréchal des logis doit posséder la science infuse, tout enseigner à la fois, et où le plus parfait cavalier est par contre obligé de perdre son temps à passer des revues de paquetages ou à surveiller le maniement d'armes.

Autrefois, les soldats étaient pour la plupart illettrés, mais aujourd'hui, ils arrivent au corps avec une instruction assez développée et ils seraient à même de recevoir des leçons où le raisonnement suppléerait à la routine.

Le saut. — Les causes qui empêchent un cheval de sauter sont physiques ou psychiques : l'animal n'aurait pas de raison pour refuser de passer un obstacle, s'il n'éprouvait ni douleur, ni gêne, ni frayeur.

Les causes de souffrance sont multiples et d'origines différentes ; elles proviennent de la mauvaise conformation du cheval, ou de sa timidité, ou encore du trop de sévérité de l'obstacle, et le plus souvent, de la maladresse du cavalier.

L'animal qui a le dos mou ne peut sauter sous du poids ; celui qui a de mauvais jarrets souffre en s'élevant et le poulain, dont les articulations sont encore mal soudées, éprouve une vive douleur en se recevant ; de tels chevaux préfèrent souvent les coups aux désagréments plus ou moins grands qu'ils éprouvent à franchir un obstacle et ils rétivent. Le cavalier qui s'obstine à les faire sauter dans de telles conditions est un bourreau et méritera de ne récolter que des déboires ; il eût été préférable pour lui de soigner ou simplement de fortifier sa monture et de ne la faire sauter qu'après avoir amélioré son état général.

Le poulain qui n'a jamais bondi ne sait pas s'y prendre ; il ignore ce qu'il va lui arriver, il se contracte, il fait un effort inouï pour passer une barre à terre, il s'y embarrasse les pieds, perd la tête et ne veut plus recommencer ; il ne faut pas confondre ce refus avec celui provoqué par la souffrance, et le dressage viendra rapidement à bout de ces premières résistances.

Mais le cheval, je le répète, ne souffre pas seulement par sa mauvaise structure, sa maladresse ou sa timidité, la répulsion qu'il éprouve à sauter est le plus souvent imputable au dresseur. Si un cavalier pesant 80 kilos monte un animal en pesant lui-même 400, et qu'en sautant ce cavalier déplacé retombe sur sa selle d'une hauteur de 30 centimètres, il produit sur les épaules de sa monture l'effet d'un poids de 20 kilos tombant sur celles d'un homme; naturellement, plus la vitesse et la hauteur sont grandes, plus le choc sera douloureux ; et pour peu qu'en même temps le mors reçoive une forte saccade, le cheval terrifié de toutes ces souffrances rétivera.

Cependant un sauteur peut être sain, bien conformé, admirablement monté et s'écœurer sur de trop gros obstacles ; tout le monde a pu voir dans les concours et dans les prix du barrage que les animaux n'abordaient pas avec plaisir des hauteurs variant de deux mètres à deux mètres cinquante et qu'ils se recevaient mal; en résumé donc, tout refus est provoqué par une souffrance dont la cause est parfois difficile à déterminer même pour des écuyers expérimentés.

Je fais ici la théorie de l'équitation pratique seule ; je ne parlerai que des obstacles courants dont les plus élevés, même en pays dur, ne dépassent jamais 1 mètre 20 à 1 mètre 30 et qu'un bon cheval, sous un poids proportionné à son type, peut franchir sans trop de peine et sans se dégoûter, s'il y est dressé rationnellement.

Dès que mon poulain est soudé dans ses articulations et dans son dos, qu'il cadence son galop et qu'il engage bien ses postérieurs, je le fais sauter ; je fais débuter tous mes chevaux, jeunes ou vieux, avec la selle bien sanglée, les étriers ballants et les rênes de bridon nouées sur l'encolure ou même retirées ; je fais envelopper les membres d'ouate et de flanelle.

Le mode de dressage le plus facile et le plus sûr est de lâcher l'apprenti sauteur dans un couloir coupé d'obstacles et de le poursuivre à coups de chambrière, en poussant des cris derrière lui ; plus il y a de monde et plus il se fait de bruit, plus la leçon est profitable. La chambrière doit agir surtout au moment du saut pour combattre le temps d'arrêt ; si le couloir est assez long et qu'un certain nombre d'hommes de bonne volonté soient rangés de chaque côté, l'animal passera sous toutes les mèches et sautera forcément dans un bon train.

Les obstacles doivent être absolument fixes et ne pas dépasser

40 ou 50 centimètres pour les premières leçons ; le terrain doit être très élastique, surtout du côté où l'animal se reçoit.

Tous les chevaux n'ont pas les mêmes aptitudes et les plus puissants ne sont pas toujours les plus adroits ; celui qui saute en lapin ne fera jamais un parcours dur, tandis que le sauteur d'avenir montre, dès les premières séances, ses aptitudes en s'élevant comme s'il était projeté en l'air par des ressorts bien bandés ; il est souvent hésitant, maladroit ou brutal, mais, dès qu'il part, il fournit une détente puissante et s'il est bien mené il fera un bon hunter. L'adresse s'acquiert, la puissance ne s'enseigne pas. Ces bons chevaux sont souvent plus difficiles à parfaire que les autres, parce que le sang ne va pas toujours sans un peu de caractère et avec eux, pour ne pas les manquer, il faut plus de méthode qu'avec un brave petit poulain anémique.

Un animal ordinaire doit franchir un mètre en hauteur et 2 mètres 50 ou 3 mètres en largeur après quatre ou cinq séances ; d'autres, à la fois puissants et ardents, font beaucoup mieux, mais j'ai pris une moyenne pour fixer le lecteur et faire comprendre qu'il est inutile de prolonger les débuts sur une barre à terre ou sur des obstacles de 25 centimètres.

Quand le cheval, après avoir sauté, est parvenu à l'extrémité de la piste, il s'arrête forcément : je le fais alors prendre par un homme qui le caressera, qui le fera sortir doucement et le ramènera à la porte par laquelle il est primitivement entré dans le couloir. Il faut à tout prix éviter qu'il revienne sur ses pas, c'est à cette condition seule qu'il deviendra franc ; il doit comprendre que tout retour en arrière est rigoureusement châtié et qu'au contraire il a repos et récompenses quand il se porte en avant.

Si je n'ai pas de couloir, ce qui hélas est le plus fréquent, j'improvise un obstacle fixe de 60 centimètres environ ; je conduis mon élève au caveçon à dix ou quinze mètres devant ma construction improvisée, je prends de la main gauche la longe à une bonne distance de la muserolle et je conserve ma chambrière dans la main droite. Un palefrenier se place près de l'épaule du cheval et du même côté que moi — à gauche pour l'instant ; — il saisit la longe à 40 centimètres de la tête, il tient de sa main gauche une cravache et la dissimule derrière son dos. Le cheval, l'homme et moi nous nous mettons en marche parallèlement et droit sur l'obstacle ; arrivés à un mètre de celui-ci j'agite ma mèche, l'homme lâche la longe, montre sa cravache et quatre-vingt-dix fois sur cent l'animal saute ; comme j'ai eu soin, moi, de passer à côté de l'obstacle, j'ai toute facilité pour arrêter doucement l'élève, l'amener à moi et le caresser. Il faut que le palefrenier soit très obéissant et lâche la longe au moment précis où je le lui commande ; il ne court du reste aucun danger, le cheval ne dérobant jamais en venant sur la chambrière et sur la cravache. Je renouvelle cet exercice, avec des interruptions, une dizaine de fois dans la séance.

Cependant, si l'animal refuse, je le place le nez sur l'obstacle que j'enjambe devant lui ; j'échange ma chambrière contre la cravache et je commande à l'homme d'attaquer vigoureusement de la mèche sans arrêt jusqu'à ce que les coups aient déterminé le saut. J'ai pris la cravache pour empêcher le cheval de me bousculer si la fantaisie l'en prenait ; il ne faut d'ailleurs jamais avoir les mains vides quand on procède à ce genre de dressage à la longe.

Le cheval doit toujours apprendre à sauter sans être monté, car si bon et si léger que soit le cavalier, son poids est cependant une gêne appréciable et l'accident plus à craindre. Je ne monte donc, ou ne fais monter mes chevaux que quand ils sont très francs et très adroits, encore ne le fais-je qu'avec précaution.

Je mets mon animal de dressage à la longe et je place sur son dos un homme léger — il est inutile qu'il sache monter, pourvu qu'il soit assez dégourdi — et je procède comme s'il n'y avait pas de cavalier ; après quelques jours, je fixe les rênes à un licol et l'homme s'y cramponne d'une main, tandis que de l'autre il tient toujours le pommeau. Dès que, dans ces conditions nouvelles, le cheval est confirmé, je supprime la longe et je le monte en bridon ; je le place bien en face de l'obstacle — cela a une grande importance, — je l'arrête un instant, je le porte en avant au petit galop, je l'encadre bien, et avant que la détente se produise, je rends complètement les rênes de façon à ce qu'au moment où il se reçoit, la tête soit entièrement libre. Il faut choisir pour rendre l'instant précis où l'on sent que l'animal va s'enlever; à ce moment déjà il ne peut plus refuser ou s'arrêter et les rênes deviennent inutiles.

Si le cheval hésite, je le pousse des mollets et des talons et, à tout prix, je l'empêche de retourner : tant pis s'il saute mal, pourvu qu'il passe sans faire demi-tour; cette indécision ne doit pas se produire quand la leçon de longe a été bien donnée.

Aussitôt après le saut, j'arrête et je caresse. Pour l'instant, je me garde d'attaquer au moment de la détente, car il me faut garder la confiance de mon cheval et pour cela il ne doit éprouver aucun désagrément. J'évite de sauter des haies, les chevaux les meilleurs prenant rapidement l'habitude de passer au travers.

Il est inutile d'allonger l'allure pour sauter la hauteur, au contraire; cependant, aussitôt que mon élève me paraît assez confirmé, je l'engage à un galop rapide sur des obstacles de 60 ou 70 centimètres; cet entraînement préalable est nécessaire pour franchir ensuite la largeur. Je recherche une douve ou un fossé de deux ou trois mètres de largeur dans un pré ou partout ailleurs, pourvu que le terrain soit bon ; je tâche de trouver deux camarades sautant bien, je me place entre eux et j'aborde l'obstacle à toute allure. Très généralement le cheval saute, mais s'il marque un temps d'arrêt le cavalier risque de passer par-dessus l'encolure ; ce qu'il y a de mieux à faire pour éviter un trop grand déplacement est de bien chasser les fesses en avant, de se voûter, de se faire aussi petit que possible, et de bien fermer les jambes.

Les chevaux se dérobent plus facilement sur une douve que partout ailleurs, parce que le cavalier est obligé d'engager une allure très vive et qu'il a à lutter contre la force acquise qui s'ajoute à celle que l'animal développe pour s'échapper ; si la déviation se produit vers la gauche, je ferme la jambe gauche, je porte mes mains à droite de manière à charger l'épaule droite, c'est la rêne gauche qui agit le plus activement pour empêcher l'encolure de se ployer vers la droite ; si je tirais sur la rêne droite j'obtiendrais le même résultat que le mauvais cavalier dont j'ai parlé dans le chapitre « Chevaux de selle de travers » (1).

Si je désire pousser plus loin l'enseignement du saut, c'est-à-dire si je veux obtenir l'habileté des postérieurs, je place deux hommes derrière l'obstacle ; ils tiennent chacun une des extrémités d'une barre qu'ils lèvent et dont ils frappent les boulets de derrière, quand l'avant-main est passé et que le cheval bascule. La plupart des animaux s'habituent à reployer avec soin leurs jarrets, si aucune tare ne les gêne dans leurs articulations.

Si j'ai affaire à un paresseux lymphatique, qui s'enlève mal, je le fais barrer devant ; mais alors je poste deux autres hommes munis de chambrières de chaque côté de l'obstacle pour s'opposer à un refus presque inévitable. Ce dernier procédé est dangereux ; il ne peut être employé que le cheval étant monté et provoque la chute, si les hommes ne lâchent pas la barre au bon moment ; il peut encore déterminer des défenses désespérées et souvent invincibles.

Une méthode plus facile pour arriver à un résultat généralement satisfaisant, est de garnir le dessus des obstacles avec des ronces, des épines ou des ajoncs ; cela suffit pour les parcours ordinaires, mais pour les grandes hauteurs il faut barrer coûte que coûte, vaincre par la lutte les résistances qui se produisent et attaquer de l'éperon à chaque obstacle.

Je termine en recommandant aux jeunes cavaliers de ne jamais essayer de faire sauter leurs chevaux par d'autres procédés que ceux précédemment indiqués; moi-même, chaque fois que je m'en suis écarté, j'ai eu à le regretter.

Chevaux difficiles. — Les chevaux sont difficiles par penchant naturel, par suite d'un mauvais dressage, ou parce qu'ils

(1) N'abordez jamais la largeur à une allure raccourcie, le cheval serait obligé, pour franchir l'obstacle, de fournir un effort qui l'écœurerait bientôt.

souffrent ; les premiers sont les plus délicats à mener à bien, surtout si leur vice est héréditaire ; s'il n'est au contraire survenu qu'à la suite de traitements maladroits, un écuyer habile y remédiera avec de la persévérance et du tact. Il devra, avant tout, faire montre d'une volonté indomptable, énergique sans brutalité; ne pas se laisser désarçonner doit être sa préoccupation constante pour se maintenir en selle : il doit rechercher le mouvement en avant et le provoquer par l'emploi de la cravache, dès que le mauvais caractère se manifeste. Un bond en avant et pendant le mouvement n'est pas terrible, le cavalier attentif y résiste facilement en se rapetissant sur sa selle, en chassant le siège en avant comme dans le saut. La ruade ne déplace pas l'homme un peu assis, mais toute défense sur place devient redoutable et le meilleur écuyer n'y résiste pas, si elle se prolonge et que le cheval parvienne à placer sa tête entre ses jambes.

Le cavalier qui se fait désarçonner est toujours le plus prudent ou celui qui n'a pas l'énergie de répondre par l'attaque à l'attaque ; le cheval commence-t-il à bondir, en baissant la tête, en voussant le dos et en cherchant à s'arrêter, une attaque violente de la cravache ou des éperons jointe à une action autoritaire de la main de bas en haut le surprennent et le jettent en avant ; quatre-vingt-dix fois sur cent, il ne bondit même pas, ne pensant qu'à fuir. Si au contraire, le cavalier hésite, implore le calme d'une voix chevrottante et talonne sans conviction, il détermine des défenses de plus en plus fortes, il perd la tête et il finit par tomber ; il faut montrer son énergie et sa décision avec promptitude, il n'y a rien à gagner à attendre, et souvent une bonne résolution prise trop tard devient inutile. N'hésitez pas jeunes cavaliers, surtout si vous n'êtes pas très solides, à vous montrer plus brusques que vos chevaux, si vous avez affaire à de mauvaises natures ; mais ne les confondez pas avec des poulains naïfs, timides et gais, que vous devez toujours traiter suivant les principes du dressage normal dont j'ai longuement parlé.

Les chevaux qui se renversent y sont généralement entraînés

par leur cavalier ; pas tous cependant, car j'en ai vu le faire dès que l'homme approchait le pied de l'étrier : cet animal me fut présenté par un loueur de la Côte d'Azur; je ne le montai pas, bien entendu, et personne ne s'en soucia plus que moi.

Un cheval faible des jarrets peut aussi perdre l'équilibre en pointant. Cette défense, qu'elle provienne de vice ou de faiblesse, est la plus terrible de toutes, et il ne faut pas conserver les sujets qui s'y livrent. J'ai monté quelques cabreurs et je les ai toujours vigoureusement attaqués dès qu'ils étaient debout et sans jamais provoquer d'accident ; il est vrai que je me cramponnais au cou en plaçant ma tête sur le côté de l'encolure, tandis que, de la main restée libre, — la droite en général — je donnais des saccades de haut en bas avec le filet et en étendant le bras le plus en avant possible. Je m'étais exercé à cette acrobatie sur un cabreur bien connu et réputé très sûr dans un très grand manège parisien ; ce cheval remplissait les fonctions de sauteur aux piliers et donnait avec une obéissance et une sagesse parfaites toutes les défenses ; mais dès qu'on voulait, en liberté, lui faire franchir une barre, il rétivait et pointait. Toute une génération de cavaliers a passé sur son dos ; son nom m'échappe, mais c'était un type inoubliable de beau normand rouan vineux.

L'animal atteint de vertigo est dangereux et la douceur ou les coups restent impuissants contre la maladie ; il ne faut cependant pas confondre la lubie avec la folie, et j'ai eu un bon hunter qui avait de prétendues crises de vertigo dès qu'il était entre des mains inexpérimentées ; je l'ai toujours considéré comme parfaitement sain, mais emballeur. Il lui arrivait de temps en temps d'avoir des accès de paresse et de marcher à une allure ridiculement lente ; si on l'attaquait progressivement, il entrait en fureur, secouait la tête, tremblait et finalement s'emballait. Après avoir été emmené plusieurs fois, je me déterminai à le faire partir brusquement dès qu'il donnait des symptômes d'inquiétude et à prolonger le galop rapide aussi longtemps que possible au lieu de chercher à l'arrêter ; ce moyen dégoûta en très peu de temps ce cheval de s'emballer ; je le gardai cinq ans et je n'en eus que de l'agrément à la chasse ou à la promenade. Je l'attelai aussi, et il s'emballa encore; là, je n'osai employer le même procédé que monté par crainte d'un accident, et j'eus recours à un autre truc : dès qu'il me paraissait inquiet, je l'arrêtais court et je le maintenais immobile pendant quelques minutes ; après m'avoir fait quelques accidents au début de son attelage, il me donna par la suite toute satisfaction. Je le vendis, et en changeant de mains, il reprit son vice et causa, à mon grand regret, des accidents partout où il passa ; il se contenta heureusement de briser des voitures et de faire passer de vie à trépas un mouton et un veau, que son dernier maître, un boucher hélas ! l'avait chargé de véhiculer.

Chevaux emballeurs. — Aucun écuyer, quelles que soient sa science et sa vigueur, ne peut arrêter sa monture emballée ; il n'a plus aucun moyen à sa disposition pour varier l'équilibre de la masse et amener ainsi le changement d'allure, l'encolure et la mâchoire étant contractées et la vitesse telle que les rênes n'ont plus aucune action contre l'impulsion. L'homme de sang-froid peut chercher à changer l'équilibre en portant tout son poids sur l'avant-main et en tendant ses rênes le plus possible, pour ensuite se reporter brusquement en arrière en rendant complètement et en fermant vigoureusement les jambes; il aura ainsi fait tout ce qui est mathématiquement possible pour déplacer le centre de gravité et peut-être obtiendra-t-il une modification de l'allure, mais cela est incertain.

Un violent coup de cravache sur les oreilles facilite l'arrêt, m'a-t-on dit ; en tout cas, cette attaque imprévue ne peut être nuisible puisque la folie et la vitesse sont à leur apogée et que rien ne peut les augmenter.

Un autre moyen, préconisé par un écuyer anglais dont le nom m'échappe, est de faire croire au cheval dont vous ne vous sentez plus maître qu'il vous obéit en galopant très vite et que vous n'êtes nullement contrarié de cette allure accélérée; mais de tous ces systèmes, le meilleur ne vaut pas cher, et chaque fois que j'ai été emballé, mon cheval s'est arrêté quand il l'a bien voulu; cela m'est arrivé très rarement et dans ma toute jeunesse.

Il ne faut pas confondre un gros tireur, qui vous emmène plus loin et plus vite que vous le désirez, avec un emballeur; l'animal vraiment parti a la bouche et l'encolure rigides commes un bloc de pierre; le tireur, lui, a toujours une certaine souplesse. Un tireur mal monté peut perdre la tête et s'échapper, tandis qu'un emballeur, entre des mains habiles, ne doit pas parvenir à disposer son centre de gravité dans la position nécessaire à l'accélération folle; et dès que le cavalier craint de ne plus être maître de l'impulsion, il doit arrêter même sur les jarrets, fléchir l'encolure en tous sens, traverser le cheval, ou même descendre pour ne remonter qu'avec le retour du calme (1). Il faut beaucoup de tact, de jugement et d'attention à l'homme qui monte un animal aimant à partir, et il doit s'appliquer à occuper le mauvais sujet en lui demandant une foule de petites choses et d'infimes concessions. De tels chevaux sont insupportables et dangereux; avec eux les mains doivent rester presque immobiles et les effets de rênes ne provenir que d'une grande variété dans la puissance de fermeture des doigts.

J'ai vu de soi-disant emballeurs devenir chevaux de dame, après avoir subi un dressage d'assouplissement de mâchoire et d'encolure, et qu'ils surent obéir au mors, au lieu de le redouter.

Chevaux peureux. — Tous les jeunes chevaux, à moins d'être malades, sont peureux; ils redoutent ce qu'ils ne connaissent pas, et comme ils n'ont pas vu grand'chose, un rien revêt pour eux une apparence effrayante, mais dès qu'ils ont à côté d'eux un compagnon, ils marchent avec beaucoup plus d'assurance et le champ de leur rayon visuel se trouve limité à un seul côté; le

(1) Si vous pouvez décider votre cheval à se rouler, il est probable que sa surexcitation sera disparue après cet exercice. C'est ce que font les entraîneurs pour calmer leurs poulains après le travail.

nombre des causes déterminantes de la peur se trouvera alors diminué de moitié.

Il ne faut pas corriger le poulain qui s'effraie, tous les auteurs l'ont répété, mais il vaut mieux cependant se montrer énergique que de laisser le cheval faire des demi-tours dont il abuserait par la suite. Si je découvre un objet effrayant, je détourne l'attention de l'animal en lui demandant des flexions, des concessions de hanches ou tout autre mouvement et en parlant à haute voix avec volubilité, mais sans colère. Je me rends compte de l'avantage que présente cette façon d'agir, quand je vois le même cheval tenu en main ou monté nonchalamment, faire des écarts et des défenses terribles en passant près d'objets qu'il ne regarde même pas quand je m'occupe de lui.

Si j'aperçois une automobile, même de très loin, je me gare immédiatement le plus possible et je commence un travail serré. Mon poulain, bien rangé sur la droite, n'a d'abord pas l'impression que la voiture vient sur lui, et comme il est très occupé par l'association et la variation de mes aides, il pense rarement à s'effaroucher; comme, d'autre part, je l'ai encadré et mis dans l'impulsion, il ne peut m'échapper, et s'il fait quelques petites difficultés, je feins de ne pas m'en apercevoir.

Je combats le demi-tour comme la dérobade; et quand mon cheval hésite à se porter vers un objet qui est sur sa droite, par exemple, je tends la rêne gauche, je porte mes mains à droite et je vibre la rêne droite d'un mouvement très vif tout en agissant de la jambe gauche.

Les animaux qui ont une mauvaise vue sont plus peureux que d'autres et ils voient partout des monstres; j'en ai possédé un qui était presque « immontable » par les jours de grand soleil, les plaques de lumière se jouant à travers les feuilles l'affolaient; par les temps couverts, au contraire, il était parfaitement droit et un enfant l'eût monté. La chasse est un excellent travail à donner aux chevaux peureux; ils y sont distraits et se trouvent en nombreuse compagnie.

Il y a le faux peureux, c'est-à-dire le « cabochard », qui n'est pas en avant et qui profite de tout pour ralentir l'allure ou faire demi-tour; avec celui-là n'hésitez pas à employer la plus grande brutalité; par ce moyen seul vous le rendrez peut-être moins désagréable.

J'ai eu une jument atteinte de ce défaut et douée en plus de réactions dures; à chaque temps d'arrêt qu'elle me faisait, elle me déplaçait et dès qu'elle s'aperçut des variations de mon assiette, elle augmenta sa brusquerie; aussi un jour me posa-t-elle violemment à terre. Je ne la lâchai cependant pas et aussitôt relevé, pris d'une juste colère, je la frappai à tour de bras; comme elle tirait au renard mes coups de cravache tombèrent au hasard sur ses canons et elle se jeta à genoux; à force de coups je l'empêchai de se relever et je la battis aussi longtemps que j'en eus la force; dès que je le pus, je me remis en selle et recommençai la danse. Depuis ce jour, la jument ne me refit jamais de temps d'arrêt et à peine marqua-t-elle de légères hésitations; mais elle ne me pardonna jamais, et si j'étais entré seul dans son box, je suis persuadé qu'elle eût largement pris sa revanche; son caractère, naturellement doux, ne fut du reste en rien altéré vis-à-vis des autres personnes qui l'approchaient.

J'avais agi par colère et non guidé par le raisonnement; je ne conseille pas d'employer ce moyen, car des coups ainsi donnés sur le devant des membres peuvent offenser les extenseurs. Après un certain temps, je vendis cette bête, je ne la revis jamais et ne pus savoir si son vice lui était revenu.

Je termine ce chapitre en disant que plus un cheval est dans l'impulsion et dans l'équilibre, plus le cavalier combattra facilement les écarts; si au contraire l'homme et l'animal sont emportés par le poids, par la masse et par la vitesse, la peur et les défenses qu'elle entraîne ne pourront être maîtrisées par les rênes dont l'effet, dans de telles conditions, est nul au point de vue du déplacement du centre de gravité.

CHAPITRE V

L'AMAZONE

Proposez à une femme de la faire monter à cheval et vous verrez très généralement votre offre accueillie avec enthousiasme.

La future amazone ne songera pas une minute qu'il lui faudra apprendre un art difficile ; elle ne verra que le plaisir de s'habiller avec élégance et elle sera convaincue, dans son for intérieur, que dès les débuts, elle possédera la grâce d'une écuyère consommée.

Elle passera chez ses fournisseurs ou chez ceux de ses parents, et si elle est livrée à elle-même, elle commandera une foule de vêtements ou accessoires chics et avantageux, mais parfaitement inutilisables. Mes lectrices m'excuseront d'entrer dans l'intimité de leur toilette; elles auront d'autant plus de mérite à le faire, que les conseils que je leur donnerai leur paraîtront contraires aux règles les plus élémentaires du goût et de l'esthétique.

Chez le chapelier : choisissez une cape en feutre très dur et assez grande pour qu'elle entre un peu sur la tête et ne soit pas posée sur le sommet d'un échafaudage de cheveux. Elle doit être placée, comme le chapeau d'un homme, ni en avant, ni en arrière.

Si vous n'avez pas le bouton d'un équipage, ne prenez pas un tricorne et si vous êtes obligée d'en employer un pour obéir aux lois de l'étiquette, exigez qu'il soit en feutre très rigide et pas trop volumineux. En été, coiffez-vous d'un canotier ordinaire et masculin en rejetant toute forme excentrique ou à grands bords.

Chez le coiffeur : l'expérience est le meilleur des professeurs, et la débutante ne se résoudra jamais à fixer solidement ses cheveux, avant d'avoir éprouvé le désagrément d'être décoiffée au manège ou à la promenade. Il est impossible à une femme de se parer pour l'équitation comme pour la ville; si sa chevelure est bouffante, vaporeuse et savamment édifiée en constructions élégantes, après un petit quart d'heure de trot, le monument s'effondrera. Coiffez-vous en roulant vos cheveux en chignon derrière la tête et assez bas, ou encore faites un catogan.

Chez le tailleur : l'amazone doit faire faire sa jupe chez un spécialiste ; et ceux-ci sont peu nombreux. La jupe doit être parfaite, collante sans être serrée. Il s'en fait de différentes formes et toutes sont bonnes, pourvu qu'elles soient bien établies.

Une jeune femme très bien faite, et montant admirablement à cheval, peut se vêtir d'un costume princesse ou de tout autre vêtement la moulant; mais si elle n'est pas absolument sûre de son assiette et de son anglaise, elle devra porter une longue jaquette ou un paletot cintré. Elle paraîtra bien assise, bien en selle et sera par conséquent plus gracieuse.

Les meilleures couturières ne peuvent confectionner de pareils habits, qui demeurent la spécialité de quelques tailleurs seulement.

L'amazone doit porter un pantalon en jersey qui, tout en ne faisant pas de plis, donne une entière liberté aux mouvements. Si elle le préfère, elle prendra une culotte de même tissu avec des bottes ou des leggins en cuir très fin et très souple.

Elle se mettra au cou un col et une cravate d'homme et elle renoncera franchement à tout colifichet, dentelle ou ruban ; enfin elle se servira de gants beaucoup trop grands.

Chez le corsetier : la femme qui choisit le corset fait comme elle l'entend, c'est-à-dire long, droit ou rentré, ne pourra pas monter sans se blesser aux cuisses. Si elle est trop serrée, elle sera raide et disgracieuse, elle s'essoufflera rapidement et aura une figure de martyre; si elle veut s'allonger trop la taille, elle se contusionnera les hanches. Elle devra donc prendre un corset très court et se rapprochant le plus possible d'une ceinture.

Celles de mes lectrices qui n'ont pas encore fait leurs débuts hippiques souriront en lisant les lignes précédentes, et penseront que l'auteur est un barbare, apte peut-être à toiletter un cheval, mais absolument ignorant des délicatesses féminines. Je leur répondrai que c'est précisément la connaissance de leur sensibilité qui m'amène à leur donner des conseils pratiques; si elles veulent bien les suivre, elles monteront à cheval sans souffrance et sans se montrer sous des aspects... disgracieux, pour ne pas dire plus; si elles les négligent, en peu de temps, et après des luttes pénibles, elles y reviendront; elles feront alors, après de malheureux essais, ce qu'elles auraient dû faire dès le premier jour.

Les débuts de l'amazone. — Je recommande aux amateurs qui font monter leurs femmes, leurs filles ou leurs sœurs ou toute autre dame de prendre les plus grandes précautions. La chute est beaucoup plus dangereuse pour la femme que pour l'homme. En cas d'accident, le cavalier glisse le long de l'encolure où il se raccroche plus ou moins; tandis que l'amazone tombe presque infailliblement sur la tête et elle peut être traînée.

Le professeur improvisé doit choisir un animal absolument sage, ou s'il ne peut le rencontrer, il tiendra celui plus vigoureux dont il se servira avec une fausse rêne fixée au filet.

Les débuts sont très différents suivant la nature et la conformation de l'élève. J'en ai rencontré de décourageantes, quand au contraire d'autres se montrent plus solides et plus habiles que les jeunes gens les plus entreprenants. Les premières ne sont pas les plus rares, mais cependant beaucoup de femmes monteraient à cheval aussi bien que le sexe fort, si leurs parents ou leurs seigneurs et maîtres leur en facilitaient les moyens.

L'amateur qui tente d'instruire une femme peureuse perd son

temps ; il n'arrivera à aucun résultat et il fera mieux d'envoyer son élève dans un manège. Là, elle sera rassurée par les murs, par l'autorité d'un professeur inconnu, et la présence d'un public plus ou moins nombreux la stimulera.

Toute femme essayant de faire des grâces est assurée, en équitation au moins, d'atteindre un but immédiatement opposé à son désir. Il lui faudra au contraire se mouvoir, non pas tout à fait comme une mécanique, mais avec une très grande précision et en évitant tous les mouvements inutiles. Du reste, à cheval, il n'y a pas de mouvements inutiles ; ils sont ou nécessaires ou nuisibles.

Les débutantes aiment à s'élancer n'importe où et à propos de tout; leurs élans sont dangereux pour elles et pour l'instructeur.

L'amazone qui s'élance pour se mettre en selle est tellement lourde, qu'il devient impossible, même à un homme vigoureux, de l'élever assez pour lui permettre de s'asseoir. Voici ce qui se passe quand une femme se fait mettre à cheval par un monsieur inexpérimenté : elle le prie de bien se baisser, et à peine lui a-t-il saisi le pied qu'elle saute avec l'espoir de se trouver assise comme par enchantement. Ici encore le résultat trompe l'attente ; il se produit deux incidents différents, mais également fâcheux. Si la femme s'est penchée en se tournant vers la droite, elle heurte le cheval avec sa hanche, elle tombe de côté avec la selle sous le bras et elle s'arc-boute avec ses pieds à l'abdomen du professeur d'occasion. Si elle ne se retourne pas, elle heurte avec ses reins les côtes de l'animal et cette fois elle retombe sur la tête du cavalier servant. Celui-ci recevra tous les reproches : il n'y entend rien, il n'est pas parti à temps, il n'a pas enlevé avec assez d'énergie et que sais-je encore !

Quand j'ai à faire monter une débutante, je l'exerce avant la leçon. Je la prie de placer son pied sur le milieu d'une chaise, je lui tiens légèrement le bout des doigts et je lui demande de s'élever tout doucement sans sauter; je lui fais répéter ce mouvement une dizaine de fois de chaque jambe. Arrivée près du cheval, elle saisira la corne la plus élevée de sa main droite et elle placera sa gauche sur mon épaule droite. Je lui prends alors le pied que je maintiens sur mon genou gauche. L'amazone s'élèvera ainsi facilement et aussi lentement que sur la chaise, et elle n'aura pas la tentation de sauter et de reployer ensuite sa jambe. Elle doit tourner le dos au cheval sans essayer de se mettre sur la selle où je la pose moi-même ; elle ne se retournera qu'une fois assise.

Si j'ai pris son pied droit, l'amazone adossée au cheval glisse en s'élevant contre la selle, s'assied facilement et s'égare peu. Si au contraire j'ai pris son pied gauche elle a plus de peine à ne pas se jeter sur moi ou sur le cheval, mais quand elle est bien habituée à raidir sa jambe sans se hâter, elle a plus de grâce et je peux l'élever beaucoup plus haut que la selle où je la repose ensuite doucement. Quand l'amazone monte facilement, je supprime l'emploi de mon genou sans qu'elle s'en aperçoive.

Je conseille aux jeunes gens de ne jamais s'offrir pour mettre en selle une personne dont ils ignorent le talent équestre, ils risquent d'être ridicules, d'être bousculés et d'encourir d'éternelles rancunes ; si cet honneur leur est proposé, ils doivent déclarer qu'ils sont très novices et très maladroits ; ils sauvegardent ainsi l'amour-propre de la femme, et c'est quelque chose.

Toute la solidité de l'amazone consiste dans le recul de l'épaule droite et dans l'avancement de la gauche. Le siège doit être reporté sur la gauche ; le fémur gauche portera bien sur la selle et toute la jambe sera placée comme celle du cavalier, avec l'avantage que le crochet l'empêchera de remonter.

Les débutantes, et bien d'autres encore, ont toujours tendance à reporter leur épaule gauche en arrière, ce qui les force à s'asseoir à droite et d'être assises comme sur une selle meunière. Toute solidité est alors détruite.

L'amazone ne se rend pas compte de sa position et quand elle croit ses épaules bien droites, elles sont généralement de trois quarts relativement à la direction du cheval. Une grande habitude et une incessante surveillance du professeur seules fixent la position.

Il est indispensable, pour faciliter le recul de l'épaule droite, de placer les rênes dans la main gauche.

Dix amazones sur vingt partent dès le premier jour au pas, au trot et au galop, sans crainte, et sans danger de chute ; mais pas une seule ne peut anglaiser. Là encore, la femme veut s'élancer quand, au contraire, elle doit seulement se laisser enlever et se maintenir en l'air le plus longtemps possible, en s'appuyant fortement sur l'étrier.

Je conseille à l'amazone de pencher le haut du corps en avant, de rentrer le ventre et de compter : un! deux! rythmant ainsi ses enlevées.

Les femmes qui ont les fémurs très longs ont de la peine à anglaiser gracieusement, leur cuisse droite allongée horizontalement sur la selle les en empêche, le genou droit, pivot, se trouvant très éloigné du centre de gravité; au galop, au contraire, elles seront très assises et solides, car, qui dit longues jambes, indique petit buste.

L'amazone qui anglaise avec ses épaules bien droites en s'appuyant sur l'étrier avec le talon bas, sera sur son cheval aussi d'aplomb qu'un bon cavalier. Si elle a l'épaule gauche en arrière, qu'elle raccroche sa jambe avec le talon haut, elle paraîtra sortir de sa selle vers la gauche à chaque foulée, et rien n'est plus disgracieux que cet effet, hélas! très fréquent.

La femme qui désire apprendre vraiment à monter doit répéter les exercices que j'ai indiqués à propos de l'instruction de l'homme. Elle fera de la longe, du trot assis, du trot enlevé sur le pied droit et sur le pied gauche; elle conservera cependant toujours son étrier. Le trot assis l'oblige à placer ses épaules naturellement droites, sans quoi elle glisserait vers la droite au point de sortir de la selle et de tomber.

L'amazone doit, dans l'équitation courante, tenir sa tête droite, ses coudes rapprochés des hanches, les poignets autant que possible à la hauteur de la ceinture, les épaules bien ouvertes et le dos plat.

Elle tiendra les rênes comme je l'ai indiqué ; cette position lui permet de tendre indifféremment les droites ou les gauches tout en ne se servant que d'une main ; elle pourra ainsi se servir de sa cravache en toute liberté et remplacer, jusqu'à un certain point, l'aide de la jambe qu'elle ne peut employer. Elle pourra fixer sa main sur son genou, et si elle crispe les doigts elle acquerra une grande force pour s'opposer aux résistances de la bouche du cheval. Elle apprendra à exécuter les flexions étant à l'arrêt et avec les rênes dans une seule main, ce qui lui est parfaitement possible avec la tenue de rênes que je préconise.

La femme devient rapidement aussi solide qu'un bon cavalier et apprend vite à se servir de ses mains. Cependant elle aura toujours de la peine à donner de l'impulsion aux chevaux qui en manquent.

L'écuyère qui prend un poulain près du sang et énergique peut l'amener au point du dressage où je me suis arrêté en remplaçant la jambe droite par la cravache ; elle ne peut y atteindre, si elle a affaire à un animal mou et paresseux, parce que dès qu'elle agira de la jambe et de la cravache, elle n'aura pas la force nécessaire dans la main gauche seule pour empêcher la masse de s'échapper en avant et pour la rejeter en arrière.

L'amazone doit s'habituer à se servir de l'éperon avec d'autant plus de précision que sa selle, toujours trop volumineuse, l'empêche d'employer avantageusement son mollet.

L'amazone, sous prétexte de souplesse, ne doit pas se laisser aller avec nonchalance, elle doit réagir contre le mouvement de balancement que provoque facilement l'allure du pas. Loin de l'avantager, ce dandinement ferait croire aux ignorants qu'elle est malade et aux initiés qu'elle ne sait pas monter.

Si vous accompagnez une amazone savante, mettez-vous à sa gauche ; elle pourra vous parler sans pour cela déranger sa position et vous la préserverez de la boue au passage des voitures ;

vous éviterez encore qu'un maladroit ne vienne lui heurter les jambes ; mais si vous avez affaire à une novice, placez-vous à sa droite, vous l'aiderez ainsi à maintenir ses épaules en ligne et vous pourrez saisir les rênes de son cheval, s'il y a lieu de le faire.

L'amazone qui s'y entraîne peut aborder, aussi bien qu'un cavalier, les gros obstacles; un certain nombre de femmes sont réputées pour leur intrépidité derrière les chiens dans les pays les plus durs. Sa position doit être la même que celle de l'homme; elle chassera le siège en avant, se rapetissera sur sa selle et rejettera vivement le corps en arrière pour rester bien assise. Elle résistera aux réactions les plus dures; mais le point capital est, pour elle, de ne monter que des sauteurs très sûrs, la chute pouvant entraîner des conséquences terribles.

Les romanciers nous disent : « Et la marquise sauta sur son cheval ». Ces auteurs voient des choses qui probablement échappent à l'homme de cheval. J'ai vu quelques marquises et pas mal d'écuyères, j'avoue franchement, qu'en dehors du cirque, je n'ai jamais vu de femme sauter sur sa monture; je suis même persuadé que si, à un rendez-vous de chasse, une jeune femme ou une jeune fille prenait en courant un vigoureux élan pour sauter en selle, l'assistance serait offusquée et bouleversée. Cependant, en cas de force majeure, l'amazone peut se tirer d'affaire toute seule. Elle n'a qu'à choisir un terrain un peu en contre-bas pour y placer son hack ou son hunter, et elle montera exactement comme un homme jusqu'au moment où, debout sur l'étrier, elle pivotera sur celui-ci pour s'asseoir.

Une femme montant bien doit supporter sans se plaindre le galop sur le pied gauche et y demeurer parfaitement assise; là encore la bonne position et l'aisance proviennent de la direction de la ligne des épaules.

Dès que l'amazone est parfaitement assise au galop et au petit trot, qu'elle a acquis la solidité nécessaire à l'indépendance de la direction, si vous voulez lui être très agréable, placez-la sur un cheval donnant facilement le passage et le pas espagnol. Donnez-lui quelques notions sur ce qu'elle doit faire, et en peu de jours elle exécutera ces deux allures artificielles assez bien pour se créer une réputation de grande habileté.

Je chercherai, ici, à détruire la légende qu'un cheval doit être mis en dame. Tout animal dressé l'est aussi bien pour l'amazone que pour le cavalier. Il est simplement prudent de s'assurer qu'il ne s'effraie pas au contact de la jupe. Pour cela, il suffit de faire monter un palefrenier et de lui attacher une couverture autour de la taille ; et encore très souvent ai-je négligé cette précaution.

Le meilleur moyen de trouver un cheval mis en haute école est de faire une annonce ; chaque fois que je l'ai fait, j'ai trouvé rapidement ce que je voulais, à des prix très abordables. La plupart des pur-sang réformés de Saumur passagent dès qu'on les pousse sur la main et qu'on ferme les doigts avec intermittence; il est un peu plus rare d'en trouver donnant le pas espagnol, cette dernière allure demande du reste pour être régulière, même si le cheval est bien dressé, l'emploi méthodique des aides diagonales.

Tous les autres mouvements de haute école demandent trop de précision pour être exécutés par des amazones qui font de l'équitation pour leur agrément et non par profession.

CHAPITRE VI

A PROPOS D'ÉLEVAGE

Je ne parlerai pas de l'élevage proprement dit, mais j'exposerai les grandes lignes d'une question qui s'y rattache et à propos de laquelle ont coulé des flots d'encre ; je croirais ce recueil de notions générales hippiques incomplet, si je ne fournissais au lecteur quelques renseignements à ce sujet.

Il existe en France deux partis opposés, j'allais dire ennemis ; chacun d'eux voit l'avenir de l'élevage sous un jour différent et leur divergence d'opinion est telle, qu'il paraît impossible de les mettre d'accord.

L'un est composé de sportsmen distingués, d'officiers ayant un actif hippique brillant et d'écrivains habiles ; ces personnalités ont entraîné à leur suite la foule mondaine et incompétente. Ce parti est puissant et riche ; il est disposé, paraît-il, à faire des sacrifices importants pour transformer de fond en comble l'élevage français dans toutes ses régions, le Midi excepté. Son but, avant tout patriotique et sportif, consisterait à produire une catégorie de chevaux de selle, dont le père serait invariablement de pur sang anglais et auquel seraient livrées les meilleures poulinières de demi-sang normandes ou autres. Les produits de tels accouplements feraient de parfaits hunters, de beaux hacks et de merveilleux troupiers ; la Société du cheval de guerre encourage déjà les éleveurs qui ont tenté de timides essais, et elle nous promet que bientôt la France aura une race de chevaux de selle égale en qualité et en beauté à celle d'Irlande.

Les régiments seront admirablement remontés et un escadron complet pourra accomplir des raids semblables à ceux que de rares privilégiés seuls ont pu, jusqu'ici, tenter avec succès ; les officiers et sous-officiers entreprenants n'auront qu'à étendre la main pour trouver au quartier un steeple-chaser; nous ne verrons plus nos malheureux soldats passer à l'allure ridicule du trot ; le civil ne sera plus obligé de chercher pour dépister un bon hack, et il n'aura qu'à choisir, en se promenant, celui qui fera le mieux son affaire ; le Bois de Boulogne, aujourd'hui sillonné d'affreux porteurs, deviendra le centre de réunion d'une cavalerie d'élite, et l'amateur se croira transporté dans le cadre charmant d'un concours hippique en plein air.

Naturellement les jeunes générations, ayant à leur disposition des chevaux de sang, deviendront habiles et fourniront des lignées d'écuyers. Le simple dragon, après avoir fréquenté des descendants de la race pure, passera maître en l'art hippique. Comme il n'y aura plus que de beaux et bons sujets, l'armée et le civil se remonteront pour des prix raisonnables et ce sera charmant : notre patriotisme, notre goût et notre bourse y trouveront satisfaction.

Le même parti en a assez de ce bête de normand qui n'est qu'une machine à trotter, si facile à remplacer par une automobile ; le normand ne peut pas galoper : à force d'avoir été sélectionné, il est déformé. Que voulez-vous en faire ? C'est la mouche du coche, le bourdon : de l'épate et c'est tout. Il est lymphatique, il a de mauvais tissus; cela est si exact qu'il suffit pour s'en assurer de peser un centimètre cube d'os de normand et de le comparer au poids du même volume d'os de pur sang. L'endurance du cheval de race pure et sa précocité sont indéniables et ne comportent pas discussion ; un enfant s'en rendrait compte ; moi-même, n'ai-je pas dit que le cheval de sang devait être préféré à tout autre.

Alors, pourquoi les partisans du père de pur sang ne triomphent-ils pas partout, et pourquoi la France reconnaissante ne leur décerne-t-elle pas un éloge national pour leur découverte ? Avant de répondre à cette dernière question, écoutons ce que dit l'autre parti.

La Normandie, à force d'efforts et de sacrifices, a formé, depuis près d'un siècle, une race de chevaux étoffés, énergiques et très vites, et l'éleveur habile peut, à juste titre, espérer mener à bien un beau produit, que les haras ou des acheteurs étrangers lui achèteront comme reproducteur à un prix important; si l'animal ne paraît pas réunir les qualités nécessaires pour donner naissance à une lignée, il peut néanmoins faire un cheval de luxe et trouver preneur à un prix rémunérateur parmi les marchands parisiens ou belges ; le poulain est-il indigne de figurer dans des écuries de grand luxe, la remonte est encore là pour en donner un prix, sinon important, au moins appréciable.

De fait, l'éleveur a trois clients dont l'un ou l'autre finit toujours par le tirer d'embarras ; et il risque, sans trop lésiner, des avances considérables tant au point de vue du recrutement des poulinières, qu'à celui de la bonne alimentation de ses élèves ; il est classique, il s'entend avec les haras, avec les gros acheteurs ou les courtiers, et s'il n'est ni écuyer ni sportsman, il vit de son commerce et il produit une marchandise dont le bon renom est universel ; il a donc toutes satisfactions : honneurs et argent.

Tout à coup, un groupe de spécialistes vient lui dire : « Mon ami, tu n'y entends rien ; tu élèves des chevaux de père en fils, soit, mais nous, nous avons chassé à courre avec des pur-sang et des irlandais, nous avons gagné des steeple-chases, nous sommes, de plus, dévoués à la France pour laquelle nous voulons une belle cavalerie ; tu vois que nous nous y entendons. Tu vas donc remiser ton normand et nous faire du demi-sang issu de père de sang pur; tu vas niveler un trot bête, élevé et vite, pour nous faire des galopeurs rasant le tapis et embrassant du terrain ; nous nous montrerons alors généreux, nous te donnerons des primes de 100 ou 150 francs, si tu es bien sage, et la remonte te paiera tes chevaux 50 ou 60 louis. »

L'éleveur normand sourit ou se fâche et il poursuit sa route, se rendant compte qu'il ne peut vivre en faisant seulement le troupier; assurément, il réussirait de temps en temps un bon cheval de selle en suivant les conseils qu'on lui donne; mais à qui le vendrait-il le même prix qu'un trotteur?

Si encore, par des exemples déjà tentés, il pouvait espérer réussir à peu près, peut-être se laisserait-il convaincre; mais on lui conseille de marcher en aveugle dans l'inconnu; il ne « marche » pas, du reste, et à mon avis il a raison.

Les protagonistes de la Société du cheval de guerre ont une compétence indéniable et leurs personnalités sont trop connues pour que j'en parle ici; mais ils me font l'effet de certains artistes de talent qui finissent par se singulariser et par voir autrement que leurs confrères.

Je risquerai la comparaison suivante : les haras et les éleveurs normands représentent l'école des Beaux-Arts où l'on est classique et où l'on peint suivant Carolus Duran, Bonnat, Lefebvre, etc. Les partisans du père de pur sang incarnent, eux, les indépendants, les pointillistes, les impressionnistes; ils voient le cheval comme Carrière ou Henri Martin voient la peinture. Peintres et sportsmen sont, chacun dans son métier, gens de valeur; néanmoins l'opinion ne doit se laisser entraîner ni par des conceptions artistiques trop abstraites, ni par des théories hippiques trop spécieuses. Laissons les Normands continuer tranquillement l'élevage de leurs admirables trotteurs, ce qui n'empêchera jamais l'homme de cheval de rencontrer un bon hack ou un bon hunter.

Il serait à redouter, en suivant la voie nouvelle et en quelque sorte inexplorée, qu'une race de demi-sang coupée en deux, autrement dit de « claquettes », ne vînt se substituer à la normande actuelle et que nous ne vissions encore un plus grand nombre de jeunes officiers montés sur des animaux sans dos, sans membres, sans allure, doués seulement d'un bout de vitesse.

La vulgarisation de l'élevage du « pur-sang cheval d'armes », c'est-à-dire capable de porter 100 kilogrammes pendant toute la journée, est également chimérique ; et malgré les dépenses énormes, combien sont-ils les éleveurs qui soient assurés de naître un animal apte à porter du poids? Il est facile de dire, en montrant des pur-sang comme ceux dont j'ai parlé à propos du hunter : voilà ce qu'on devrait élever, voilà le prototype du troupier; mais dans aucun pays, dans aucun élevage, il ne s'en rencontre couramment de ce modèle ; et ces admirables bêtes sont et resteront partout et toujours l'exception. Pour en produire un seul, il faudra en fabriquer un cent : la raison en est que la sélection s'est toujours opérée d'après la vitesse et dans le but de l'augmenter, et non d'après l'aptitude à porter, qui, elle, n'a aucun rapport avec ce qu'on exige du cheval de course. Pour faire un type de « pur-sang cheval d'armes », il faudrait sélectionner d'après le type ; et ce serait créer une nouvelle famille qui, après un certain nombre d'années, n'aurait plus du pur-sang actuel que le nom. Quel serait d'ailleurs le milliardaire assez désintéressé pour tenter pareille aventure?

J'ai déjà souvent parlé du pur-sang, mais je ne l'ai pas encore défini. Aussi vais-je maintenant dire quelques mots au sujet de ce grand seigneur qui, sous sa réelle noblesse native, cache parfois un triste sire.

« Le pur-sang, puissance vive, active et conservatrice, force inhérente à l'espèce, doit être considéré en dehors de la forme qui le contient. Celle-ci peut varier et revêtir des caractères extérieurs très différents sans que le principe qui l'anime cesse d'être parfaitement identique, parce qu'il a pour lui une admirable flexibilité : c'est son propre. En lui sont toutes les perfections, c'est la source de toutes les spécialités. C'est en cela qu'il domine l'espèce, c'est à cause de cela qu'il en est le prototype. » (Eugène GAYOT : *le Pur-sang*.)

Cette définition est savante, poétique, parfaitement capable de frapper les imaginations vives et de plaire à ceux qui préfèrent la parole à l'idée ; mais tout en demeurant un régal littéraire pour tous, elle ne peut satisfaire un grand nombre d'esprits positifs et pratiques.

Le sang pur n'existe pas plus chez l'homme que chez l'animal à l'état de particularité ; cette locution est à la race chevaline ce que le mot « noble » était à la nôtre et désigne seulement le résultat d'une sélection. Il est avéré que la noblesse, autrefois destinée à combattre, était, dès l'origine, composée d'hommes vigoureux et entraînés aux exercices physiques. Guerriers, ils durent, par nécessité de demeurer forts et par goût peut-être, suivre des régimes fortifiants et se nourrir substantiellement comme des lutteurs ; ces hommes eurent des descendants dont les plus faibles peuplèrent les monastères, tandis que les autres, plus vigoureux, perpétuaient la race et les mœurs paternelles.

Cette noblesse s'unit entre elle sans mêler son sang riche à celui du vilain appauvri par la misère, par les privations et par une consanguinité étroite, malsaine et obligatoire. L'opinion naquit, puis s'accrédita que le sang noble était l'apanage d'une caste d'origine particulière ou même divine, absolument différente de la race serve. Mais avec les siècles commença l'évolution sociale lente et pénible : les féodaux se combattirent d'abord, puis s'allièrent afin de former des provinces, qui ne tardèrent pas à s'entre-ruiner à leur tour pour s'unir encore dans un but de défense commune, jusqu'à ce qu'un roi habile, Louis XI, mettant au service de l'unification du royaume son astuce triomphante, subordonnât à sa propre autorité ces dominations particulières. Le sang bleu se ternissait bientôt à la souillure des mésalliances et se mêlait à la boue des compromissions financières ou politiques. La noblesse de robe se dressa à côté de celle d'épée, à laquelle un empereur, né du peuple et de la révolution, vint ajouter encore la noblesse d'empire, aujourd'hui mêlée aux deux précédentes et à celle, plus récente, que Rome produit toujours. La fusion du sang entre les différentes classes sociales était depuis longtemps opérée.

Chez les chevaux, il fut plus heureux et coule, aujourd'hui, limpide et puissant comme jamais, tout en étant, lui aussi, exposé à se transformer ou à disparaître en partie, le jour où sa diffusion sera propagée sans contrôle.

Par la sélection, les Arabes ont formé et maintenu une noblesse chevaline dont la descendance engendra le syrien, le barbe, l'andalou et la plupart des races qui peu à peu, en se modifiant sous les influences climatériques de la région où elles furent cantonnées et suivant le travail auquel elles furent astreintes, peuplèrent en partie la France des différents types qui s'y rencontrent encore aujourd'hui.

Le sang oriental fut, à différentes époques, importé dans l'extrémité occidentale de l'Europe par les Maures, par les armées d'Annibal, par les légions de César et de ses successeurs, par les hordes barbares, qui, à plusieurs reprises, envahirent les Gaules; par les croisés, qui ramenèrent des étalons arabes pour leur service; plus tard par de nombreux seigneurs et enfin aujourd'hui par l'industrie privée et par les haras. Mais dans tous les pays où la race pure fut abandonnée à elle-même, qu'en est-il resté? un produit dégénéré et informe; ailleurs, sous l'influence de la sélection et des soins, elle devint au contraire propre à l'usage auquel ses nouveaux maîtres la destinèrent; nulle part, elle ne resta elle-même.

Qu'est donc le sang pur puisqu'il s'évanouit dès qu'il n'est plus cultivé?

Le pur sang anglais actuel est d'origine plus récente, il est le produit de la descendance de deux illustres ancêtres arabes — *Godolphin-Arabian* et *Darley-Arabian* (1) — dont l'un, dit-on, sans que cela ait jamais été prouvé, traîna une voiture de louage à Paris, — et de quelques autres dont il serait trop long d'énumérer la liste dans le cadre restreint de ce volume. Les

(1) Autant qu'il est permis de le croire, la création méthodique du pur-sang remonte à Jacques Ier (1566-1625).

Godolphin-Arabian ne commença ses saillies qu'en 1731. Le stud-book fut publié pour la première fois en 1791, par M. Wetherly.

Anglais, avec une habileté et une persévérance dignes de toutes les louanges et de l'admiration universelle, firent, toujours par sélection, des petits-fils de ces étalons ce qu'est le pur-sang anglais actuel, c'est-à-dire le plus admirable des chevaux de selle tant au point de vue du courage et de l'endurance que de la vitesse. Ils le sculptèrent en attachant un soin méticuleux à réduire ou à supprimer tout ce qui pouvait entraver sa rapidité, et ils développèrent en même temps ce qui pouvait contribuer à son accélération ; ils rétrécirent la poitrine pour diminuer la force de résistance de l'air et ils lui rendirent en hauteur et en profondeur ce qu'ils lui avaient retranché en largeur ; ils élevèrent l'arrière-main et en firent un puissant propulseur; ils couchèrent l'épaule, d'où l'encolure sortit dans une inclinaison favorable au facile déplacement du centre de gravité latéralement et longitudinalement ; ils transformèrent les proportions des leviers et l'ouverture des angles ; enfin, grâce à une nourriture surabondante prodiguée à pleines mains, dès les premiers mois, ils développèrent le système nerveux de leur pur-sang à son maximum.

Mais quels soins ne prirent-ils pas et combien de temps et d'argent coûtèrent et coûtent encore la production d'un poulain utile.

J'ai tenté de démontrer que le cheval de course anglais n'était pas unique possesseur du sang pur, puisqu'il fut créé de toutes pièces, grâce au sang arabe, qui lui-même dégénère dès qu'il est négligé ; et cela pour mettre en garde ceux qui croient puiser à la seule source vraie en ayant recours au cheval anglais comme améliorateur. Son emploi comme reproducteur de croisement est toujours incertain, et il n'a jamais donné de descendance homogène en s'alliant à des races déjà trop éloignées de lui pour que le produit soit suivi et non bâti de morceaux disparates.

Les protagonistes de la Société du cheval de guerre citent certains passages de Sidney, mais ils omettent avec soin celui-ci, que je copie textuellement dans *le Livre du cheval*, page 300 :

« Je trouve tous les jours, dit Markham, dans ma propre expérience que la vertu, la bonté, le courage, la résistance et la vitesse de nos chevaux de vraie race anglaise, sont égaux aux qualités de n'importe quelle autre race de chevaux, de quelqu'endroit que ce soit. Quelques anciens écrivains, soit par manque d'expérience, soit pour flatter la nouveauté, ont conclu que le cheval anglais est une rosse, grande et forte, aux côtes profondes (aux flancs à sonnettes, à gros ventre), avec de fortes jambes, et de bons sabots, plutôt faits pour la charrette que pour la selle ou tout autre emploi. Combien cela est faux, tous les Anglais, hommes de chevaux le reconnaissent.

« Le vrai cheval anglais, celui que j'entends, élevé dans un bon climat, sur un terrain ferme, dans une pure atmosphère, est de grande taille et de larges proportions, sa tête, quoique pas aussi fine que celle du cheval de Barbarie ou de Turquie, est cependant mince, longue et bien faite ; son attache d'encolure est fuyante, sujette seulement à être épaisse s'il est « Stoned », mais s'il est castré, elle devient ferme et forte, son échine est droite et large ; tous ses membres sont minces, larges, plats, et très bien jointés. Quant à la résistance, j'en ai vu peiner et travailler autant et plus que je n'en ai jamais vu faire des produits étrangers.

« J'ai entendu dire qu'au massacre de Paris (Saint-Barthélémy) Montgomery avait, avec une jument anglaise, dans la nuit, traversé d'abord la Seine à la nage, puis fait un si grand nombre de lieues que j'ai peur de le dire, craignant qu'une fausse interprétation me taxe d'un rapport trop prodigue.

« De plus, pour la vitesse, quelle nation a produit un cheval dépassant le cheval anglais? — Quand j'ai vu les meilleurs chevaux de Barbarie, quand ils étaient dans leur meilleure forme, battus par un bidet noir à Salisbury ; mais aussi ce bidet était bien plus battu par un cheval appelé Valentine, lequel Valentine n'a jamais été égalé, à la chasse ou en courses, et c'était un cheval complètement anglais par son père et par sa mère. En outre, pour un travail long et une résistance de longue durée, ce que l'on demande pour nos épreuves de chasses, je n'ai jamais vu aucun cheval à comparer au cheval anglais.

« Il est de bonne configuration, fort, vaillant et résistant.

« Ce passage, reprend Sidney, est important, car c'est une notion populaire que la bonté des chevaux anglais commença avec le cheval de courses dans le temps de Charles II, tandis qu'il est évident que notre gros cheval de sang est le résultat des croisements des chevaux orientaux avec des juments anglaises, croisements entretenus par une sélection soignée et de bons traitements. »

Plus loin, le même auteur dit encore : « A un moment, les demi-sang réels, produit d'un étalon de pur sang avec une jument de charrette, étaient cultivés dans le but de produire des hunters pour forts poids, sur la recommandation de « Nimrod » (M. Apperley) qui avait trouvé à Melton au moins un sujet extraordinaire de cette espèce, portant M. Edge, un yeoman de 18 stone, dans le premier rang en Leicestershire; mais on trouva bientôt que les prix étaient rares et les ratés nombreux.

« Le résultat le plus commun de ces mésalliances est un monstre composé de deux sortes différentes de chevaux mal réunies dans le milieu. »

Le pur-sang ne constitue pour ainsi dire ni un genre, ni une race, mais simplement une grande famille devenue homogène par sélection et consanguinité. Elle ne reste ce qu'elle est que grâce à des soins constants d'hygiène et à un régime particulier, aussi ne peut-elle en se croisant imprimer à sa descendance une marque définitive et immuable, comparable à celle que l'âne donne au mulet, fruit de son accouplement avec une jument quelconque.

Le sang pur, chez le cheval comme chez l'homme, demeure à l'état latent dans chaque individu, ne fût-ce qu'en parcelles infimes; et, par la sélection persévérante, l'hygiène et les soins, il peut et doit être régénéré dans la mesure nécessaire au bon fonctionnement de l'organisme. La sélection pour la race chevaline est du ressort de l'éleveur; chez l'homme, elle se fait par la liberté de culture physique, intellectuelle et morale qui chaque jour, de plus en plus, devient à la portée de tout être responsable, sain et travailleur, et cette liberté est le patrimoine précieux dont la France dote chacun ses enfants.

Chasses à courre. Courses. Raids. — La chasse à courre est, dit-on, l'école du cavalier; et c'est là une erreur. Je pose ainsi la question : si vous chassez dans un pays facile comme Compiègne, Fontainebleau, le Loir-et-Cher, Arcachon et tant d'autres, je me demande quels progrès en équitation peuvent vous faire faire de longs temps de trot ou de galop en ligne droite sur des routes ou dans des allées sablonneuses ? Peut-être, par un exercice au grand air, fortifierez-vous votre santé ou la maintiendrez-vous bonne; peut-être conserverez-vous une souplesse et une vigueur appréciables jusque dans un âge avancé, mais vous n'apprendrez rien au point de vue équitation. Si vous chassez à Pau ou dans quelques régions de la Vendée, vous aurez de tels obstacles à sauter, qu'il vous faudra être déjà bon cavalier pour vous risquer derrière les chiens; ici encore vous ne ferez qu'éprouver votre talent préalablement acquis et ce ne sera pas du tout la chasse qui aura contribué à votre instruction.

Dans un pays dur, les meilleurs et les plus hardis cavaliers ne peuvent galoper à travers champs, ni sauter tout ce qu'ils rencontrent; il leur faut choisir leurs passages, s'assurer de l'importance de l'obstacle et de la qualité du terrain, en un mot, ne rien laisser à l'imprévu sous peine de chute. Il est donc tout aussi loisible au cavalier désireux de s'entraîner au saut, de se promener seul ou accompagné, de rechercher les obstacles naturels qui lui conviennent, et de remplacer le hasard stupide par une progression raisonnée.

La chasse ne donne pas de hardiesse, à peine procure-t-elle l'habitude de la chute aux gens entreprenants qui n'hésitent pas à galoper franchement dans une brande fréquentée par les lapins ou coupée de fossés couverts, mais vraiment est-ce là un perfectionnement de l'art hippique ? Le courage à cheval s'acquiert progressivement, grandit parallèlement à la solidité, et la solidité elle-même ne se développe que lorsqu'on monte des chevaux difficiles, qu'on exige d'eux un travail serré et qu'on change continuellement de monture.

Il peut être avantageux de mener un jeune cheval au rendez-vous de chasse pour le familiariser avec le bruit et le mouvement; mais, cette fois encore, la chasse à courre en elle-même ne contribue pas immédiatement au bénéfice que vous retirez, car vous auriez obtenu un résultat analogue en montrant à votre poulain une caravane de romanichels ou une parade de cirque ambulant.

La chasse à courre est un plaisir mondain, qui plaît aux uns, nuit aux autres et qui ne saurait être décrite ou discutée ici; j'ajouterai seulement qu'elle n'est pas plus utile à l'entraînement du cheval de guerre qu'à l'instruction du cavalier. Au début des saisons, en effet, la plupart des chevaux chassent facilement; après un mois de bons laisser-courre, la moitié des hunters a maigri du dessus et engraissé du dessous, pour employer une expression justement ironique; et à la fermeture, les braves bêtes, qui ont résisté jusque-là, ont besoin de six mois de repos. La chasse n'est donc pas un entraînement, mais bien un surmenage; et un animal copieusement nourri, couvrant de quinze à dix-huit kilomètres par jour à une allure normale, est bien plus prêt à fournir un gros effort de résistance semblable à celui qui est utile en temps de campagne, qu'un autre cheval chassant régulièrement depuis trois mois.

Cependant, les pires choses ont leur avantage et celui de la chasse à courre est de donner au cavalier le tact de l'effort qu'il peut exiger de son porteur. C'est peu; c'est pourtant quelque chose.

Les courses, elles aussi, ont de grands désavantages, mais au moins fournissent-elles à de jeunes officiers l'occasion de se spécialiser et de s'assimiler des connaissances utiles et profitables à l'équitation dans l'armée. Ils acquièrent le courage, le tact de la vitesse et de la résistance; et cela d'autant mieux que les parcours des militarys sont longs et durs. On ne saurait trop encourager à participer à ces épreuves les jeunes gens qui y sont disposés, à condition toutefois qu'ils n'amènent sur les hippodromes que des chevaux en parfait état.

Il ne faut pas conclure de ce qui précède que les courses en elles-mêmes soient profitables au pays où elles sévissent, et il est regrettable que les vastes tripots que sont les champs de courses fonctionnent sous la protection de l'État. Le pari mutuel, aussi bien que le pari au livre, sont un terrible fléau dont seuls pâtissent les petits. A côté du luxe inouï du pesage, dans une atmosphère de féerie et de joie, dans une ambiance d'amour, que de malheureux et de désespérés viennent sombrer dans l'ignominie pour, bientôt après, aller chercher dans la mort le suprême soulagement.

L'homme est libre; soit. Mais pourquoi le tenter ? Tout invite le petit joueur à cultiver et à satisfaire sa passion ; les journaux donnent des pronostics quotidiens; des moyens de transport peu coûteux facilitent l'accès des hippodromes, dont l'entrée même est d'un prix insignifiant ; et les humbles, par cent mille, vont risquer et perdre en un jour le salaire de toute une semaine. Au retour c'est l'angoisse, la famine, la femme et l'enfant privés du nécessaire, la porte ouverte aux pensées mauvaises. Pour se refaire, l'homme se met à la recherche du louis indispensable pour tenter à nouveau la chance et la tentation dangereuse pointe.

Tout cela, l'État l'encourage sous prétexte de favoriser l'élevage du cheval de guerre et de venir en aide à l'Assistance publique.

La première de ces raisons a seule quelque valeur et encore est-elle sujette à caution à une époque où la cavalerie est condamnée à être, dans un délai impossible à fixer, mais relativement prochain, remplacée en partie par l'artillerie. Que viendra faire l'étalon de pur sang, quand l'armée ne recrutera pour ainsi dire plus que des postiers pour traîner des canons ; et en quoi des saillies de ce même étalon de sang pur, cotées parfois jusqu'à mille francs, peuvent-elles intéresser la défense nationale ?

La seconde raison qu'a l'État de tolérer le pari mutuel est profondément immorale et n'est que l'abus et l'exploitation d'un vice sous prétexte de secourir la misère; mais ce vice même n'engendre-t-il pas plus de malheurs qu'il n'en soulage. Les pays, comme les familles, ont leurs parias et leurs déchus; et le devoir, l'obligation même incombent aux favorisés du sort de soutenir les vaincus que la maladie a couchés sur un lit d'hôpital ; la France est assez riche pour que chacun y vive sans qu'il soit nécessaire de faire un miséreux pour donner du pain à un autre miséreux.

Mais l'opinion publique s'égare; son émotion et sa pitié vont au jockey qui se blesse, au propriétaire qui perd gros; et pourtant celui-là n'est pas plus exposé qu'un ouvrier quelconque, couvreur, charpentier, chauffeur, etc., et il gagne en quelques minutes ce que les autres n'amasseront peut-être jamais après quarante ans de labeur incessant; quant au propriétaire, s'il perd la forte somme ou s'il se ruine complètement, il est moins à plaindre qu'un commerçant en faillite, car il n'a lui, spéculé que par plaisir. La sollicitude du Pouvoir doit aller aux petits parieurs de la pelouse, et tous les efforts devraient être tentés pour chercher à leur faire délaisser les cabines des encaisseurs du Mutuel.

L'État protège, en fermant d'élégants tripots dénommés cercles, des gens qui sans se gêner perdent des dizaines de mille francs en un soir, quand au contraire il fait tout ce qu'il faut pour favoriser l'exploitation du travailleur au salaire modeste.

Les courses sont un plaisir de luxe : que seule la fortune participe donc aux frais qu'elles nécessitent; l'amélioration de la race chevaline n'y perdra rien, le goût du cheval n'en sera pas pratiquement diminué, car combien de parieurs sont complètement ignorants de toutes les choses hippiques, et quel inconvénient y aurait-il à ce qu'un garçon de café ou un commis coiffeur ne soient pas sportsmen ? La création de théâtres populaires détournerait la foule du chemin des hippodromes, sinon du jour au lendemain, au moins dans un avenir assez proche. Tout cela ne touche pas directement au cheval, mais y est si intimement lié que j'ai cru devoir en parler brièvement ici; en poursuivant l'étude dans ce sens je m'acheminerais vers des régions trop élevées et trop essentielles à la vitalité même d'une nation pour être explorées par un amateur de chevaux; aussi laisserai-je la plume aux maîtres de la pensée et aux législateurs compétents.

Il est encore une manifestation sportive qui a ses adeptes et ses détracteurs : j'ai nommé les raids.

Il est certain que la masse imposante des brillants régiments de cavalerie eut son utilité; mais aujourd'hui quelques mitrailleuses automobiles rapides et blindées ne sont-elles pas capables de broyer en un instant les escadrons les mieux montés et le plus parfaitement entraînés ? Le rôle de nos dragons, de nos cuirassiers et de toute notre cavalerie d'ailleurs ne serait-il pas, en cas de guerre, de mourir héroïquement, foudroyés par un ennemi prodigieusement rapide, insaisissable et invulnérable? Nos cavaliers auraient-ils autre chose à faire que de suivre l'exemple de la massive cavalerie française embourbée dans les terrains lourds d'Azincourt et d'attendre que la mort vînt les prendre immobiles et sans défense possible? Qu'advint-il encore de nos pères à Courtray, à Crécy, à Poitiers! Profitons de ces exemples, glorieux assurément, mais combien douloureux! Nous vivons à une époque où le sentiment chevaleresque ne doit pas traiter dédaigneusement les choses pratiques; rendons hommage par exemple à l'héroïsme inutile de ce roi de Bohême aveugle qui, dans l'intérêt d'un pays étranger et par pur point d'honneur chevaleresque, ordonne qu'on le monte sur son cheval pour faire face à la mort glorieuse; mais gardons-nous d'attacher une importance exagérée à ces souvenirs et d'évoquer, à propos de défense nationale, des faits qui ne sont qu'individuellement tragiques et dignes d'admiration.

Dans un pays percé de routes comme l'est le nôtre, il sera impossible à un régiment monté de s'aventurer seul sans être rejoint, poursuivi, dépassé et traqué par les voitures automobiles ; et que deviendra dans ces circonstances son utilité comme contingent? La cavalerie décide de la victoire et parachève la déroute de l'ennemi, nous dit-on. C'est fort possible, mais une artillerie très mobile n'aurait-elle pas un effet au moins égal ou supérieur et ne rendrait-elle pas bien d'autres services encore dans des cas nombreux ?

La tendance marquée vers une diminution de la cavalerie est plus que justifiée; mais tout en la réduisant, il faudrait la transformer, l'améliorer et la rendre parfaitement mobile pour lui faciliter son rôle d'exploration, le seul, semble-t-il, que l'avenir lui réserve. Pour arriver à ce résultat, il faudra sélectionner les hommes et les chevaux, faire des premiers de véritables professionnels et transformer les animaux qui peuplent nos quartiers en de véritables hunter-steeple-chasers. Il est évidemment impossible de réaliser de telles réformes avec la loi de deux ans; mais le corps d'élite, qui remplacerait les régiments actuels, ne serait composé que de cavaliers recrutés comme le sont les hommes de la garde républicaine ou de la gendarmerie; et au lieu de les employer à la répression du crime ou au maintien de l'ordre, il faudrait perfectionner chaque jour et incessamment leurs aptitudes hippiques et morales dans un but déterminé. Ces hommes pourraient être munis de chevaux de premier ordre payés des prix qu'il est impossible à la remonte d'aborder aujourd'hui. Le corps, ainsi formé, devrait être réduit au strict nécessaire pour assurer le service d'éclaireurs sur les trois cents kilomètres de notre frontière les plus susceptibles d'être forcés.

De quelle utilité peut être une division de cavalerie dans des régions de l'Ouest, du Midi et du Centre? A réprimer le désordre en cas de grève! Alors, parlons police, non défense nationale; et pour ce premier usage il pourrait être créé, comme il en a été question, des brigades mobiles de gendarmerie montée.

Si le rôle de la cavalerie était ainsi compris, la pratique des raids serait à l'ordre du jour et devrait même l'être dès aujourd'hui.

Un très petit nombre d'officiers ont accompli des performances remarquables sans tuer leurs chevaux ni même les tarer ; ces hommes connaissent le cheval pratiquement et scientifiquement, et leurs prouesses n'ont aucun rapport avec les tentatives du même genre qui se terminent par la mort de l'animal. Si le tact du cavalier n'est pas assez affiné pour lui permettre d'apprécier l'état général de son cheval, pourquoi le recordman apprenti n'emploierait-il pas un thermomètre et ne prendrait-il pas la température de sa bête ? Le geste serait sans beauté et choquerait peut-être les spectatrices délicates, qui confondent les manœuvres ou les exercices militaires avec un bal ou un cotillon, et aux yeux desquelles l'officier se livrant à des pratiques vulgaires perdrait tout prestige; mais en revanche l'équitation utile y gagnerait et de lamentables spectacles seraient évités à ceux qui aiment le cheval et qui le pratiquent sinon avec science, au moins avec goût.

Les adversaires de la réduction de la cavalerie donnent en exemple les Japonais qui augmentent la leur : objection facilement réfutable, car la Mandchourie, théâtre des batailles passées et futures, est impraticable aux automobiles et aux cyclistes ; et une nombreuse cavalerie y est de toute nécessité en temps de guerre. Cependant le Japon, malgré une infériorité évidente de cette arme, est sorti vainqueur d'une lutte sans merci contre une nation réputée la première parmi les peuples cavaliers.

L'empereur d'Allemagne, lui aussi, augmente les effectifs de ses escadrons ; mais dans quel but ? Ne cherche-t-il pas seulement à se faire une arme plus forte contre les grévistes ou les socialistes pour le jour où ceux-ci voudraient relever la tête ? La topographie de l'Allemagne, d'ailleurs, diffère essentiellement de celle de la France; les routes sont moins praticables et la ligne des frontières est très étendue; ce sont là autant de facteurs propres à modifier une théorie variable suivant le pays auquel elle s'applique.

CHAPITRE VII

NOTIONS D'HIPPOLOGIE

Il est indispensable, aussi bien pour l'achat que pour l'usage du cheval, d'avoir quelques notions d'hippologie; celles qui suivent sont bien incomplètes; mais, par leur brièveté même, peut-être seront-elles accessibles aux amateurs pressés, qu'un livre technique pourrait effrayer; et si je réussis à rendre service à quelques-uns seulement, mon but sera largement atteint. Ces notions sont extraites, pour la plupart, des manuels confiés aux sous-officiers de l'armée; j'en ai retranché tout ce qui n'était pas strictement nécessaire à la pratique courante, et les observations qui me sont personnelles n'ont rien de scientifique : elles m'ont été dictées par une expérience acquise bien souvent à mes dépens.

Le squelette du cheval (1). — Les os se composent de cinq éléments : le tissu osseux, le périoste, les nerfs et un liquide huileux.

Le tissu osseux est la base de l'os; il est composé : 1° d'une substance organique qui est la charpente et la trame; 2° d'une substance inorganique formée de sels déposés dans les cellules de la première.

Le tissu osseux est formé d'une substance tantôt compacte et tantôt spongieuse; elle est compacte et très dense dans le corps

(1) Planche I, page 238.

et à l'extérieur des os; elle est spongieuse et formée de cellules à l'intérieur et à l'extrémité des os.

Le périoste est une membrane fibreuse qui enveloppe les os et aide à leur nutrition.

Le liquide huileux porte le nom de « moelle » dans les os longs et à canal médullaire; ailleurs il se nomme « suc huileux ».

Les vaisseaux et les nerfs sont très nombreux dans les os.

La tête. — La tête se compose de vingt-sept os dont je cite les principaux :

L'occipital forme la base de la nuque et est situé à la partie supérieure et postérieure de la tête.

Le pariétal recouvre la partie moyenne et antérieure du crâne.

Le frontal forme une partie du crâne et une partie de la face.

Le grand sus-maxillaire s'étend du fond de l'orbite aux deux tiers de l'espace inter-dentaire supérieur et porte les molaires.

Le petit sus-maxillaire porte les incisives et les crochets supérieurs.

Le sus-nasal occupe la partie antérieure de la tête.

Le lacrymal forme la partie inférieure de l'orbite.

La mâchoire inférieure n'est formée que d'un seul os : le maxillaire; il porte les dents, il a la forme d'un V et il s'articule avec les temporaux.

La colonne vertébrale. — La colonne vertébrale ou rachis est composée de vertèbres et possède intérieurement un canal qui renferme la moelle épinière; elle s'étend de la tête au coccyx et se divise en cinq régions :

1° La région cervicale, qui se compose de sept vertèbres dont les deux premières s'appellent atlas et axis. Cette partie est très mobile en tous sens.

2° La région dorsale, qui est formée de dix-huit vertèbres dont les huit premières sont épineuses et couchées en arrière.

3° La région lombaire, qui est composée de six vertèbres et qui a peu de souplesse.

4° Le sacrum, qui est formé d'un seul os produit par l'assemblage de cinq vertèbres qui se soudent avant la naissance du poulain : cet os est solidement fixé aux iliums, qu'il sépare.

5° La région coccygienne, qui est composée de vingt vertèbres environ qui forment la queue.

La poitrine et le thorax. — Le thorax est une cage osseuse formée par les vertèbres dorsales, par les côtés et par le sternum; elle renferme les principaux organes de la respiration et de la circulation.

Le sternum. — Le sternum reçoit les cartilages des côtes sternales et ferme en dessous la cage thoracique.

Côtes. — Il y a dix-huit côtes de chaque côté; les huit premières s'articulent avec le sternum et sont appelées côtes sternales; les dix autres sont dites : asternales. Chaque côte se compose d'une partie supérieure osseuse et d'une autre inférieure cartilagineuse.

Les membres antérieurs. — Les membres antérieurs se composent : de l'épaule, du bras, de l'avant-bras et du pied.

L'épaule. — L'épaule a pour base le scapulum, os qui s'articule avec l'humérus.

Le bras. — Le bras a pour base l'humérus, qui forme un angle plus ou moins aigu avec le scapulum. L'humérus présente à sa partie inférieure deux surfaces articulaires sur lesquelles se meut le radius.

L'avant-bras. — L'avant-bras se compose du radius et du cubitus; le premier est long et vertical, et il s'articule avec l'humérus et avec les os du carpe ; le cubitus, situé derrière le radius, forme le coude.

Os du pied. — En hippologie on appelle « pied » la partie inférieure du membre se composant du carpe, du métacarpe et de la région digitée.

1° Le carpe est formé de deux rangées d'os ; la première en comprend quatre, dont l'os crochu ; la seconde, placée en dessous, se compose de trois os qui s'articulent avec le métacarpe.

PLANCHE I.

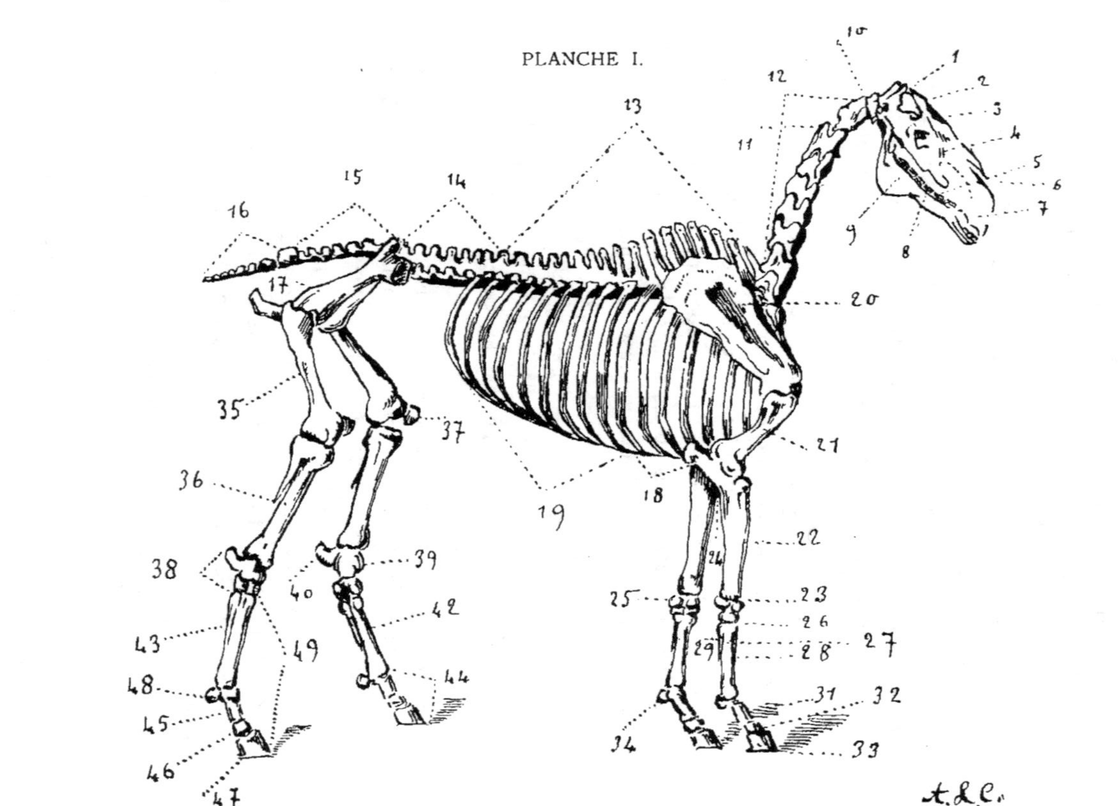
1
2
3
4
5
6
7
8
9
10
11
12
13
14
15
16
17
18
19
20
21
22
23
24
25
26
27
28
29
31
32
33
34
35
36
37
38
39
40
42
43
44
45
46
47
48
49
A. L. C.

SQUELETTE

Os de la tête

1. Occipital.
2. Pariétal.
3. Frontal.
4. Lacrymal.
5. Grand sus-maxillaire.
6. Sus-nasal.
7. Petit sus-maxillaire.
8. Maxillaire.
9. Zygomatique.

Colonne vertébrale

10. Atlas.
11. Axis.
12. Vertèbres cervicales.
13. — dorsales.
14. — lombaires.
15. Sacrum.
16. Coccyx.
17. Coxal.
18. Côtes sternales.
19. — asternales.

Membres antérieurs

20. Scapulum.
21. Humérus.
22. Radius.
23. Carpe.
24. Cubitus.
25. Os crochu.
26. Pied......
    - 27. Métacarpe.........
        - 28. Canon.
        - 29. Péroné.
    - 30. Région digitée.....
        - 31. Os du paturon.
        - 32. Os de la couronne.
        - 33. Os du pied.
        - 34. Grand sésamoïde.

Membres postérieurs

35. Fémur.
36. Tibia et péroné.
37. Rotule.
38. Tarse.....
    - 39. Astragale.
    - 40. Calcanéum.
49. Pied
    - 41. Métatarse..........
        - 42. Canon.
        - 43. Péroné.
    - 44. Région digitée.....
        - 45. Os du paturon.
        - 46. Os de la couronne.
        - 47. Os du pied.
        - 48. Grand sésamoïde.

2° Le métacarpe comprend l'os du canon et les péronés.

3° La région digitée se compose de trois phalanges, de deux grands sésamoïdes et du petit sésamoïde. La première phalange est constituée par l'os du paturon, la deuxième par l'os de la couronne et la troisième par l'os du pied; les sésamoïdes sont en arrière de la partie supérieure de l'os du paturon; le petit sésamoïde ou os naviculaire est placé en arrière de l'articulation de l'os du pied et de l'os de la couronne.

Les membres postérieurs. — La croupe a pour base le coxal, os double, qui est soudé à son symétrique; il est de forme irrégulière et se compose de trois parties : 1° l'ilium en avant; 2° l'ischium en arrière; 3° le pubis entre les deux premiers. Le coxal s'articule avec le fémur.

Le fémur ou os de la cuisse. — Le fémur s'articule avec le coxal; il présente à sa partie inférieure deux condyles, et en avant une poulie sur laquelle glisse la rotule.

La jambe. — La jambe se compose de trois os : le tibia, le péroné et la rotule.

1° Le tibia est placé entre le fémur et le jarret, avec lequel il s'articule; 2° le péroné est placé derrière le tibia; 3° la rotule est mobile; elle glisse sur la poulie du fémur, auquel elle est unie par deux ligaments; elle est aussi fixée au tibia par trois ligaments.

Le pied. — Le pied comprend : le tarse, le métatarse et la région digitée. 1° Le tarse est composé de six ou sept os disposés sur deux rangées; la première est formée par l'astragale, placée en avant et s'articulant avec le tibia, et par le calcanéum ou pointe du jarret; l'autre rangée comprend plusieurs os appelés os plats; 2° le métatarse ; les os qui composent le métatarse sont : le canon et les deux péronés; 3° la région digitée, qui est identique à celle des membres antérieurs.

Les muscles. — Je ne m'occuperai que des principaux muscles qui font mouvoir les membres, il est utile de les connaître pour pouvoir s'assurer de leur bon fonctionnement et vérifier leur état.

Les muscles et les tendons des membres antérieurs sont remarquables par leur puissance et leur développement. Les muscles placés sous le scapulum fléchissent le bras et le ramènent en dedans; les principaux sont : l'adducteur des bras et le sous-scapulaire. Ceux placés à l'extérieur du scapulum étendent le bras et l'écartent en dehors ; les plus importants sont : le long abducteur du bras et le court abducteur du bras.

Les muscles placés en avant de l'humérus fléchissent le radius; ce sont : le long fléchisseur de l'avant-bras et le court fléchisseur de l'avant-bras. Ceux placés en arrière de l'humérus étendent le radius et se nomment : long extenseur de l'avant-bras et gros extenseur de l'avant-bras.

Muscles du radius. — Des muscles de la face antérieure du radius les uns étendent le carpe et le métacarpe sur l'avant-bras ; les autres étendent les phalanges ; ce sont : l'extenseur antérieur des phalanges et l'extenseur antérieur du métacarpe.

Des muscles placés en arrière du radius, trois opèrent la flexion du carpe et du métacarpe ; ce sont : le fléchisseur externe du métacarpe et le fléchisseur oblique du métacarpe ; deux autres, dits perforant et perforé, descendent le long du canon et du paturon; le perforé s'insère à la couronne et le perforant à l'os du pied ; ils fléchissent la région digitée.

De toutes ces articulations, seule celle qui unit le scapulum à l'humérus permet une rotation relative en tous sens.

Le tendon. — Le « tendon » a pour base les tendons des muscles fléchisseurs du pied et leur gaine synoviale. Le tendon doit être développé, sec, ferme, bien détaché du canon et de la corde du ligament suspenseur du boulet. Dans les membres antérieurs, cette corde fibreuse part du genou et va s'attacher aux sésamoïdes.

Muscles de l'arrière-main. — Les membres postérieurs sont mus comme les antérieurs par des muscles munis de tendons.

Le coxal est recouvert de trois muscles qui ont pour action

d'étendre le fémur sur le coxal et réciproquement ; ces muscles sont le grand fessier et le moyen fessier.

Les muscles placés en avant du fémur agissent sur la rotule et étendent la jambe sur la cuisse ; ce sont : le fascia lata et le droit antérieur de la cuisse.

Ceux situés en arrière du fémur se nomment ischio-tibiaux.

Ceux placés à la face intérieure portent le fémur en dedans et en avant.

Les muscles de la jambe sont semblables à ceux des membres antérieurs ; les plus importants sont : le fléchisseur du métatarse et l'extenseur des phalanges. Cependant deux des muscles de la face postérieure de la jambe s'arrêtent au tarse, qu'ils étendent sur le tibia ; ce sont les jumeaux.

Mouvements. — Le coxal est fixé au sacrum et par conséquent immobile. Les articulations scapulo-humérale et coxo-fémorale permettent le mouvement en tous sens. L'articulation fémoro-tibiale permet plusieurs mouvements. Les autres articulations sont de véritables charnières ne permettant que la flexion et l'extension.

L'extérieur du cheval. — A propos de l'extérieur du cheval, je ne parlerai que des aplombs, des pieds, des jarrets, des dents et des robes, toutes parties que l'amateur doit connaître sous peine d'être régulièrement trompé dans ses achats, et au sujet desquelles je n'ai pu m'étendre dans le chapitre consacré à l'examen du cheval.

Les aplombs. — L'aplomb est la direction que le membre, considéré dans son ensemble ou dans ses différents rayons, présente sous le tronc.

Les aplombs sont bons quand les membres sont perpendiculaires au sol et qu'ils se meuvent dans des plans verticaux parallèles à l'axe du cheval.

Les membres doivent être examinés de face et de profil, l'animal étant placé sur un terrain horizontal.

PLANCHE II.

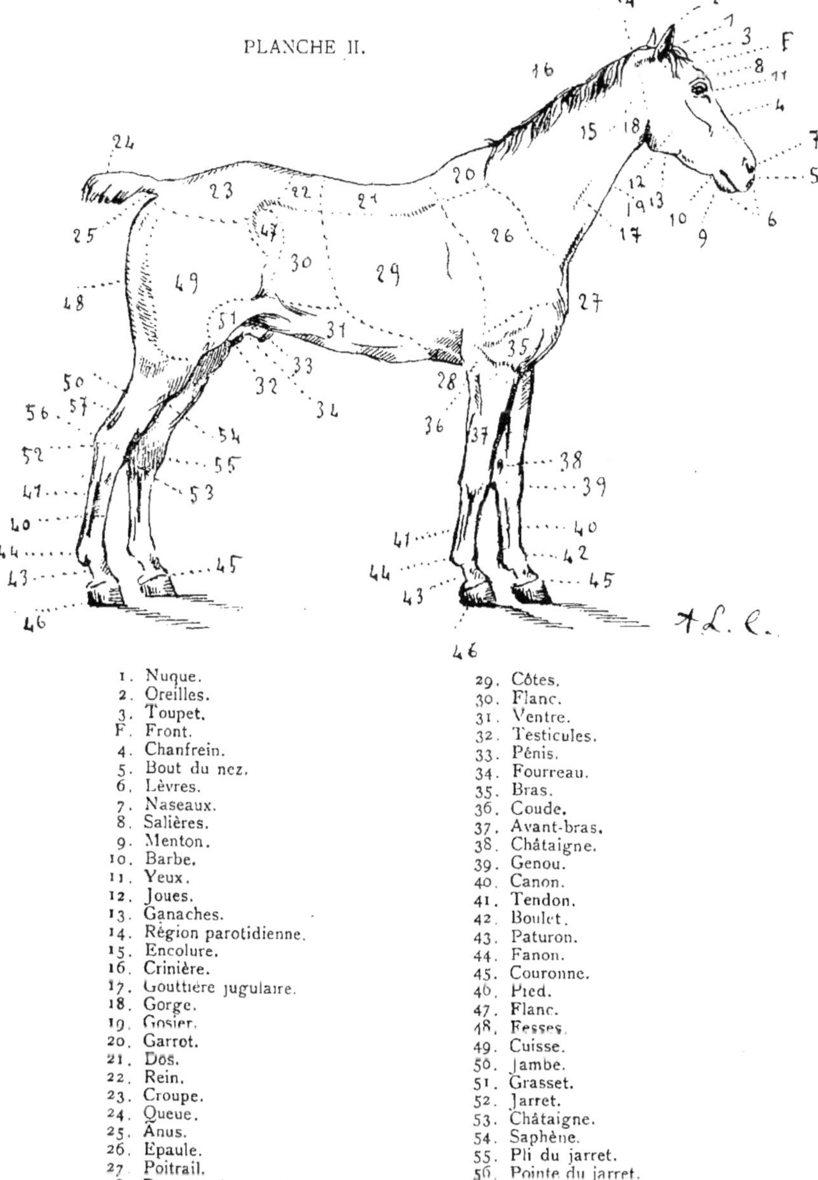

1. Nuque.
2. Oreilles.
3. Toupet.
F. Front.
4. Chanfrein.
5. Bout du nez.
6. Lèvres.
7. Naseaux.
8. Salières.
9. Menton.
10. Barbe.
11. Yeux.
12. Joues.
13. Ganaches.
14. Région parotidienne.
15. Encolure.
16. Crinière.
17. Gouttière jugulaire.
18. Gorge.
19. Gosier.
20. Garrot.
21. Dos.
22. Rein.
23. Croupe.
24. Queue.
25. Anus.
26. Epaule.
27. Poitrail.
28. Passage de sangles.
29. Côtes.
30. Flanc.
31. Ventre.
32. Testicules.
33. Pénis.
34. Fourreau.
35. Bras.
36. Coude.
37. Avant-bras.
38. Châtaigne.
39. Genou.
40. Canon.
41. Tendon.
42. Boulet.
43. Paturon.
44. Fanon.
45. Couronne.
46. Pied.
47. Flanc.
48. Fesses.
49. Cuisse.
50. Jambe.
51. Grasset.
52. Jarret.
53. Châtaigne.
54. Saphène.
55. Pli du jarret.
56. Pointe du jarret.
57. Corde du jarret.

Membres antérieurs vus de profil. — 1° La verticale abaissée de la pointe de l'épaule doit rencontrer le sol à quelques travers de doigt de la pince (1) ; si cette verticale coupe le sabot, le cheval est campé du devant (fig. 2) (2) ; si au contraire elle rencontre le sol loin de la pince, l'animal est sous lui (fig. 3).

Je répète ici que les chevaux campés ont peu d'allure, que leurs tendons fléchisseurs se fatiguent ainsi que le dos, l'arrière-main et les talons.

Le cheval sous lui butte et ses antérieurs supportent une trop grande partie de son poids.

2° La verticale abaissée du tiers postérieur du haut de l'avant-bras doit partager le genou, le canon et le boulet en deux parties à peu près égales et tomber à quelques centimètres environ en arrière des talons.

Le genou est creux quand il est en arrière de cette dernière verticale (fig. 1) (3) ; il est arqué ou brassicourt quand il dépasse trop cette ligne. Un cheval est brassicourt quand la déformation du membre est naturelle ; un certain nombre de pur-sang naissent avec ce défaut et leurs membres manquent de solidité et s'usent rapidement. L'animal est arqué quand la déformation des aplombs résulte de fatigue et d'usure.

Si la verticale tombe sur les talons, le cheval est court-jointé ; si elle tombe très en arrière, il est au contraire long et bas-jointé.

Genou creux ou de mouton. — Ce genou est très mauvais ; les articulations fatiguent ; il se produit des tiraillements dans les fléchisseurs et le cheval butte.

Paturon court. — Ce paturon doit être recherché, car il donne la solidité, la résistance et l'action ; il rend souvent les réactions dures, ce qui à mon avis ne présente aucun inconvénient.

Cheval long-jointé (4). — Le paturon un peu long sans exagé-

(1) Figure 1.
(2) Planche III.
(3) Planche IV.
(4) Planche III, fig. 4.

PLANCHE III.

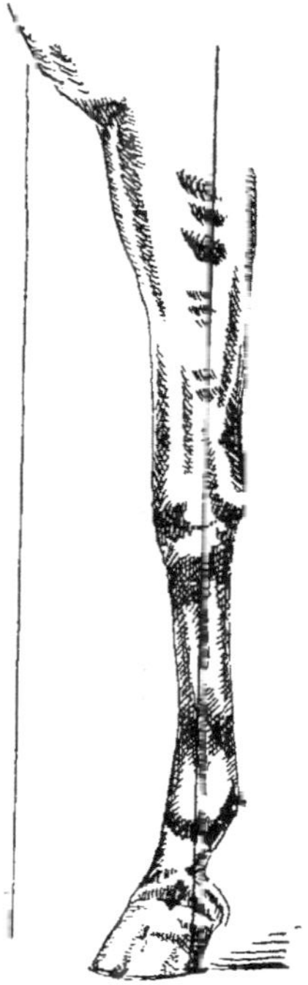

Fig. 1. 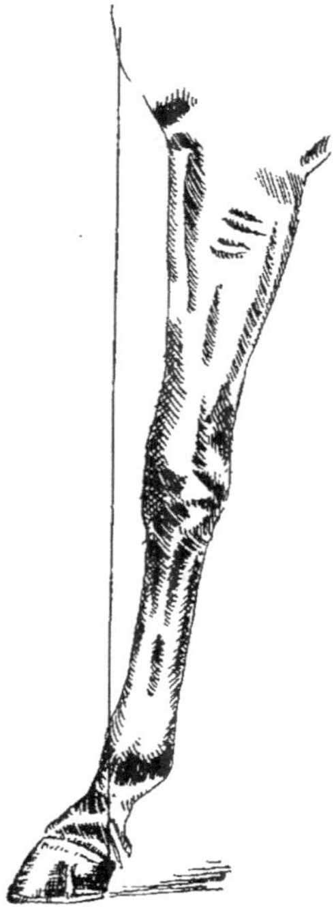 Fig. 2. 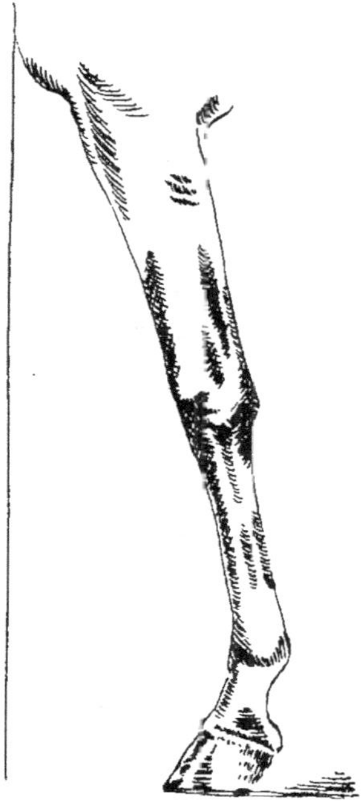 Fig. 3. 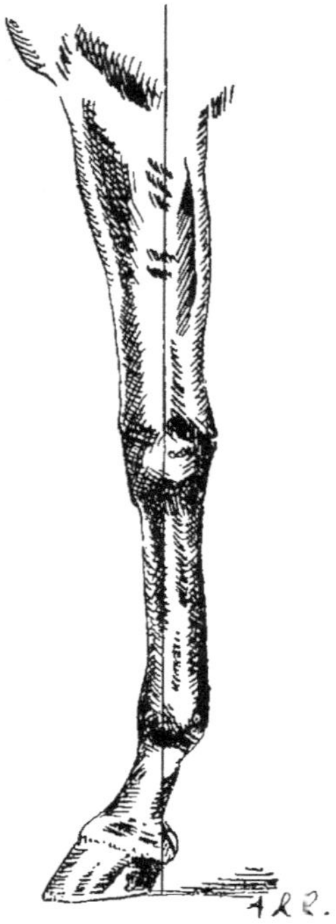 Fig. 4.

PLANCHE IV.

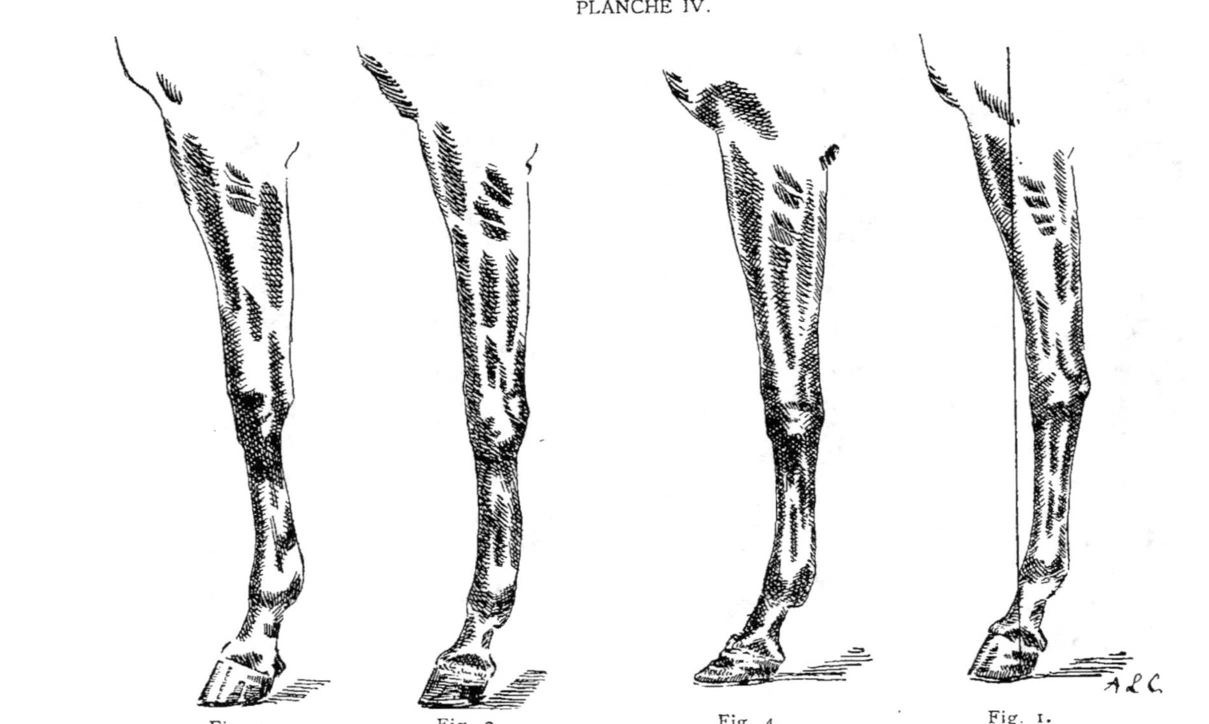

Fig. 3. Fig. 2. Fig. 4. Fig. 1.

PLANCHE V.

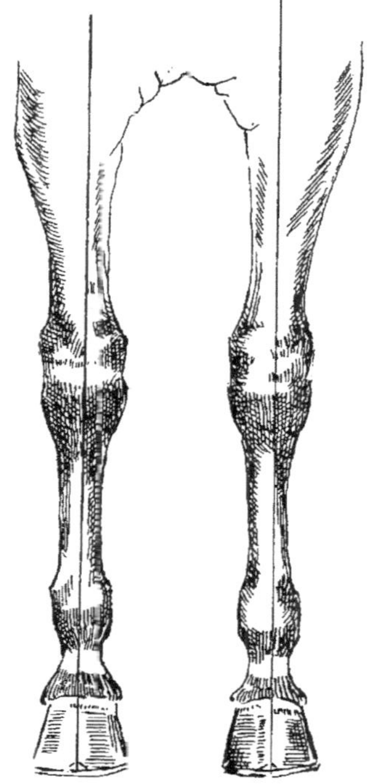

Fig. 1.

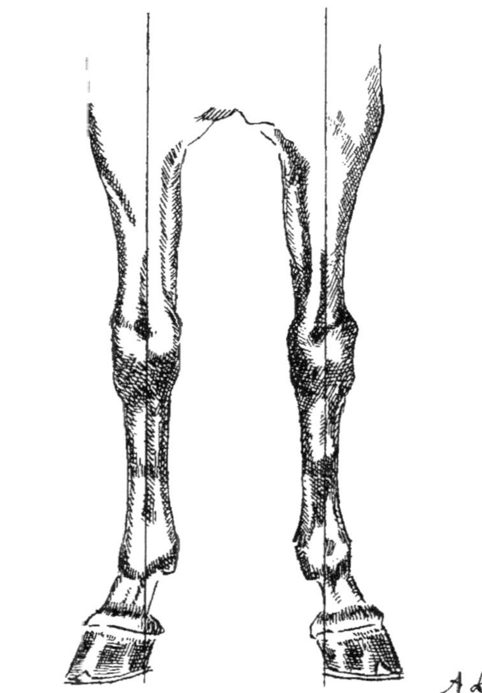

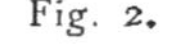

Fig. 2.

ration n'est pas très nuisible aux chevaux de voiture ni à ceux qui portent des poids légers ; il donne de la souplesse et du liant aux réactions ; mais s'il est trop long et trop couché, il nuit à la conservation du membre et à la solidité de l'animal.

Aplombs vus de face. — Abaissez une verticale de la pointe de l'épaule au sol : elle doit partager le membre en deux parties égales (1) ; si elle tombe en dedans, le cheval est trop ouvert ; si elle tombe en dehors, il est serré et risque de se couper. Les chevaux trop ouverts s'usent vite aux allures rapides.

Abaissez encore une verticale de la partie la plus étroite de la face antérieure de l'avant-bras : elle doit couper le membre en deux parties égales ; si les pieds sont placés plus en dehors qu'en dedans de cette ligne, le cheval est panard (2) ; si les pieds sont au contraire en dedans, il est cagneux (3) ; si les genoux sont en dedans de la verticale et les pieds en dehors, l'animal a des genoux de bœuf (4) ; si au contraire le genou est en dehors de la ligne il est dit cambré.

Chevaux panards. — Le cheval panard peut se couper avec l'éponge du fer ; il use ses quartiers intérieurs très rapidement et doit mathématiquement s'user plus vite que s'il avait de bons aplombs ; cependant il peut être bon et d'un service dur. Cette déformation peut provenir de tout le membre ou simplement du pied.

Chevaux cagneux. — Le cheval cagneux a les pinces en dedans et les talons en dehors ; il s'appuie sur le quartier extérieur. Comme pour le panard, cette déviation de l'aplomb provient de tout le membre ou simplement du pied. Je reviendrai sur ce sujet à propos de la ferrure.

Genoux de bœuf. — Ce genre de genoux nuit à la solidité du cheval et le dépare.

(1) Planche V, fig. 1.
(2) Planche V, fig. 2.
(3) Planche VI, fig. 1.
(4) Planche VI, fig. 2.

PLANCHE VI.

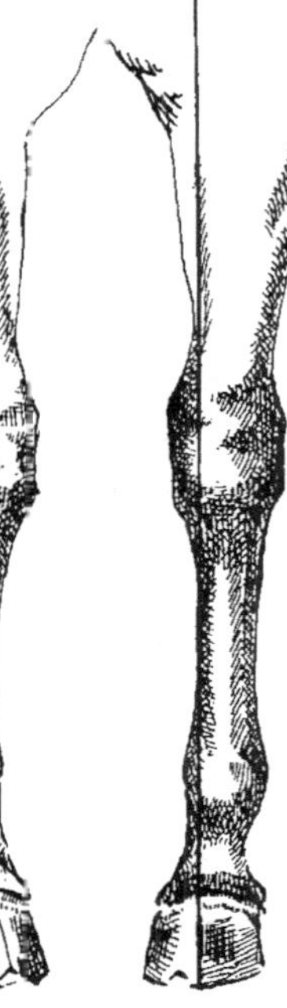

Fig. 1.

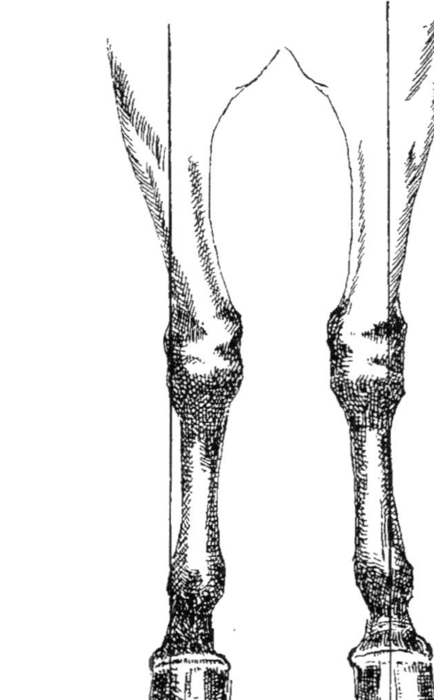

Fig. 2.

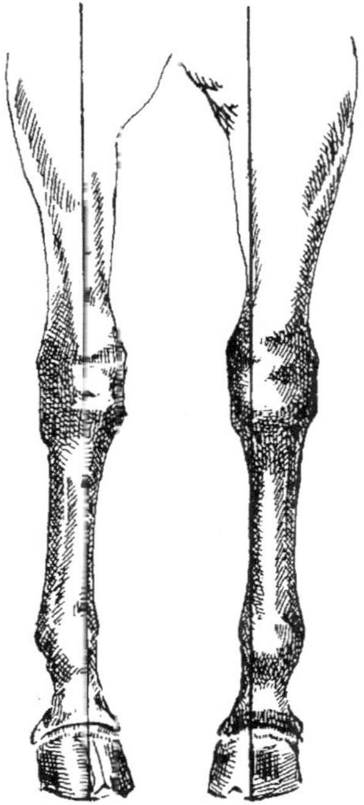

Genoux cambrés. — L'animal ayant des genoux cambrés ne peut être ni solide ni adroit.

Aplombs des membres postérieurs (1). — La verticale abaissée du centre de l'articulation coxo-fémorale doit partager le pied en deux parties à peu près égales ; si elle tombe en avant de la pince, le cheval est campé ; si elle tombe en arrière des talons, le cheval est sous lui ; si cette ligne coupe le boulet, l'animal est court et droit jointé ; si au contraire elle est très éloignée du boulet, le membre est long et bas-jointé.

Cheval sous lui du derrière (2). — Les postérieurs sont surchargés et s'usent rapidement, mais le cheval peut être assis facilement sur les hanches et avoir de l'élégance dans les actions.

Cheval campé du derrière (3). — Le poids de la masse surcharge l'avant-main, l'équilibre est mauvais ; le cheval manque d'action et paraît se traîner. Cette conformation est particulièrement nuisible aux chevaux de selle, qui deviennent très difficiles à équilibrer et qui ne sont bons qu'à poser devant l'objectif du photographe.

Cheval long ou court-jointé. — Je ne pourrais que répéter ce que j'ai dit à ce sujet à propos des antérieurs.

Aplombs postérieurs vus de derrière. — La verticale abaissée de la pointe de la fesse doit passer par la pointe du jarret et partager le pied en deux parties, l'extérieure étant un peu plus grande que l'intérieure. Si cette verticale tombe en dedans du jarret et du pied, le cheval est trop ouvert ; si au contraire elle tombe en dehors du membre, l'animal est serré du derrière ; si la verticale coupe le jarret et tombe en dedans du pied, le cheval est crochu.

Cheval trop ouvert. — Le cheval trop ouvert est souvent vite, il a beaucoup de chasse et ne risque pas de se couper.

(1) Planche VII, fig. 1.
(2) Planche VII, fig. 3.
(3) Planche VII, fig. 2.

PLANCHE VII.

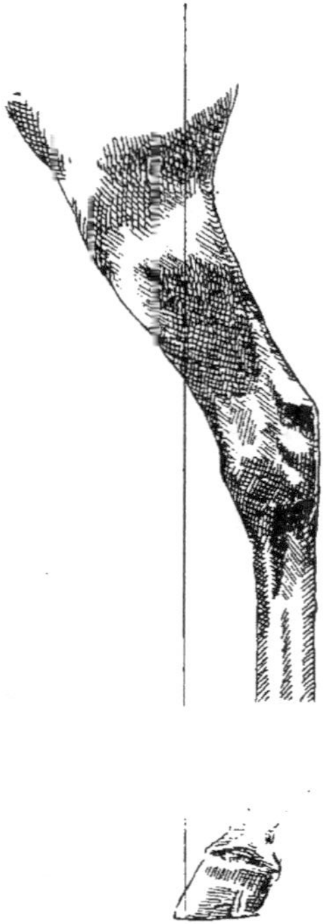

Fig. 1.

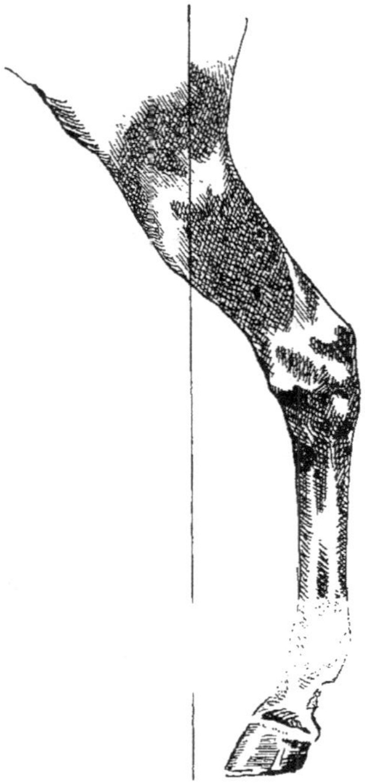

Fig. 2.

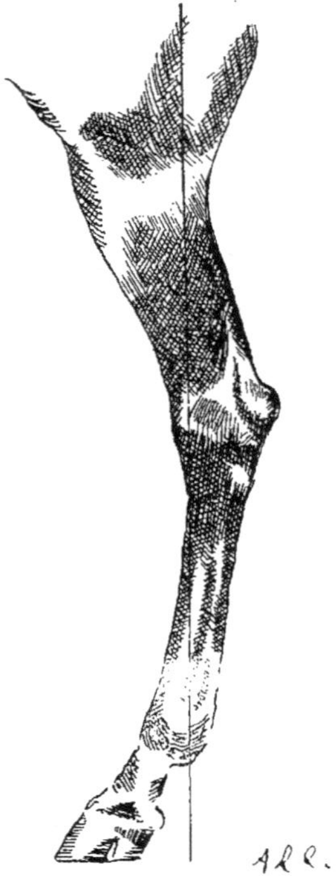

Fig. 3.

Cheval serré. — Le cheval serré est généralement faible de l'arrière-main, n'a pas d'action et se coupe.

Jarrets clos. — Ces jarrets manquent généralement de puissance, mais il est rare que le cheval se coupe.

Cheval panard ou cagneux. — Ce qui a été dit à propos des antérieurs s'applique encore aux postérieurs.

Le pied. Son intérieur. — L'intérieur du pied se compose d'os, de fibro-cartilages, du coussinet plantaire, des nerfs et du tissu réticulaire du pied.

Les os. — Les os sont : l'os du pied, le petit sésamoïde et l'os de la couronne : 1° l'os du pied est la troisième phalange ; il a la forme d'un cône tronqué et ressemble au sabot. Sa face supérieure s'articule avec l'os de la couronne. Sa face se divise en deux parties dont l'antérieure repose sur la sole, tandis que la postérieure s'unit au tendon du perforant ; 2° le petit sésamoïde est placé à la partie postérieure supérieure de l'os du pied et se nomme aussi os naviculaire ; 3° l'os de la couronne ne fait partie du pied que par son extrémité inférieure. Ces os et les fibro-cartilages qui les touchent doivent être exempts d'exostoses qui constituent des formes, tares graves entraînant la boiterie et demeurant le plus souvent incurables.

Fibro-cartilages. — Deux fibro-cartilages sont placés, l'un en dehors, l'autre en dedans de l'os du pied ; ils amortissent les chocs que provoque l'appui du sabot sur le sol.

Coussinet plantaire. — Le coussinet plantaire est une fourchette de chair, de production fibreuse, située au-dessus de la fourchette de corne. Elle aussi sert à amortir les chocs.

Vaisseaux et nerfs. — Les artères du pied sont la continuation de celle du canon et elles enveloppent la troisième phalange d'un réseau remarquable. Les veines, très nombreuses, donnent écoulement au sang qui a servi à la nutrition. Les nerfs sont très développés et très nombreux ; aussi le pied est-il d'une grande sensibilité.

- *Pied. Parties contenues.*
  - I. Os
    - 1 Os du pied.
    - 2 Petit sésamoïde ou os naviculaire.
    - 3 Os de la couronne.
  - II. Fibro-cartilages.
    - 1 Fibro-cartilage du dedans de l'os du pied.
    - 2 L'autre en dehors.
  - III. Coussinet plantaire
    - Petite fourchette.
  - IV. Vaisseaux et nerfs
    - 1 Artères enveloppant la 3e phalange.
    - 2 Veines écoulant le sang.
    - 3 Nerfs nombreux.
  - V. Tissu réticulaire.
    - 1 Tissu réticulaire du bourrelet.
      - 1 Bourrelet principal.
      - 2 — périoplique.
    - 2 Tissu réticulaire de la paroi ou tissu feuilleté ou podophylleux.
    - 3 Tissu réticulaire de la sole ou sole de chair
    - 4 Tissu réticulaire de la fourchette.
- *Le pied. Parties contenantes ou sabot.*
  - I. Paroi
    - 1 La pince.
    - 2 Les mamelles.
    - 3 Les quartiers.
    - 4 Les talons.
    - 5 Les barres.
  - II. Sole
    - 1 La pince.
    - 2 Les mamelles.
    - 3 Les quartiers.
    - 4 Les talons.
    - 5 Face supérieure convexe.
    - 6 Face inférieure concave.
    - 7 Bord interne uni aux barres.
    - 8 Bord externe uni à la paroi.
  - III. Fourchette
    - 1 Face supérieure.
    - 2 Face inférieure.
    - 3 Lacune médiane.
    - 4 Branches.
    - 5 Base ou glomes.
    - 6 Pointe.
  - IV. Périople ou bande cornée.

Qualités du pied.

Forme d'un cône tronqué.
Incliné à 45° en pince.
Diminution de l'inclinaison sur les côtés.
Corne lisse brillante et de préférence noire.
Absence de cercles, de fissures ou de rugosités.
Barres puissantes.
Sole bien voûtée.
Fourchette épaisse, large et molle.
Egalité des pieds.
Pied plus arrondi en dehors qu'en dedans.
Talons moyens, ni trop droits, ni trop couchés.

Défauts du pied.

Pied trop grand ou trop petit.
— plat.
— comble.
— inégal.
— dérobé.
— cerclé.
Talons bas.
— trop hauts.
— serrés.
Pied cagneux.
— panard.
Corne sèche et cassante.
— molle et faible.

Tissu réticulaire ou chair du pied. — Cette chair est une membrane qui enveloppe les parties dont il a été précédemment parlé. Elle se divise en tissu réticulaire du bourrelet, tissu de la paroi, tissu de la sole et tissu réticulaire de la fourchette.

Le tissu du bourrelet occupe la partie supérieure et le pourtour du pied, où il forme le bourrelet principal et le bourrelet périoplique. Le bourrelet principal contourne le pied et rejoint la ligne du milieu de la fourchette ; il sécrète la corne de la paroi. Le bourrelet périoplique s'étend sur le précédent et forme un renflement mou.

Le tissu réticulaire de la paroi recouvre la face antérieure de l'os du pied et se compose d'une membrane à plis nombreux, disposition qui le fait nommer tissu feuilleté ou podophylleux. Le tissu de la sole sépare celle-ci de l'os du pied et en sécrète la corne : on l'appelle tissu velouté.

Le tissu réticulaire de la fourchette en sécrète la corne, et la sépare de la petite fourchette ou coussinet plantaire.

Extérieur du pied (1). — Le sabot se compose de la sole, de la paroi, de la fourchette et du périople.

La paroi. — La paroi comprend : 1° la pince située en avant ; 2° les mamelles, placées de chaque côté de la pince ; 3° les quartiers, qui suivent les mamelles ; 4° les talons, qui réunissent les quartiers aux barres en contournant la partie postérieure du pied ; 5° les barres, qui sont formées par le prolongement de la paroi qui vient entourer la fourchette.

La paroi est intimement liée à l'os du pied par des feuillets nommés tissu héraphylleux ; elle doit être lisse et noire plutôt que blanche. A sa partie supérieure, elle reçoit le bourrelet dans une sorte de cavité.

La sole. — La sole est la corne qui garnit la concavité intérieure du pied et qui protège des chocs du sol les parties intérieures sensibles. La sole est partagée par les barres, qui sont les

(1) Planche VIII, fig. 4.

PLANCHE VIII.

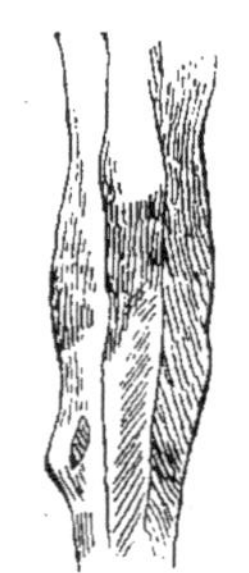

Fig. 2.

Fig 3.

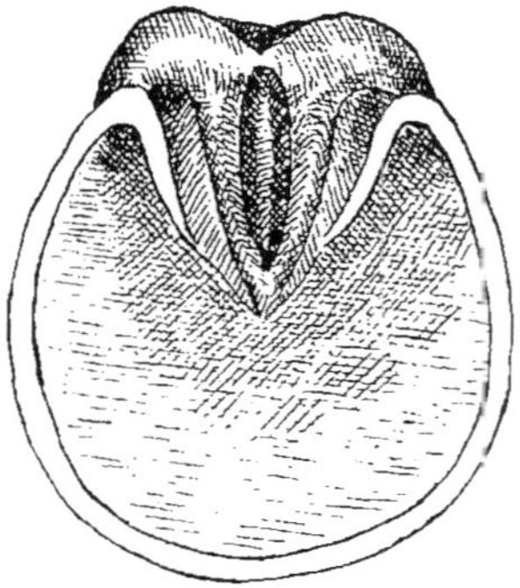

Fig. 4.

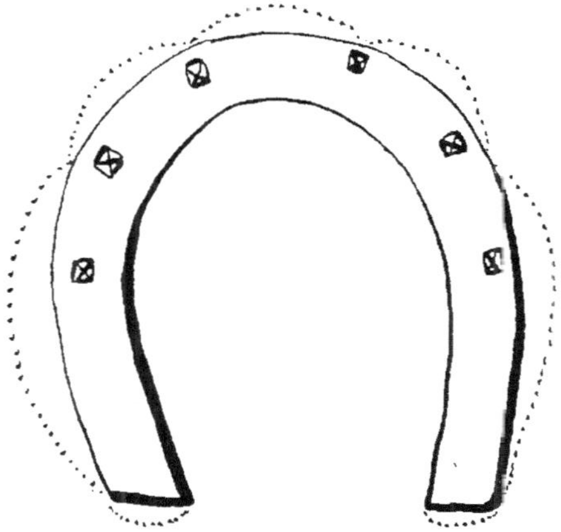

Fig. 1.

continuations de la paroi. Ses différentes parties prennent les noms des régions de la paroi auxquelles elles correspondent.

La fourchette. — La fourchette est le triangle de corne placé entre les barres ; elle est située sous le coussinet plantaire. Elle est divisée par une lacune ou vide, et chacune de ses parties prend le nom de branche. Ses extrémités postérieures sont appelées glomes.

Le périople. — Le périople est une bande cornée mince qui fournit à la paroi son vernis ; il entoure le haut du sabot qu'il contourne. Le périople doit être soigneusement respecté par la râpe du maréchal.

La souplesse du pied. — Le pied est élastique ; l'os du pied, quand le membre vient à l'appui, comprime le coussinet plantaire qui lui-même comprime les cartilages ; ceux-ci à leur tour dilatent la boîte cornée. La sole, les barres et la fourchette également comprimées provoquent l'écartement des talons.

Qualités du pied. — La simple énumération des qualités du pied suffit et se trouve récapitulée dans le tableau synoptique sous le titre de « qualités du pied ».

Défauts. — Le pied trop grand rend le cheval maladroit ; il est laid à voir et peut couper ou contusionner le membre opposé pendant l'action.

Le pied trop petit gêne les parties vitales et sensibles ; il prédispose à l'encastelure et ne saurait plaire à l'homme de cheval.

Le pied plat est le plus mauvais de tous : l'inclinaison de la paroi en pince est trop grande ; la sole ne peut être voûtée et les parties sensibles sont froissées par le moindre choc.

Le pied comble est celui dont la sole, au lieu d'être concave, est convexe. Cette anomalie résulte généralement d'une fourbure et enlève au cheval une partie de sa valeur.

Les talons bas sont ceux qui manquent de développement ; ils sont trop inclinés et rejettent la pince en avant. La muraille est forcément, elle aussi, trop inclinée et les tendons souffrent dans leurs attaches.

Les talons hauts sont trop développés et trop droits ; ils provoquent la verticalité de la muraille. Le cheval qui a de tels pieds a tendance à devenir bouleté.

Le pied dérobé est celui qui présente des courbes ou ondulations rentrantes et il est très difficile à ferrer solidement.

Le pied de travers peut être dévié en dedans ou en dehors. Une mauvaise ferrure est la cause la plus fréquente de ces déformations.

Le pied cerclé est assurément défectueux, il ne doit cependant pas toujours faire refuser un cheval. Si les cercles sont visibles sur un pied comble et que l'animal en marche appuie à terre le talon le premier, il y a certainement eu fourbure et il est prudent de ne pas acheter. Mais les jeunes chevaux ayant séjourné dans des prés humides, ayant été mal soignés et mal nourris, font souvent une poussée de corne en changeant d'existence et l'on peut voir la corne pousser forte et abondante à la naissance de la paroi. Le bourrelet ainsi formé descend d'un centimètre et demi par mois, et quand il est complètement descendu, le pied se trouve plus beau et plus fort qu'auparavant. Un tel bourrelet ne doit pas faire reculer l'acheteur, si le pied ne présente pas d'autres symptômes inquiétants. Pendant tout le temps de la pousse de la corne, le maréchal ne devra, en aucun cas, faire usage de la râpe pour rendre au pied une apparence de régularité.

TARES ET MALADIES LES PLUS FRÉQUENTES DU PIED

La bleime. — La bleime est une ecchymose résultant d'une contusion de la sole, entre les talons et les quartiers. La bleime est sèche, quand il y a seulement extravasion de sang ; elle est suppurée, quand il se forme du pus et qu'il y a décollement de la sole. La bleime est corrigée par une ferrure appropriée, qui ménage la partie sensible.

La seime. — La seime est une fissure verticale de la paroi ; elle est de plusieurs sortes : la seime en pince ou pied de bœuf, la seime quarte, et la seime en talon. Chaque sorte peut être divisée en superficielle ou en profonde. La seime est complète, quand elle partage la muraille en son entier; elle est limitée ou incomplète, quand elle ne divise pas entièrement la muraille. Cette maladie est assez grave, surtout quand elle est profonde; elle fait boiter et elle est difficile à guérir. Elle peut cependant être opérée avec succès.

La sole brûlée. — Le maréchal, qui brûle la sole en y plaçant un fer trop chaud, commet une lourde faute. Il se produit une inflammation du tissu velouté et le cheval devient indisponible. Les bains et les cataplasmes sont indiqués.

La sole battue. — La sole battue est le résultat d'une contusion des parties sensibles de l'intérieur du pied par un objet quelconque ou par un fer mal placé. Les bains d'eau froide et les cataplasmes sont encore tout indiqués.

Le crapaud. — Le crapaud est une maladie très grave de la fourchette ; il est hideux à voir et reste généralement incurable.

La crapaudine. — La crapaudine est une inflammation de la couronne, à la suite de laquelle la paroi se sépare du bourrelet. Cette maladie, encore, est grave et difficile à guérir.

L'encastelure. — L'encastelure est le resserrement du sabot, des quartiers aux talons. L'encastelure est grave et fait boiter; elle peut être guérie par un traitement approprié. Une mauvaise ferrure provoque le plus souvent cette déformation.

Le clou de rue. — On appelle clou de rue une blessure faite à travers la sole par un clou ou par tout autre corps étranger. Cet accident est toujours inquiétant, car il est difficile de savoir jusqu'où a pénétré la pointe. Il faut, par prudence, faire dégager le plus tôt possible la blessure et y appliquer un pansement antiseptique maintenu par une plaque en cuir.

L'enclouure. — L'enclouure est produite par le clou que le maréchal place mal. Le plus grand danger est que l'ouvrier cache généralement sa faute, au lieu de procéder immédiatement comme pour le clou de rue.

La fourbure. — La fourbure est l'inflammation du tissu réticulaire du pied ; elle est provoquée par un excès de travail ou par un excès de repos, accompagné d'un régime nutritif trop abondant. La fourbure est très grave ; le pied se déforme parfois complètement (1) ; il arrive même que la pince se relève et devient horizontale ; le cheval est alors perdu. Le pied fourbu est entouré de cercles, il est comble et l'animal talonne. Les marchands présentent quelquefois des chevaux atteints de fourbure ancienne ou chronique et cherchent à faire passer les défectuosités de l'appui pour un beau geste, ils jurent leurs grands dieux que l'animal steppe.

La fourchette échauffée. — Les pieds mal entretenus ont toujours la fourchette échauffée et sentent mauvais. Une certaine quantité de liqueur de Vilatte, versée dans la séparation, produit le meilleur effet.

Le javart. — Le javart est un furoncle ou abcès qui se forme au bas des membres, vers le paturon, et les traces qu'il laisse ressemblent à celle de la prise de longe. Il peut être cutané, s'il intéresse la peau ; il est tendineux, s'il affecte le tendon ; il est encorné, s'il existe sous la corne ; il est enfin cartilagineux, s'il altère les cartilages de l'os du pied. Le javart est grave.

L'oignon. — L'oignon est une exostose qui pousse à la face plantaire du pied et constitue une infirmité grave.

Pied comprimé par le fer. — La compression provient d'un fer mal fait ou déformé par accident ou usure. Il faut déferrer, mettre à l'eau, et appliquer des cataplasmes.

Pied trop paré. Certains maréchaux ont tendance à abattre trop de corne, c'est-à-dire à trop parer le pied et à chausser si juste que le cheval feint ou boite en revenant de la forge. Il faut attendre que le pied repousse.

Pied serré par les clous. — Le clou broché près des parties vives serre le pied et il faut le retirer. Les maréchaux sont obligés

(1) Figure 4, planche IV, p. 246.

de brocher leurs clous très haut dans les sabots mous ou abîmés, et il n'y a pas toujours de leur faute si l'animal est un peu gêné.

La retraite. — La retraite est la fausse direction que prend un clou pendant le ferrage. Il faut agir comme pour le clou de rue.

La fourmilière. — La fourmilière, consécutive à la fourbure, consiste dans le développement anormal d'une corne de mauvaise nature entre la pince et l'os du pied. Cette maladie est très grave.

Le faux quartier. — Le faux quartier peut être naturel ou accidentel ; il est formé d'une corne faible et sans consistance, dans laquelle le maréchal ne peut fixer solidement les clous. Le pied perd une partie de sa force et de son élasticité. Si le bourrelet est sain, la mauvaise corne sera peu à peu remplacée par une autre saine et forte.

La névrotomie. — La névrotomie est une opération consistant dans la section d'un nerf ; celle qui se pratique le plus fréquemment comporte l'excision des nerfs plantaires. Elle a généralement pour but d'enlever au pied toute sensibilité et de faire par conséquent disparaître des boiteries rebelles. Les conséquences d'une telle opération peuvent être fort graves, car si, à la suite d'une contusion ou d'une piqûre, il venait à se déclarer un abcès dans le pied, nul indice ne permettrait au propriétaire du cheval de découvrir le siège de la maladie et de donner à temps les soins nécessaires.

De la ferrure. — Il est utile de connaître le nom des différentes parties du fer, car, si vous désirez faire apporter certaines modifications à une ferrure et que vous montriez votre ignorance en employant des termes ou des locutions fantaisistes, aucun maréchal ne vous prendra au sérieux, et il n'aura peut-être pas tout à fait tort, à son point de vue. Si vous confondez les pinçons et les crampons, que vous appeliez les étampures des trous, etc., n'espérez jamais être écouté d'un homme du métier.

Le fer (1). — Le fer se compose de différentes parties qui sont : la pince, les mamelles, les quartiers, les éponges, les deux branches, les deux faces, les deux bords, les deux extrémités, les étampures, la garniture, l'ajusture, la tournure et les appendices.

La pince est la partie antérieure du milieu du fer.

Les mamelles sont placées de chaque côté de la pince.

Les quartiers viennent après les mamelles.

Les éponges forment les extrémités du fer.

Les branches vont des mamelles aux éponges.

La face inférieure repose sur le sol et la face supérieure est appliquée sur la paroi.

L'épaisseur du fer est comptée du haut en bas.

Les bords ou rives circonscrivent le fer.

La voûte est la portion de la rive interne, en pince.

La couverture est la distance d'une rive à l'autre.

Les étampures sont les trous destinés à recevoir les clous.

Les contre-perçures achèvent de transpercer le fer.

La garniture est la partie débordante du fer, lorsqu'il est placé.

L'ajusture est le biais donné au fer pour l'empêcher de porter sur la sole.

Les pinçons sont de petits triangles pris sur le fer et destinés à le maintenir en place.

Les crampons sont formés par le retournement à angle droit de l'extrémité des branches.

Si vous avez un maréchal qui travaille lui-même, ou s'il a de bons ouvriers, ne vous occupez pas des pieds de vos chevaux : un homme du métier doit être plus au courant que vous. Cependant si vous avez acheté un cheval d'aplomb et qu'il devienne panard ou cagneux, le maréchal est probablement seul coupable. Prenez alors l'autorité, dites ce que vous savez et ce que vous voulez ; pour le panard, exigez que l'ouvrier abatte du pied en dehors seulement, qu'il mette de la garniture en dedans, qu'il

(1) Planche VIII, fig. 1, p. 255

ferre très juste en dehors et qu'il ménage le pinçon bien en dedans; pour le cagneux, il abattra du pied en dedans et donnera de la garniture en dehors, ferrera serré en dedans et ménagera le pinçon franchement en dehors. Quand le membre est droit, une succession de bonnes ferrures peut ramener, en partie, le pied dans sa position normale ; mais pour cela il faut avoir du soin et de la suite dans les idées. J'ai obtenu, grâce à de bons maréchaux, des résultats surprenants sur des chevaux que j'avais achetés, avec les pieds complètement déséquilibrés. Ceci est l'enfance de l'art et ne demande aucune habileté, c'est une affaire d'application.

Si vous laissez mettre à des pieds panards ou cagneux le premier fer venu, la déviation ira toujours en augmentant ; votre cheval se coupera, boitera, tombera, et vous direz : j'ai été volé ; tandis qu'avec un peu de surveillance vous auriez eu un très bon serviteur.

Les pieds encastelés peuvent être améliorés par une ferrure appropriée. Le fer doit être mince, étroit et muni de cinq étampures seulement.

Les mauvais ouvriers ont la manie de trop parer les pieds; opposez-vous de toute votre énergie à cette tendance, surtout pour les chevaux âgés et usagés dont la corne ne pousse pas très rapidement.

Un animal bien ferré doit avoir des allures aussi libres en revenant de la forge qu'en s'y rendant ; s'il est gêné au retour, c'est qu'il est mal chaussé. Les vieux chevaux sont très généralement délicats à ferrer ; ils ont le pied pauvre, la sole un peu aplatie et ont le plus souvent besoin d'ajusture pour que les parties vives ne soient pas contusionnées par le fer.

Les plus grands ennuis que j'ai éprouvés avec mes chevaux ont été provoqués par des boiteries ou des accidents de pieds ; c'est pour cela que je me suis si longuement étendu sur la description de cet organe de locomotion et que j'ai tenté de mettre le lecteur à même de discerner un bon pied d'un mauvais. Je ne puis faire ici un cours de maréchalerie, j'en serais parfaitement incapable ; mais avec ce que j'ai dit et un peu de pratique, l'amateur peut se rendre compte de la régularité des aplombs et de leur entretien, et s'assurer en outre que le pied ne peut être gêné ou contusionné par le fer.

Je recommande au maréchal, à chaque nouvelle ferrure, de donner un fort coup de lime à la rive antérieure du fer, en dessous et en biseau ; bien des chevaux, grâce à cette précaution, n'accrochent pas sur les routes quand, sans cela, ils ne cessent de butailler.

L'emploi de plaques de caoutchouc présente de grands avantages. J'en fais mettre devant à tous les poulains, qui ont de hautes actions et qui doivent travailler sur le pavé ou sur les routes. J'ai adopté cette habitude, non seulement pour éviter les glissades, mais encore parce que les chocs se trouvent amortis et que tout le membre est ainsi ménagé ; la sole est à l'abri des contusions, la fourchette remplit bien son rôle de tampon et la muraille, par suite, n'a pas tendance à fléchir ou à se décoller. Une plaque fait deux ferrures ; la dépense n'est donc pas très considérable.

La plaque en cuir n'a pas les mêmes avantages de compression de la fourchette et d'élasticité ; elle ne doit être employée que pour maintenir un pansement et ne saurait en aucun cas améliorer le pied.

Le jarret et ses tares. — Le jarret est compris entre la jambe et le canon ; il se compose des os tarsiens, de l'extrémité inférieure du tibia, de l'extrémité supérieure du canon et des péronés, et des tendons extenseurs et fléchisseurs. Ses différentes parties sont mentionnées dans la planche III et page 243.

Le jarret doit être large, épais, bas et sec. S'il est large du haut et étroit du bas, il est étranglé et a des prédispositions aux tares osseuses. Le jarret est droit, quand l'angle formé par le tibia et le canon est trop obtus. Il est au contraire coudé, quand le même angle est trop fermé. Pour les chevaux de selle, je préfère le jarret droit, bien qu'il soit peu favorable aux actions puissantes. Le jarret coudé se tare facilement, mais détermine souvent de fortes allures.

Les tares du jarret. — L'éparvin (1) est la tare la plus fréquente ; il se rencontre à la partie intérieure du jarret, au sommet de l'os du canon. Pour le découvrir, il faut se placer devant le cheval et comparer, comme je l'ai dit, les deux jarrets entre eux. L'éparvin est souvent visible de derrière le cheval. Cette tare est plus ou moins nuisible, suivant la position qu'elle occupe et suivant son importance ; mais dans tous les cas, elle déprécie fortement l'animal qui en est affligé.

Si l'éparvin est reporté en arrière, qu'il soit situé très bas et qu'il n'empêche pas le jarret de se ployer, il peut fort bien ne pas nuire au service. J'ai connu des chevaux vites et résistants, bien que possesseurs d'éparvins bien marqués, et entre autres le gagnant de la coupe de Vichy en 190... Si l'exostose est au contraire placée plutôt en avant et haut, elle gêne l'articulation, empêche le membre de se ployer et détermine généralement une boiterie dangereuse et rebelle. Il ne faut pas confondre l'éparvin avec une articulation puissamment osseuse, qui constitue une beauté.

L'éparvin sec. — L'éparvin sec n'a rien de commun avec le précédent. Il ne se manifeste par aucune tare extérieure, mais il détermine un mouvement convulsif du membre postérieur fort disgracieux et peu nuisible.

Le jardon. — Le jardon est une tare osseuse située à l'opposé de l'éparvin, au sommet du péroné. On le découvre en se plaçant derrière le cheval et, s'il existe, on s'aperçoit que le jarret, dans sa partie extérieure, est plus convexe qu'il ne doit l'être. Le jardon est peu grave et très fréquent chez les chevaux normands.

La jarde (2). — La jarde est l'extension du jardon à la partie

(1) Planche VIII, fig. 2, p. 255.
(2) Planche VII, fig. 2, p. 251.

postérieure du canon et au péroné. Placée sous les tendons, elle les dévie. Cette déviation se remarque en examinant le profil du jarret, qui présente une ligne convexe au-dessous de sa pointe. La jarde est plus grave que le jardon, car elle gêne le jeu des tendons.

La courbe (1). — La courbe est une tumeur osseuse située sur la tubérosité interne de l'extrémité inférieure du tibia ; il faut, pour la découvrir, se placer face au cheval et comparer les deux membres entre eux. Cette tare est grave et fait boiter l'animal, quand elle touche au tendon du muscle fléchisseur du métatarse et au ligament de l'articulation ; quand elle est reportée en avant et peu étendue, elle demeure inoffensive.

Le capelet (2). — Le capelet est une tumeur molle située à la pointe du jarret. Cette tare provient généralement des contusions que le cheval se donne en tapant à l'écurie ; elle peut encore survenir à la suite d'efforts. Le capelet est d'ordinaire peu grave; mais il est disgracieux et déprécie grandement un animal.

Le vessigon. — Le vessigon est une tumeur molle produite par l'accumulation de la synovie dans différentes parties du jarret. Cette tare provient de fatigue ou d'usure; elle peut être indifférente ou nuisible, suivant son importance. Le vessigon articulaire est placé dans la région du pli du jarret, et plutôt en dedans. Le vessigon tendineux est situé dans le creux du jarret; il est visible de chaque côté. Le vessigon de la corde du jarret est produit par la dilatation de la gaine des muscles commandant les tendons.

Les varices. — Les varices peuvent être confondues avec l'éparvin par l'œil inexpérimenté. Cette tare peu nuisible affecte la veine saphène.

L'âge du cheval. — S'il est difficile, presque impossible même,

(1) Planche VIII, fig. 3.
(2) Planche VII, fig. 3.

de déterminer l'âge exact d'un cheval, il est, en revanche, aisé de distinguer différentes périodes qui se manifestent par des signes irrécusables, et l'amateur, qui a bien voulu se donner la peine d'étudier l'anatomie de la dent chevaline, ne peut guère s'y tromper.

Les plus belles planches que je connaisse, représentant les différentes phases de l'évolution dentaire, se trouvent réunies dans le beau livre de MM. Jacoulet et Chomel. Je donnerai cependant quelques brèves notions à ce sujet.

L'âge du cheval ne se reconnaît ni à la longueur des dents ni à leur couleur, mais à leur plus ou moins d'inclinaison, à la forme de leur surface de frottement, au plus ou moins de convexité de l'arc qu'elles forment par leur juxtaposition et qui porte le nom d'arcade dentaire, et encore par l'obliquité variable de l'incidence formée par la rencontre des mâchoires vues de profil. En évaluant l'âge d'après ces bases, il est impossible de confondre un animal de dix ans avec celui qui en a vingt, même si ce dernier a été travaillé par un artiste.

Les dents. — Les dents se divisent en dents de lait et en dents de cheval ; les secondes remplaçant les premières quand celles-ci tombent.

Chaque dent a une partie libre et une autre enchâssée dans une cavité alvéolaire ; la dent est composée d'une substance dure appelée « ivoire » qui, elle-même, est recouverte d'une couche d'émail formant la surface extérieure.

Il y a trois sortes de dents : les incisives, les crochets et les molaires.

Les incisives. — Les incisives seules nous occuperont. Elles sont au nombre de six. Les deux du milieu sont appelées pinces ; celles placées de chaque côté des pinces portent le nom de mitoyennes ; les dernières, à chaque extrémité, sont nommées « coins ».

Chaque incisive a la forme d'un arc de cercle et possède une longueur totale de 65 à 70 millimètres environ. Les coupes horizontales qu'on pourrait y faire en A B C D E (fig. 1) (1) par exemple, permettent de remarquer que sa forme est variable; et la dent poussant comme un cheveu, c'est-à-dire par la racine, il est aisé de se rendre compte que, suivant l'âge, la surface de frottement affectera des aspects très différents. A son origine, elle est nettement aplatie d'avant en arrière (fig. 1, coupe A) ; à mesure qu'elle s'use, elle devient ovale (coupe C), puis triangulaire (coupe D), et enfin, dans l'âge très avancé, elle est aplatie d'un côté à l'autre, au lieu de l'être d'avant en arrière.

Les incisives offrent la particularité que l'émail recouvre la couronne de la dent et vient se replier dans une cavité ou cornet dentaire qu'il tapisse (fig. 2) (2). Ce cornet est en partie rempli par une substance noirâtre, qui porte le nom de « germe de fève ».

Les incisives ont encore une autre cavité appelée « cornet radical » qui occupe l'intérieur de la racine et qui s'étend en avant et au delà du cornet dentaire (fig. 2). Le cornet radical renferme la pulpe dentaire et avec l'âge il s'oblitère; cette oblitération, due à une sécrétion d'ivoire, apparaît sur la surface de frottement ou table dentaire sous la forme d'une tache jaunâtre quand la dent est usée jusqu'à son niveau. Cette tache porte le nom d'étoile radicale.

Une incisive est vierge, quand l'émail qui recouvre sa couronne n'est pas usé; la dent présente alors à sa surface de frottement une cavité à bords tranchants (fig. 3) ; quand, par suite du frottement, ces bords d'émail sont usés et que la table de la dent laisse apercevoir l'ivoire entre l'émail d'encadrement et l'émail qui tapisse le cornet dentaire, on dit que la dent est rasée (fig. 4). En même temps que l'usure se produit, l'émail central se reporte vers le bord postérieur de la dent et arrive à disparaître vers l'âge de douze ou treize ans. Le centre de la dent restera

(1) Planche IX.
(2) Planche IX.

encore marqué d'une tache jaunâtre qui n'est autre que l'étoile radicale apparue vers huit ans entre l'émail d'encadrement antérieur et l'émail central, quand l'usure est arrivée jusqu'en F (fig. 2).

C'est sur ces caractères présentés par la forme des tables et par la disposition des cornets et de l'émail sur celles-ci qu'est basée en partie la connaissance de l'âge.

Ne traitant ici que les questions qui ont trait au cheval de service, je ne m'occuperai de la dentition qu'à partir de deux ans et demi. A cet âge, les bords antérieurs des pinces de remplacement font leur apparition.

A trois ans et demi, les mitoyennes sortent, et arrivent à la hauteur des coins de lait à quatre ans.

A quatre ans et demi, les coins font leur apparition par leur bord antérieur.

A cinq ans accomplis, toutes les incisives sont bien sorties, mais les coins sont intacts et leur émail n'est pas usé.

A six ans, les pinces et les mitoyennes sont rasées.

A sept ans, toutes les incisives inférieures sont rasées et une échancrure dite « queue d'hirondelle » apparaît aux coins de la mâchoire supérieure.

Jusqu'ici l'âge est facile à fixer d'une façon à peu près exacte. Il est impossible à l'artiste le plus habile de tracer un émail central régulier, et s'il est aisé de creuser la dent et de noircir l'intérieur de la cavité au nitrate d'argent ou avec de la gutta-percha, il manquera toujours le petit bord blanc qui doit l'entourer immanquablement, si aucune opération frauduleuse n'a été pratiquée. Jusqu'à sept ans, la dent a conservé sa forme aplatie d'avant en arrière ; à huit ans seulement elle commencera à s'arrondir (fig. 1, coupe C) (1).

Huit ans. — Les incisives sont toutes entièrement rasées ; l'étoile radicale fait son apparition dans les pinces et affecte la

(1) Planche IX.

PLANCHE IX.

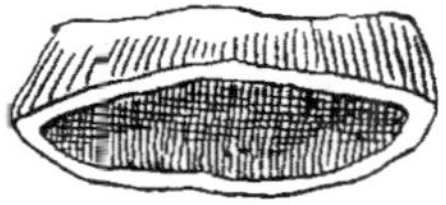

A
B
C
D
E

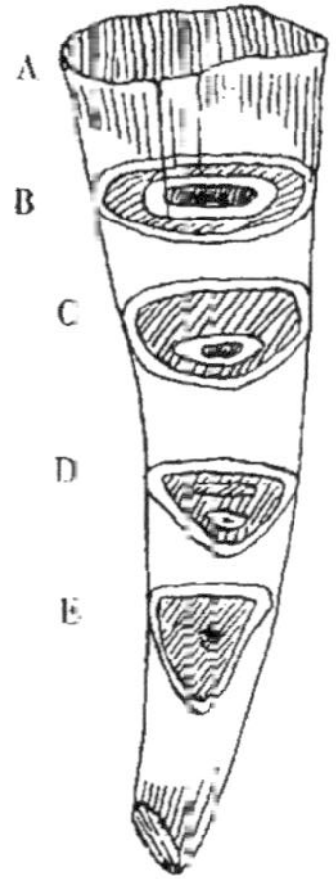

Fig. 1.

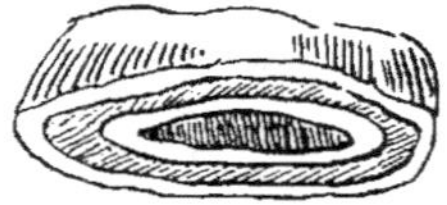

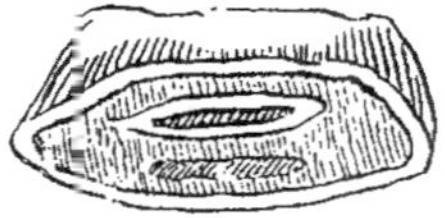

Fig. 3.

Fig. 5.

Fig. 10.

Fig. 4.

Fig. 6.

F

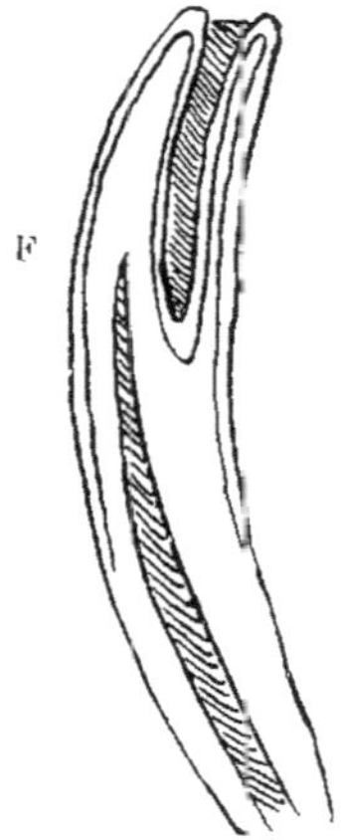

Fig. 2.

forme d'une bande jaunâtre (1); les mâchoires vues de face paraissent saillantes.

En hippologie, les âges variant de neuf à douze ans sont classés dans la cinquième période ; la sixième période comprend les âges variant de treize à dix-sept ans et la septième tous les autres à partir de dix-huit ans.

Cinquième période. — Neuf ans. — Les pinces s'arrondissent, l'émail central se rapproche du bord postérieur de la dent et l'étoile radicale est bien apparente et occupe à peu près le milieu de la table. Les mitoyennes s'arrondissent et les coins sont ovales. Les pinces supérieures sont rasées. L'arcade dentaire se déprime en son milieu.

Dix ans. — Étant face au cheval, il faut lui relever la tête pour voir sa mâchoire inférieure. Les coins sont plus couchés et paraissent plus séparés des mitoyennes. Les pinces sont plus rondes et l'émail central touche au bord postérieur de la dent (fig. 6). Les mitoyennes sont arrondies et les coins tendent à prendre la même forme. L'arc incisif se déprime de plus en plus.

Onze ans. — Les mâchoires étant rapprochées et examinées de profil présentent une incidence, dont l'obliquité s'accentuera en même temps que l'âge s'avancera. Les mâchoires d'un cheval de cinq ans vues de profil se rejoignent comme celles des tenailles ; les mâchoires d'un animal très âgé affectent, au contraire, la forme d'un étau (fig. 7 et 8) (2). A onze ans, la dépression de l'arcade dentaire inférieure augmente. Il faut de plus en plus relever la tête du cheval pour apercevoir la mâchoire inférieure. Le coin est plus couché que la mitoyenne et il est aussi large à son extrémité qu'à sa base. L'émail central tend à disparaître et l'étoile radicale s'éloigne du bord antérieur. Les tables sont rondes dans les mitoyennes et arrondies dans les coins. L'émail central des coins supérieurs tend à disparaître.

(1) Figure 5, planche IX.
(2) Planche X, p. 272.

Douze ans. — Augmentation de l'obliquité de l'arc incisif vu de profil. Le coin est de plus en plus couché ; il porte une échancrure en arrière et est séparé de la mitoyenne. Les tables inférieures sont toutes rondes. L'émail central est disparu aux pinces. L'arcade dentaire diminue de convexité.

Sixième période. — Treize ans. — De face l'incidence des mâchoires est la même qu'à douze ans. L'échancrure du coin est mieux marquée. Les pinces deviennent triangulaires (1). Les incisives inférieures sont toutes nivelées, c'est-à-dire que l'émail central a disparu.

Quinze ans. — Les dents inférieures paraissent plus courtes que les supérieures. L'échancrure du coin existe encore. L'étoile radicale inférieure s'arrondit ; les pinces et les mitoyennes sont triangulaires. L'émail central des dents supérieures est très petit. L'arcade dentaire se déprime et se rétrécit.

De dix-sept à dix-huit ans. — Les coins vus de face semblent converger et sont triangulaires. L'étoile radicale est ronde. Les pinces semblent s'écarter l'une de l'autre. L'arcade dentaire est à peine convexe et les dents y sont peu serrées. L'émail central des pinces supérieures est très petit et rond. Les pinces et les mitoyennes sont triangulaires.

Septième période. — De dix-huit à dix-neuf ans. — Les côtés latéraux du triangle des pinces s'allongent d'avant en arrière et la dent devient biangulaire. Les coins sont horizontaux. Les pinces sont séparées entre elles et semblent converger par leur angle postérieur. A la mâchoire supérieure, les pinces sont nivelées. Dès maintenant l'ensemble de ces indices ne constitue qu'une donnée variable et insuffisante pour attribuer un âge certain au cheval qui fait l'objet de l'examen.

De vingt à vingt et un ans. — De face on voit à peine la mâchoire inférieure. Les interstices interdentaires augmentent. Les coins sont triangulaires. Les tables supérieures sont nivelées et

(1) Planche IX, fig. 10.

PLANCHE X.

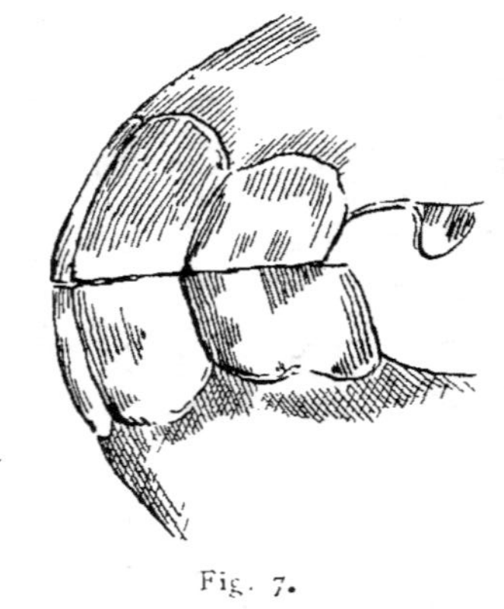

Fig. 7.

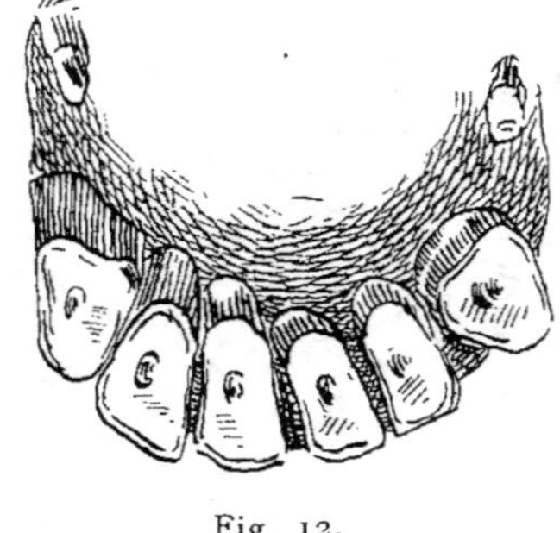

Fig. 12.

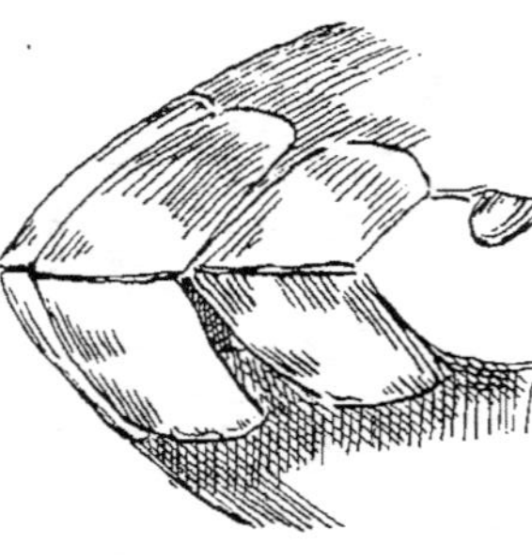

Fig. 8.

triangulaires dans les coins et les mitoyennes. L'arcade dentaire est très déprimée et très étroite (fig. 12).

Extrême vieillesse. — Les incisives sont presque horizontales (fig. 8) (1); elles convergent entre elles par leurs extrémités postérieures et leurs tables sont très aplaties d'un côté à l'autre. L'émail d'encadrement tend à disparaître du bord postérieur. A cet âge les dents sont parfois très longues et à peine nivelées; tantôt, au contraire, elles sont usées presque au ras des gencives. Dans le premier cas, il est évident que le cheval marque à ses tables dentaires moins d'âge qu'il n'en a : il faut le vieillir d'autant d'années que la dent a de fois 3 millimètres en plus que la normale, celle-ci étant de 18 millimètres. Dans le second cas, les dents s'étant usées plus vite que la normale, la forme des tables marque plus d'âge qu'il n'en existe et il faut rajeunir l'animal d'autant d'années que la dent a de fois 3 millimètres en moins que la normale.

Chevaux bégus et faux bégus. — Chez le cheval bégu, la cavité dentaire persiste au delà de l'âge où elle doit normalement disparaître. En ce cas plus que jamais, il faut ne tenir compte que de la forme de la dent, de sa direction, ainsi que de la forme et de la position de l'étoile dentaire.

Le faux bégu est celui qui conserve le cul de sac du cornet dentaire au delà de douze ans, et il ne faut juger l'âge que d'après la forme de la dent.

Examen des dents. — J'admire vraiment les gens qui entr'ouvrent la bouche d'un cheval et qui du premier coup, au premier regard, vous disent : Il a tel âge. Il faut, à mon avis, plus de temps pour procéder à un examen dentaire, surtout si le cheval a passé sept ou huit ans; à partir de ce moment, la fraude est fréquente et il faut absolument voir le détail de la dent pour émettre une opinion de quelque valeur. J'ai parlé des conditions que doit remplir l'émail central pour être considéré comme naturel; mais

(1) Planche X.

la découverte de la falsification du cornet dentaire ne suffit pas toujours pour faire refuser un cheval. Un maquignon a pu faire contre-marquer un animal de douze ans dans l'espoir de le vendre pour sept; mais n'empêche que la bête peut être excellente et de bon usage. Il faut donc, en laissant de côté les sculptures artificielles, considérer les dents dans leurs détails de forme et d'inclinaison pour se fixer à peu près.

Les dents contre-marquées présentent toujours des traces de coups de lime ou de scie; et si elles ont été raccourcies, les incisives inférieures ne joignent plus les supérieures, les molaires, qui, elles, n'ont pu être travaillées, empêchant le contact de se produire.

Pour examiner une mâchoire, voici ce que je fais : je saisis le filet avec le petit doigt et l'annulaire ; j'introduis, à la hauteur des barres, l'index et le médius dans la bouche ; je passe le médius sous la langue et j'appuie fortement sur le fond de la gouttière; je relève la mâchoire supérieure avec mon index (1). J'ai toujours obtenu ainsi un meilleur résultat qu'en me suspendant à la langue, aux naseaux ou aux lèvres. Il est prudent de s'assurer qu'il n'a pas été interposé de petits clous en arrière des incisives : ce mauvais truc s'emploie pour empêcher les chevaux de tiquer.

DES ROBES

Alezan. — 1° Alezan brûlé : couleur de café brûlé.

2° Alezan cerise : plus rouge que le précédent.

3° Alezan châtain : se rapproche de la nuance de la châtaigne.

4° Alezan clair.

5° Alezan foncé.

6° Alezan ordinaire : se rapproche de la couleur de la cannelle.

Aubère. — Mélange de poils blancs et de poils rouges; suivant

(1) Si cela est nécessaire, ma main gauche relève les lèvres.

le plus ou moins d'abondance de poils blancs, la robe est aubère clair, aubère proprement dit ou aubère foncé.

Bai. — 1° Bai brun : se rapproche du noir excepté au nez, au flanc et aux fesses où le poil paraît bai feu.

2° Bai cerise : se rapproche de la couleur de ce fruit lorsqu'il est très mûr.

3° Bai châtain : couleur de la châtaigne.

4° Bai clair : s'éloigne de la teinte rouge.

5° Bai marron : plus foncé que le précédent mais encore éloigné du rouge.

6° Bai proprement dit : assez foncé et rouge.

7° Bai foncé : plus brun que le précédent.

Blanc. — Blanc mat : couleur de craie.

2° Blanc porcelaine : bleuté ou rosé, suivant les sujets et les saisons.

Café au lait. — Cette robe se rapproche beaucoup de la teinte du café mélangé à une assez grande quantité de lait.

Gris. — Les robes grises sont formées de poils blancs et de poils noirs.

1° Gris clair : les poils blancs dominent.

2° Gris étourneau : formé de taches blanches et noires.

3° Gris fer : les poils noirs dominent et l'aspect général est celui du fer.

4° Gris foncé : les poils noirs dominent.

5° Gris proprement dit : les poils noirs et les poils blancs sont à peu près en proportions égales.

6° Gris tourdille : parsemé de petites taches de poils noirs.

Isabelle. — Teinte jaunâtre plus ou moins foncée. Les chevaux ayant cette robe sont souvent marqués de la raie du mulet et de zébrures.

Louvet. — Couleur du loup; le poil est lui-même teinté de noir et de jaune; si le jaune domine, le cheval est dit : louvet clair.

Noir. — Le noir est très rare et est quelquefois confondu avec le bai brun. Le noir est mal teint, quand il est roux et de nuance irrégulière. Le noir brillant est dit : jayet.

Pie. — Les robes pies sont formées de grandes taches de différentes nuances. On remarque : le pie bai, le pie alezan, le pie noir et le pie souris.

Rouan. — Cette robe est composée de trois couleurs : le blanc, le bai, le noir. Le rouan est clair, quand le blanc domine ; il est vineux, quand le rouge est plus abondant ; il est foncé, quand les poils noirs sont en plus grand nombre ; il est ordinaire quand les trois couleurs sont équivalentes.

Souris. — Cette robe ressemble au pelage de la souris, et a la teinte de la cendre.

QUELQUES MALADIES

Les coliques. — Le cheval qui a des coliques refuse la nourriture, il est inquiet, gratte le sol, se tient à bout de longe, fléchit les genoux et regarde son flanc ; il se couche, se relève, se plaint et tente en vain et fréquemment d'uriner ; il est froid ou en sueur ; son ventre se ballonne dans certains cas. Il ne faut pas hésiter à faire appeler un vétérinaire ; mais en attendant son arrivée, il est bon d'administrer au malade des lavements au son. Certains praticiens recommandent de laisser l'animal en liberté dans un grand box ; d'autres, au contraire, conseillent de le promener en main et de l'empêcher de se coucher ; de toute façon, il ne faut pas le maintenir attaché dans une stalle étroite. Il est encore utile de lui frictionner les reins et le ventre. Les coliques sont souvent mortelles.

Le cornage. — On appelle cornage le bruit que produit l'air en traversant les voies respiratoires. Cette infirmité est congénitale ou consécutive à des maux de gorge ou à d'autres affections des organes de la respiration. Le cornage est très nuisible au cheval de selle, surtout au hunter ; mais j'ai vu des corneurs accomplir bien et longtemps un très dur service de voiture. Cette affection diminue beaucoup la valeur du cheval qui en est atteint et elle fait partie des cas rédhibitoires. Pour s'assurer qu'un cheval corne, il suffit de lui mettre un collier un peu court, de serrer la sous-gorge et de lui faire monter une côte à une allure rapide en le prenant bien sur la main; aussitôt l'arrêt, descendez et approchez votre oreille des naseaux : vous percevrez alors le moindre sifflement. En employant ce système et en l'exagérant, un homme habile arrive à faire passer pour corneur un animal absolument sain. Le galop à la longe est encore un sûr moyen d'investigation.

Les chevaux normands sont assez souvent corneurs et il faut les examiner avec soin sous ce rapport.

Les crevasses. — Les crevasses sont des fissures qui se produisent à la peau du pli du paturon; elles sont déterminées par les boues malsaines, le fumier, l'urine, etc. Aussi en ai-je déjà parlé à propos du pansage. Les crevasses font boiter ou même butailler au départ et peuvent s'aggraver, si elles sont négligées. Je fais enduire de vaseline les plis des paturons des chevaux, qui sont prédisposés à ce genre d'accident. Il est prudent de consulter un vétérinaire, dès que les crevasses paraissent rebelles, sans attendre qu'elles aient revêtu une forme inquiétante.

La fluxion périodique. — La fluxion périodique fait partie des cas rédhibitoires; elle est particulièrement fréquente chez les chevaux du Midi, surtout s'ils sont transportés dans des régions éloignées de leur pays d'origine.

Quand l'accès se produit, la conjonctive est rouge et tuméfiée; les larmes coulent abondantes; les humeurs de l'œil deviennent troubles et un dépôt se forme dans la chambre antérieure. Cette maladie entraîne la perte de la vue dans un délai variable.

Le ganglion. — Le ganglion est une tumeur qui se forme sur le trajet du tendon, à la suite d'un effort ou d'un coup. Le ganglion est grave et nécessite des soins énergiques.

Trucs de maquignons. — Tout bon maquignon doit avoir su lui une épingle et savoir s'en servir. Un cheval a-t-il un commencement d'éparvin : le vendeur avisé crible de piqûres le jarret sain, provoque un léger engorgement et rétablit ainsi la symétrie entre les deux membres. L'épingle rend encore pour quelques instants un peu de jeunesse à la tête vieille en comblant le vide des salières. Un dos maigre, sous l'influence de multiples picotements, prend une meilleure apparence. La piqûre d'épingle est au maquignon ce qu'est le dernier coup de ciseau au sculpteur. Enumérer ses multiples effets serait trop long; il suffit que l'amateur sache que ce truc sert à boucher les vides ou à atténuer les bosses; cette malice est facilement découverte en touchant du doigt les parties qui ne sont pas absolument nettes. Si j'ai à toucher un jarret, — ce que je fais aussi rarement que possible, — j'ai toujours soin de faire lever un pied de devant quelle que soit la douceur apparente du cheval que j'examine.

Quand un maquignon possède un animal difficile à atteler ou même tout à fait inattelable, il lui fait frotter les épaules et les fesses avec une brique; le poil se trouve ainsi usé aux places où portent d'ordinaire le collier et le reculement. L'acheteur novice, convaincu par de telles preuves, achète parfois sans exiger l'essai attelé et naturellement il est trompé. Je me méfie toujours beaucoup des chevaux qui portent des traces trop évidentes de frottement, surtout chez le marchand où le travail est réduit à son minimum.

Les professionnels arrivent à si bien maquiller les animaux que, malgré leur grande habitude, ils parviennent à se tromper entre eux; ils teignent les marques blanches; ils bouleversent la mâchoire; ils changent le port de queue en ayant recours à une opération appelée « niquetage »; une ferrure habile transforme les aplombs et bien malin serait celui qui reconnaîtrait le sujet.

Si les épaules paraissent graissées, c'est que le cheval n'est pas franc et qu'un homme lui a fait avant l'attelage une bonne friction à l'huile.

Les chevaux difficiles sont, m'a-t-on dit, rendus calmes, dès qu'on leur introduit une balle de plomb dans l'oreille ; mais ce truc ne peut être employé, si vous suivez les indications que j'ai données et que vous ne perdiez pas de vue l'animal de montre.

Un fil habilement placé redresse les oreilles pendantes ou cassées ; mais il faut être très novice pour ne pas le découvrir.

Il est encore utile de vous assurer que les membres ne portent pas de cicatrices à leur partie du dedans, du boulet au coude ; ces traces indiqueraient que l'opération de la névrotomie a été pratiquée.

Une toilette savante peut rendre, grâce à une coupe habile des crins, son aspect normal à un tendon failli ou claqué ; là encore, les doigts découvrent sans peine la fraude.

Méfiez-vous des juments, qui vous sont présentées pendant le temps de leur rut ; elles peuvent être alors très sages et redevenir méchantes, dès que cette époque est passée.

Si le cheval que vous examinez a des plaques de caoutchouc, il est prudent de vous réserver le droit de ne considérer l'affaire comme conclue qu'après examen du pied.

Je répète ici ce que j'ai dit au début de ce livre, c'est-à-dire que tous ces détails doivent être vus d'un coup d'œil rapide et qu'il faut quelques minutes seulement pour faire le tour d'un cheval. Achetez vite ; le marchand vous en saura gré et il sera bien plus coulant sur le prix que si vous tournez une heure autour d'un animal et que vous montriez une hésitation, qui passera pour de la timidité ou de l'ignorance.

Je ne prétends pas connaître tous les trucs et toutes les finesses d'un métier que je n'ai pas pratiqué ; mais, en résumé, j'espère avoir montré au lecteur que la plupart des ruses des maquignons sont cousues de fil blanc et qu'il est beaucoup plus difficile à un marchand de chevaux de tromper le client averti qu'à un tailleur de vendre un pardessus de mauvaise qualité. J'espère que les amateurs me pardonneront de les avoir parfois accusés de naïveté et d'ignorance; peut-être m'excuseront-ils moins de les avoir ennuyés par des théories un peu compliquées pour le débutant ou par des digressions trop touffues, exposées dans un style didactique; mais ma défense est de n'avoir jamais prétendu les distraire, car j'ai seulement tenté d'écrire une sorte de précis utile et pratique. Les marchands ne m'en voudront pas trop, je pense, car si je les ai un peu malmenés, je leur rends ici justice en avouant que c'est encore chez eux que j'ai fait les meilleures affaires.

TABLE DES MATIÈRES

Pages

Avant-propos 1

CHAPITRE PREMIER

De l'achat du cheval 5
Examen du cheval étant devant 7
Examen de profil 11
Examen de derrière 21
Examen monté ou attelé 23
Les grands marchands 33
Bons marchands et gros marchands 36
Les ventes publiques et les journaux 39
Les foires et les chevaux de réforme 42
Du type 44
Chevaux de voiture 49
Quelques races 55
Du cheval de selle 61
Du cheval à deux fins 71

CHAPITRE II

Le débarquement 72
Premier essai 74
Soins nécessaires aux jeunes chevaux 75
Cochers et palefreniers 77
Mise en travail du jeune cheval 83
Nourriture du cheval 86
Dressage à l'attelage 89
Des défenses 92
Le cheval qui se couche 93
Menage de campagne 95
Menage savant 98
Chevaux qui tirent 99
Faire camper le cheval 102

Pages
Menage courant ... 103
Mauvais menage ... 104
Chevaux de travers ... 105
Des départs difficiles ... 107

CHAPITRE III

L'équitation ... 109
Les débuts ... 111
Force et souplesse ... 113
Première leçon ... 114
Usage des aides ... 117
Impulsion et direction ... 120
Mouvements tournants ... 121
De la bonne tenue ... 122
De la selle ... 124
La selle de dame ... 126
Des brides ... 128
Du mors ... 130
Les martingales ... 132
La cravache ... 133
Des éperons ... 135
De la longe ... 137

CHAPITRE IV

Psychologie du cheval ... 143
Premières séances ... 146
Leçon de montoir ... 148
Marcher droit ... 150
Chevaux de selle de travers ... 151
Chevaux qui battent à la main ... 153
Chevaux qui encensent ... 154
De l'engagement des postérieurs ... 154
Le pas ... 156
Flexion directe ... 157
Des différentes flexions ... 160
Chevaux en arrière de la main ... 162
De l'arrêt ... 164
Des flexions latérales ... 166
Du trot ... 171
De la régularité du trot ... 174
Du cercle ... 176
Des changements de main ... 177
Les deux pistes ... 178
Les hanches en dehors ... 180
Changement de main sur deux pistes ... 181
Contre-changement de main sur le cercle ... 181
De l'emploi de la bride ... 183

Pages
Du galop 183
Galop sur deux pistes 187
Baucher et le galop 187
Changement de pied pratique 189
Changement de pied correct 191
Galop à faux 192
A propos du dressage 193
Le saut 197
Chevaux difficiles 202
Chevaux emballeurs 205
Chevaux peureux 206

CHAPITRE V

L'amazone 209
Les débuts de l'amazone 211

CHAPITRE VI

A propos d'élevage 218
Chasses à courre. Courses. Raids 228

CHAPITRE VII

Notions d'hippologie 235
Le squelette du cheval 235
Les muscles 240
L'extérieur du cheval 242
Le pied. Son intérieur 252
Tares et maladies les plus fréquentes du pied 257
De la ferrure 260
Le jarret et ses tares 263
L'âge du cheval 265
Des robes 274
Quelques maladies 276
Trucs de maquignons 278

PARIS. TYP. PLON-NOURRIT ET Cie, 8, RUE GARANCIÈRE. — 9604

www.ingramcontent.com/pod-product-compliance
Lightning Source LLC
LaVergne TN
LVHW051059060726
842525LV00003B/714

* 9 7 8 2 0 1 9 3 2 1 6 5 9 *